高等学校计算机应用规划教材

C 语言程序设计

(第 3 版)(微课版)

王先水　　杜丽芳　　刘艳　编著

清华大学出版社

北　京

内 容 简 介

本书采用 Visual C++ 6.0 的编译环境进行开发。"以学生动手能力为基础，以运用知识解决问题为突破口，以基础知识+上机实训+项目实训模式组织教学，以培养应用型技术人才为目标"的理念组织教材编写。

全书共 11 章。第 1 章介绍 C 语言的发展及特点，C 语言程序的基本结构，C 语言的字符集、标识符和关键字，使用 Visual C++ 6.0 开发 C 语言程序的过程；第 2 章介绍 C 语言基本数据类型、常量和变量、运算符和表达式，不同数据类型的转换；第 3 章介绍输入/输出函数、算法和顺序结构程序设计基本方法；第 4 章介绍选择结构程序设计基本方法；第 5 章介绍循环结构程序设计基本方法；第 6～8 章介绍数组、函数和指针的基本概念、基本原理和基本应用，通过这 3 章的学习学生能灵活运用函数、数组和指针编写程序，能实现科学计算和实际工程设计中的常用问题。第 9 章介绍结构体与共用体及链表的基本概念、结构体数组、结构体指针的使用方法；第 10 章介绍文件的基本操作方法；第 11 章介绍 ATM 机自动取款系统开发的思路，按照"需求分析—系统架构—总体设计—详细设计—代码设计—程序运行—系统测试"的过程进行系统、完整、详细的讲解，还对"学生成绩管理系统、电话簿管理系统"综合实训进行了需求分析、系统架构、总体设计、详细设计的提示分析，其中代码设计、程序运行和系统测试留给学生作为课程设计去完成。

本书可作为普通高等学校计算机专业及相关专业教材，也适合作为高等职业院校教材，还可作为程序开发人员和编程爱好者自学的参考用书，以及全国计算机等级考试的辅导用书。

图书在版编目(CIP)数据

C 语言程序设计：微课版 / 王先水，杜丽芳，刘艳 编著. —3 版. —北京：清华大学出版社，2020.8
高等学校计算机应用规划教材
ISBN 978-7-302-55054-9

Ⅰ．①C… Ⅱ.①王… ②杜… ③刘… Ⅲ.①C 语言—程序设计—高等学校—教材　Ⅳ.①TP312.8

中国版本图书馆 CIP 数据核字(2020)第 051689 号

责任编辑：刘金喜
封面设计：高娟妮
版式设计：孔祥峰
责任校对：马遥遥
责任印制：丛怀宇

出版发行：清华大学出版社
　　　　　网　　　址：http://www.tup.com.cn，http://www.wqbook.com
　　　　　地　　　址：北京清华大学学研大厦 A 座　　　　邮　　　编：100084
　　　　　社 总 机：010-62770175　　　　　　　　　　邮　　　购：010-62786544
　　　　　投稿与读者服务：010-62776969，c-service@tup.tsinghua.edu.cn
　　　　　质 量 反 馈：010-62772015，zhiliang@tup.tsinghua.edu.cn
印 装 者：三河市金元印装有限公司
经　　销：全国新华书店
开　　本：185mm×260mm　　　印　　张：24　　　字　　数：614 千字
版　　次：2011 年 8 月第 1 版　　　2020 年 8 月第 3 版　　　印　　次：2020 年 8 月第 1 次印刷
定　　价：68.00 元

产品编号：086353-01

前　言

人们应用计算机技术解决实际问题已日益普遍，计算机的应用已渗透到人们工作和生活的各个领域。在高等教育逐步实现大众化的过程中，越来越多的高校面向市场，为行业、企业培养各级各类高级实用型人才。在高等学校应用技术型人才培养模式、培养目标、教学内容和课程体系的框架下，由长期从事 C 语言教学的老师精心组织编写了本书。

1. 主要特色

1) 组织合理
本书从 C 语言程序设计的基本原理及程序设计的基本思想出发，紧扣基础，面向应用，循序渐进引导学生学习程序设计的思想和方法；在编写过程中突出"三基"(基本概念、基本原理、基本应用)的讲解与应用；对例题的算法分析做了详细讲解；给出例题在 Visual C++ 6.0 编译环境下的运行结果。

在课程内容选择上，遵循学生能力培养的基本规律，采用"观察—联想—变换"的思想构建教学内容，使 C 语言程序设计知识、软件工程基础知识、数据结构基本知识融入综合项目实训中。

2) 理念先进
本书以 C99 标准，采用 Visual C++ 6.0 为编译器的编译环境进行开发。"以学生动手能力为基础，以运用知识解决问题为突破口，以基础知识+上机实训+项目实训模式组织教学，以培养应用型技术人才为目标"的理念组织教材编写。

3) 通俗易懂
本书为编程语言的入门教材，侧重于以语法为基础、以算法为"灵魂"、以编程为创新、以编码为规范培养学生良好的编程习惯和软件开发能力。例题编排上由浅入深、逐层递进。在第 1～5 章基础上讲解的例题，到第 7、8 章又运用新的方法进行了详细讲解，使学生对知识形成系统性。

2. 内容安排

全书共分为 11 章。第 1～10 章介绍 C 语言程序设计基础知识和上机实训；第 11 章为综合实训；最后有 3 个附录。其具体内容如下。

第 1 章介绍 C 语言的发展及特点，C 语言程序的基本结构，C 语言的字符集、标识符和关键字，使用 Visual C++ 6.0 开发 C 语言程序的过程。

第 2 章介绍 C 语言基本数据类型、常量和变量、运算符和表达式，不同数据类型的转换。

第 3 章介绍输入/输出函数、算法和顺序结构程序设计基本方法。

第 4 章介绍选择结构程序设计基本方法。

第 5 章介绍循环结构程序设计基本方法。

第 6~8 章介绍数组、函数和指针的基本概念、基本原理和基本应用，通过这 3 章的学习，学生能灵活运用函数、数组和指针编写程序，能实现科学计算和实际工程设计中的常用问题。

第 9 章介绍结构体与共用体及链表的基本概念、结构体数组、结构体指针的使用方法。

第 10 章介绍文件的基本操作方法。

第 11 章介绍 ATM 机自动取款系统开发的思路，按照"需求分析—系统架构—总体设计—详细设计—代码设计—程序运行—系统测试"的过程进行系统、完整、详细的讲解，还对"学生成绩管理系统、电话簿管理系统"综合实训进行了需求分析、系统架构、总体设计、详细设计的提示分析，其中代码设计、程序运行和系统测试留给学生作为课程设计去完成。

3. 读者对象

本书可作为普通高等学校计算机专业及相关专业教材，也适合作为高等职业院校教材，还可作为程序开发人员和编程爱好者自学的参考用书，以及全国计算机等级考试的辅导用书。

本书在编写过程中得到了武汉工程科技学院的大力支持，全书在武汉工程科技学院信息工程学院院长张友纯的指导下，由计算机科学与技术教研室王先水、杜丽芳、刘艳老师共同编写完成。

本书在编写过程中，参考了 C 语言程序设计的相关书籍及杂志等资料，引用了相关教材的部分内容，吸取了同行的宝贵经验，在此谨表谢意。由于编者水平有限，书中难免有不妥和疏漏之处，敬请各位读者提出宝贵意见和建议。

本书教学资源可通过扫描下方二维码获取。

服务邮箱：476371891@qq.com。

教学资源下载

编　者

2019 年 10 月 10 日于武汉

目　　录

第 1 章

C语言概述

【学习目标】

1. 了解程序设计语言的发展和 C 语言的特点。
2. 掌握 C 语言程序的基本结构。
3. 能正确运用 C 语言的标识符及关键字。
4. 能熟练运用 Visual C++集成开发环境创建、编译、连接和运行 C 语言源程序。

  自 1946 年第一台计算机问世以来，计算机学科的发展逐步引起人们的高度关注，计算机学科的应用越来越广泛。人们使用计算机管理大量的数据，处理纷繁复杂的办公事务，使用计算机完成复杂的科学计算，加快科学研究的进程，使用计算机实现网络通信，拉近人们的空间距离。计算机本身是无生命的机器，要使计算机能为人类完成各种各样的工作，就必须让它执行预先编写好并存储于计算机内存的程序，这些程序是依靠程序设计语言编写出来的。但在众多的程序设计语言中，C 语言有其独特之处，既具备低级语言即汇编语言的特点，也具有直接操作计算机硬件的功能，还是目前盛行的嵌入式系统中应用的语言之一。C 语言不仅能编写操作系统软件，还能编写应用软件，是一种高级语言，学习起来很容易，也是众多高级语言学习的基础语言。如果我们认真学习本书，认真思考本书介绍的知识，并在本书的指导下认真上机实践，将会很快掌握使用 C 语言编写程序的方法，并逐渐领悟到 C 语言的精妙所在。你想编写出人们喜爱的实用程序吗？你想成为一个优秀的程序设计员吗？那就让我们一起走进C语言的世界吧！

1.1 程序及程序设计语言

  我们都知道，计算机完成的任何工作，都是计算机运行程序的结果，而计算机运行的程序又都是使用计算机语言，即程序设计语言来编写的。自从计算机诞生以来，程序设计语言已经历了机器语言、汇编语言和高级语言 3 个主要发展阶段。

1.1.1 程序及程序设计

  要让计算机按人们的意图处理问题，人们必须事先确定解决问题的策略，也就是要设计好算法，然后再用计算机语言来描述设计好的算法。用计算机语言描述的用于解决某一具体问题的符号序列(代码序列)就是程序。

一个计算机程序主要反映两方面问题：一是描述问题的对象及它们之间的关系；二是描述对这些对象进行处理的规则。对象及它们之间的关系属于数据结构的内容，处理是求解某个问题的算法。因此程序的描述常用下列式子：

程序=数据结构+算法

程序设计是根据计算机要完成的任务，提出相应的需求，在此基础上设计数据结构和算法，然后再编写相应的程序代码并测试该代码运行的正确性，直到能够得到正确的运行结果为止。程序设计是人们借助计算机语言，告诉计算机要做什么(即要处理哪些数据)，如何处理(即按什么步骤来处理)。程序设计非常讲究方法，良好的设计方法能够大大提高程序的高效性、合理性，程序设计有一套完整的方法，这一套完整的方法也称为程序设计方法学。程序设计方法学在大型软件设计中是非常重要的，同时也是软件工程的组成部分之一。

算法是为完成一项任务所应当遵循的逐步的、规则的、精确的、无歧义的描述，其总步数是有限的。简而言之，算法是解决一个问题采取的方法和步骤的描述。算法应体现有穷性、确定性、有零个或多个输入、有一个或多个输出和有效性的特点。

在进行程序设计时，由于人们的思维方式不同，所设计的程序有所不同，不同的程序在执行时其效率也是不同的，影响程序执行效率的因素主要有时间效率和空间效率。高效程序的设计基于良好的信息组织(保证占尽量少的内存单元)和优秀算法(保证使用尽量少的时间)。

1.1.2 程序设计语言

程序设计语言的发展经历了机器语言、汇编语言和高级语言3个主要阶段。了解程序设计语言的发展，更加有助于读者加深对程序设计语言的认识，能更好地运用程序设计语言来解决一些实际问题。

1. 机器语言

机器语言是人们最早使用的程序设计语言。由于计算机硬件只能识别和处理0和1所组成的代码，因此机器语言是0和1两个代码组成的机器指令序列，控制硬件完成指定的操作。

例如，以下是某计算机的两条机器指令。

加法指令：10000000

减法指令：10010000

用机器语言编写的程序能够被计算机直接识别并执行，程序的执行效率特别高，这是机器语言的最大优点。但机器语言与人们习惯使用的自然语言相差太大，难读、难记、难写、难修改，用它来编写程序很不方便，并且硬件设备不同的计算机的机器语言也有差别，编写的程序缺乏通用性。编写机器语言程序时，要求程序员必须相当熟悉计算机的硬件结构，因而现在人们一般不使用机器语言编写程序来解决一些实际应用问题。

2. 汇编语言

20世纪50年代中期，为了减轻人们使用机器语言编程的负担，开始使用一些助记符号来表示机器语言中的机器指令，于是便产生了汇编语言。助记符号采用代表某种操作的英文单词的缩写。例如，上例中的两条指令用汇编指令描述如下。

ADD A，B(其中，A、B 表示的是两个操作数)

SUB A，B

上述两条汇编指令计算机不能直接执行，它必须经过一个汇编程序的系统软件翻译成机器指令后才能执行。用汇编语言编写的程序称为汇编语言源程序，将汇编语言源程序翻译成机器能执行的程序称为汇编程序。

汇编语言指令和机器语言指令之间具有一一对应的关系，因此不同计算机的汇编语言也不尽相同，并且程序编写时仍需要对计算机的内部结构比较熟悉，但相对于机器语言就简单多了。

早期的操作系统软件主要是用汇编语言编写的，汇编语言和机器语言一样，对不同的计算机硬件设备，需要使用不同的汇编语言指令，因此汇编语言程序不利于在不同计算机系统之间移植。所以，现在的汇编语言一般在专业程序设计员中使用，主要用于控制系统、病毒的分析与防治、设备驱动程序的编写。

3. 高级语言

汇编语言和机器语言是面向机器的，它们属于低级语言的范畴。人们在使用它们设计程序时，要求对机器比较熟悉。为了克服低级语言的缺点，将程序设计的重点放在解决问题(即算法)方面，于是产生了面向过程和面向对象的高级语言，如 C、C++、Visual C++、Java、C#等语言。由于高级语言是面向过程或面向对象的计算机语言，所以它们在描述上非常接近于人们习惯使用的自然语言，并且它们不受计算机硬件结构的制约，具有良好的移植性。因此，用高级语言编写的程序可以适用于不同硬件设备的计算机，这给人们用计算机语言编程来解决实际应用问题带来了极大的方便。

1.2　C 语言的发展及特点

C 语言是目前国际上广泛流行的一种基础的结构化的程序设计语言，它简洁、紧凑、使用灵活。用 C 语言编写的程序执行效率高，可移植性好，不做修改或稍加修改就能用于各种型号的计算机和各种操作系统。

C 语言不仅能开发系统软件和应用软件，而且还能实现汇编语言的大部分功能。近几年 C 语言更成了嵌入式系统开发的首选语言，深受广大程序设计者的喜爱。

1.2.1　C 语言的发展概述

C 语言是在 20 世纪 70 年代初由美国贝尔实验室的 Dennis M. Ritchie 设计的，并首先安装在 UNIX 操作系统的 DEC PDP-11 计算机上实现，因而最初的 C 语言是为了描述和实现 UNIX 操作系统而设计的。

到了 1973 年，K.Thompson 和 Dennis M. Ritchie 两人合作用 C 语言将 UNIX 中 90%以上的内容进行了改写(即 UNIX 第 5 版)。后来，人们对 C 语言进行了多次的改进，其主要还是在贝尔实验室内部使用，直到 1975 年 UNIX 第 6 版公布后，C 语言的突出优点才引起人们的广泛关注。

1978 年，由美国(AT&T)贝尔实验室正式发表了 C 语言。同时，由 B.W.Kernighan 和 D.M.Ritchit 合著了著名的 *The C Programming Language* 一书，简称为 *K&R*，也称为 *K&R* 标准。但是，在 *K&R* 中并没有定义一个完整的标准 C 语言，后来由美国国家标准协会(American national standards institute，ANSI)在此基础上制定了一个 C 语言标准，于 1983 年发表，称为 ANSI C。

ANSI C 标准于 1989 年被采用，该标准一般称为 ANSI/ISO Standard C，于是 1989 年定义的 C 标准定义为 C89。其中详细说明了使用 C 语言书写程序的形式，规范对这些程序的解释，包括 C 语言的表示法、C 语言的语法和约束、解释 C 程序的语义规则、C 程序输入和输出的表示，一份标准实现了限定和约束。

到了 1995 年，出现了 C 语言的修订版，增加了库函数，形成了初步的 C++语言，C89 便成了 C++语言的子集。由于 C 语言的不断发展，在 1999 年又推出了 C99，C99 在保留 C 语言特性的基础上增加了一系列新的特性，形成了 C99 标准。

目前，在微机上比较流行的 C 语言版本主要有 Microsoft C /C++、Turbo C、Quick C、Visual C/C++。

这些 C 语言版本不仅实现了 ANSI C 标准，而且在此基础上各自做了一些扩充，使之更加方便、完美。

本书以 Visual C++ 6.0 为集成开发环境，在 C99 标准和 Visual C++ 6.0 环境下对 C 语言做介绍。Visual C++ 6.0 是 Microsoft 公司推出的在 Windows 环境下，进行应用程序开发的可视化与面向对象程序设计软件开发工具。

1.2.2　C 语言的特点

C 语言是工科院校学生必修的一门计算机语言。掌握 C 语言已经成为计算机开发人员的一项基本功。C 语言之所以能被世界计算机界广泛接受，正是由于它自身具备的突出特点。从语言体系和结构上讲，它与 Pascal 等语言相类似，是结构化程序设计语言。但从用户应用、实现难易程度、程序设计风格等角度来看，C 语言的特点又是多方面的。

1) C 语言的优点

(1) 适应性强，应用范围广。它能适应从 8 位微型机到巨型机的所有机种，可用于系统软件到涉及各个领域的应用软件。

(2) 语言本身简洁，使用灵活，便于学习和应用。在源程序表示方法上，与其他语言相比，一般功能上等价的语句，C 语言的书写形式更为直观、精炼。

(3) 语言的表达能力强。C 语言是面向结构化程序设计的语言，通用直观；运算符达 34 种，涉的范围广、功能强。其既可直接处理字符、访问内存物理地址、进行位操作，也可直接对计算机硬件进行操作，反映了计算机的自身性能，足以取代汇编语言来编写各种系统软件和应用软件。鉴于 C 语言兼有高级语言和汇编语言的特点，也可称其为"中级语言"。

(4) 数据结构类型丰富。C 语言具有现代化语言的各种数据结构，且具有数据类型的构造能力，因此，便于实现各种复杂的数据结构的运算。

(5) 程序设计结构化。C 语言是一种结构化语言，层次清晰，具有顺序、选择、循环 3 种程序控制结构，易于调试和维护，并以函数作为主要结构成分，便于程序模块化，符合现代程序设计风格。

(6) 运行程序质量高,程序运行效率高。试验表明,C 语言源程序生成的运行程序的效率仅比汇编程序的效率低 10%~20%,但 C 语言编程速度快,程序可读性好,易于调试、修改和移植,这些优点是汇编语言所无法比拟的。

(7) 可移植性好(与汇编语言相比)。C 语言可以方便地在不同操作系统平台之间转换使用。统计资料表明,C 语言编译程序 80%以上的代码是公共的,因此稍加修改就能移植到各种不同型号的计算机上。

2) C 语言的缺点

C 语言存在的不足之处是:运算符和运算优先级过多,不便于记忆;语法定义不严格,编程自由度大,编译程序查错纠错能力有限,给不熟练的程序员带来一定困难;C 语言的理论研究及标准化工作也有待推进和完善。因此,C 语言对程序设计人员的素质要求相对要高。

综上所述,C 语言把高级语言的基本结构与低级语言的高效实用性很好地结合起来,不失为一个出色而有效的现代通用程序设计语言。它一方面在计算机程序语言研究方面具有一定价值,由它引出了许多后继语言;另一方面,C 语言对整个计算机工业和应用的发展都起了很重要的推动作用。正因为如此,C 语言的设计者获得了世界计算机科学技术界的最高奖——图灵奖。

1.3 C 语言程序的基本结构

为了更进一步理解 C 语言程序结构的特点,下面通过几个 C 程序来进行说明。这几个程序由简到难,表现了 C 语言源程序在组成结构上的特点。虽然其有关内容还没有介绍,但可从这几个例子中了解到组成一个 C 语言程序的基本框架和书写格式要求。

【例题 1.1】在显示器上输出:"The university welcomes you!"

算法分析:在主函数中用输出函数 printf()原样输出以上文字。

程序代码:

```
#include <stdio.h>                          //编译预处理命令
int main()                                  //定义主函数
{                                           //函数开始标志
    printf("The university welcomes you! \n");  //输出字符串信息
    return 0;                               //函数执行完返回函数值 0
}                                           //函数结束标志
```

#include 称为文件包含命令,扩展名为.h 的文件称为头文件。其作用是将声明输入/输出函数所在的 stdio.h 包含到本程序文件中。

int main()中的 main 是函数名且是 C 程序的主函数名,每一个 C 程序必须有且只能有一个 main()函数,main()函数是 C 语言编译系统使用的专用名字。int 是 main()函数的返回值类型——整型(C99 标准)。

main()函数后面用花括号({ })括起来的部分是函数体即程序实现的功能。该函数的功能是在显示器上打印一串字符"The university welcomes you!"。

printf("The university welcomes you！\n");是 C 程序的输出函数，该函数的执行结果是将英文双引号内的字符串送到显示器上显示出来，且\n 在此是输出一个不显示的换行符(转义字符)。

printf()函数是由 C 编译系统定义的标准函数，用户在程序中直接调用，但调用前必须在程序的开头用包含命令 include 将 stdio.h 输入/输出头文件包含到程序中，否则在编译时系统会出现报错信息。

return 0 是 C99 标准，是与 int main()对应的，表明函数执行完后返回一个整型数值。但 C89 标准的 C 程序结构中没有此语句，是因为 main()函数返回的是一个空值，即 void main()。

分号(;)是 C 语言语句的结束标志。

// 是 C 语言中的注释。在 Visual C++ 6.0 的开发环境中有两种注释方法：一种是"//"称为行注释；另一种是"/* */"称为块注释。注释的作用是帮助他人理解阅读程序。读者在学习编程时应养成添加注释的习惯。

程序运行结果如图 1.1 所示。

```
"C:\Users\Administrator\Desktop\C例题\Debug\例题11.exe"
The university welcomes you!
Press any key to continue
```

图 1.1　例题 1.1 程序运行结果

如果我们编写的程序只能在显示器中原样打印出字符串，那就没有什么实际意义。编写程序是要解决数据的计算或比较复杂的问题的求解，并将结果打印在屏幕上。下面介绍求两个整数加法的程序。

【例题 1.2】编写程序：计算两个指定整数的和并将结果打印在屏幕上。

算法分析：设置 3 个变量，value1、value2 用来存放两个整数，sum 用来存放这两个数的和。

程序代码：

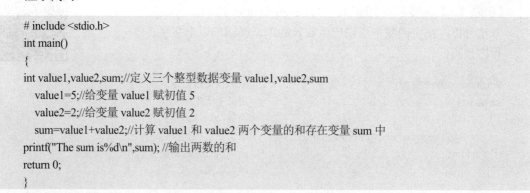

```c
# include <stdio.h>
int main()
{
int value1,value2,sum;//定义三个整型数据变量 value1,value2,sum
    value1=5;//给变量 value1 赋初值 5
    value2=2;//给变量 value2 赋初值 2
    sum=value1+value2;//计算 value1 和 value2 两个变量的和存在变量 sum 中
printf("The sum is%d\n",sum); //输出两数的和
return 0;
}
```

本题同例题 1.1 相比，有以下不同之处。

(1) 定义三个整型数据符号(称为变量)value1、value2 和 sum。

(2) 分别对数据符号(变量)value1、value2 赋给整型数值 5、2。

(3) 将符号 value1 和符号 value2 相加得到的值保存在符号 sum 中。

printf()函数英文双引号内的%d 位置上输出一个具体的整型数值，其值是逗号后的变量 sum 的值。其中，%是格式符号，d 是整型数值。

程序运行结果如图 1.2 所示。

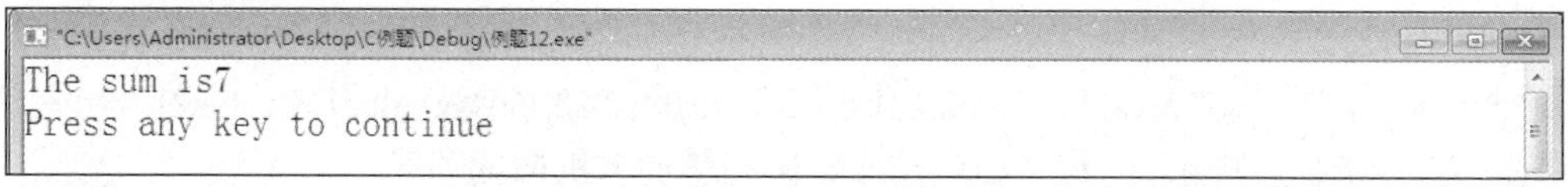

```
 "C:\Users\Administrator\Desktop\C例题\Debug\例题12.exe"
The sum is7
Press any key to continue
```

图 1.2 例题 1.2 程序运行结果

思考：

(1) 若将 printf("The sum is %d\n",sum)中的 sum 换成 10，则程序输出的结果是什么？请同学们上机调试一下。

(2) 若要输出算术算式，则如何修改 printf()函数英文双引号内的表现形式。

(3) 例题 1.2 实现了两个给定数值的加法运算，若要实现任意两个整型数据的加法运算，则程序需做哪些方面的修改？请看例题 1.3。

【例题 1.3】编写程序：要求计算任意两个数的和并以算术形式输出。

算法分析：如何将一个动态的值赋给变量呢？这就需要调用输入函数 scanf()。

程序代码：

```
# include <stdio.h>
int main()
{
int value1,value2,sum;
printf("请通过键盘输入两个整数：\n");      //程序运行时在屏幕上打印提示信息
scanf("%d%d",&value1,&value2);            //通过键盘输入两个任意的整型数值
    sum=value1+value2;                   //计算两数的和
printf("%d+%d=%d\n",value1,value2,sum);   //以算术形式输出
return 0;
}
```

本题同例题 1.1、例题 1.2 相比，有以下不同之处。

(1) scanf()函数的功能是从键盘缓冲区中提取两个整型数据，放到变量 value1、value2 所在的内存单元中。scanf 是输入函数，当程序从上往下运行到 scanf 输入语句时，会等待我们通过键盘往键盘缓冲区输入数据，输入完成按 Enter 键后开始提取数据到指定地址的内存单元。

(2) scanf("%d%d",&value1,&value2)语句中符号&是地址运算符，通过变量 value1、value2 的地址找到内存单元，并将从键盘缓冲区中提取到的两个整数放到相应内存单元中。

(3) printf("%d+%d=%d\n",value1,value2,sum)语句中英文双引号内的%d 位置上输出具体的值并分别对应其逗号后 3 个变量 value1、value2、sum 的值。其中的"+"和"="按原样形式输出。

printf()和 scanf()两个函数分别称为格式输出函数和格式输入函数，其意义是按指定的格式输出输入值，具体使用方法在后续章节中进行学习。

在使用 scanf()和 printf()两个标准函数时，一定要将 stdio.h 头文件包含到 C 源程序中。

程序运行：

示例 1：12

　　　　33

结果 1：12+23=35

示例2：12　23

结果2：12+23=35

思考：scanf("%d%d",&value1,&value2)语句与 scanf("%d,%d",&value1,&value2)语句有没有区别？若有，则体现在输入两数时如何操作？请同学们上机调试一下。

【例题 1.4】编写程序：要求实现输入任意的两个整数输出其中的较大数。

程序分析：用一个函数来实现求两个整数中的较大者。在主函数中调用此函数并输出结果。

程序代码：

```
# include <stdio.h>
int main()                          /*主函数*/
{
int max(inta,int b);                /* 对被调函数的 max 的声明*/
int value1,value2,largenumber;      /* 定义 3 个变量 */
printf("请通过键盘输入两个整数：\n"); /* 提示输入两个整数 */
scanf("%d%d",&value1,&value2);      /* 输入 value1,value2 变量的值 */
largenumber=max(value1,value2);     /* 调用 max()函数，得到的值赋给 largenumber*/
printf("largenumber=%d\n",largenumber);
return 0;
}
int max(inta,int b)     /*定义 max()函数，其值为整型，形式参数 a、b 也是整型*/
{
int c;                  /* max()函数中声明部分，定义本函数中用到的变量 c */
if(a>b) c=a;
elsec=b;
return(c);              /* 将 c 的值返回，通过 max 带回到调用函数的位置 */
}
```

本题同上面几个例子相比，有以下不同之处。

(1) C 语言源程序中包含两个函数，主函数 main()和被调用函数 max()，其中 max()函数是用户自定义的函数。

(2) max()函数的功能是实现 a 和 b 两数的比较且将较大数赋给变量 c，并通过 return 语句将 c 的值返回给主调函数 main()。

(3) max()函数放在主调函数 main()之后，则要求在主调函数 main()中进行声明，其作用是使编译系统能够正确识别和调用 max()函数；max()函数放在主调函数 main()之前，则在主调函数 main()中可以不做声明。

有关函数的知识将在后续章节中进行详细介绍。

通过以上 4 个例子的阐述，可以看出 C 语言程序的基本结构有以下几个特点。

(1) C 语言程序是由函数组成的，每个函数实现相对独立的功能，函数是 C 语言程序的基本模块单元。每个 C 程序必有一个且只能有一个 main()函数，除 main()函数外，还可以有若干个其他函数。因此，函数是 C 程序的基本单位。函数可以是系统提供的库函数，如 printf()函数，也可以是用户自定义函数，如例题 1.4 中的 max()函数。编写 C 程序就是编写一个个的函数。C 的函数库十分丰富，ANSI C 提供了上百个库函数。

(2) 一个函数由函数首部和函数体两部分组成。函数首部由函数名、函数类型、函数属性、函数参数(形式参数)名及参数类型构成，一个函数名后面必须跟一对圆括号，括号内可写函数的参数及其类型，也可没有参数，例如，main()的括号内没有参数，max(inta,int b)的括号内有参数及其类型。函数体即函数首部下面的花括号内的部分。如果一个函数内有多对花括号，则最外层的一对花括号为函数体的范围。函数体一般由声明部分和执行部分构成，声明部分是对函数体要用到的变量及对其所调用函数的声明，执行部分是由若干个语句构成，实现 C 语言程序的功能。

(3) 主函数的位置是任意的，可以放在程序的开头、两个函数之间或程序的结尾。程序的执行总是从主函数 main()开始，并以主函数 main()结束。

(4) C 语言程序书写格式自由。一行内可以写几个语句，一个语句可以分写在多行上。

(5) 每个语句和声明部分的最后必须有一个分号。分号是 C 语句的必要组成部分，是 C 语句的结束标志。但预处理命令、函数头和花括号之后不能加分号。

(6) 标识符、关键字之间必须加一个空格以示隔开。若已经有明显的间隔符，也可不加空格来间隔。

(7) C 语言程序中用"/*…*/"和"//"的形式加注释，注释可以放在程序的任意位置，其作用是增加程序的可读性，不参与程序的编译和执行。

(8) C 语言程序以小写字母作为基本书写形式，并且 C 语言严格区分字母的大小写，同一字母的大小写被作为两个不同的标识符。

从书写清晰、便于阅读、理解、维护的角度出发，在书写程序时应遵循以下规则。

(1) 一个说明或一个语句占一行。

(2) 用{}括起来的部分，通常表示程序的某一层次结构。{}一般与该结构语句的第一个字母对齐，并单独占一行。

(3) 低一层次的语句相对高一层次的语句以缩进格式书写，以便读起来结构更清晰，增加程序的可读性。

(4) 为了增加程序的可读性和维护性，要添加必要的注释。

在编程时应力求遵循这些规则，以便养成良好的编程风格。

1.4 C 语言字符集、标识符和关键字

任何一种高级语言，都有自己的基本词汇符号和语法规则，程序代码都是由这些基本词汇符号并根据该语言的语法规则编写的，C 语言也不例外，C 语言规定了其所需的基本字符集和标识符。

1.4.1 C 语言字符集

字符是组成语言的最基本元素。C 语言字符集由字母、数字、空格、标点和特殊字符组成。在字符常量、字符串常量和注释中还可以使用汉字或其他可表示的图形符号。

(1) 英文字母：小写字母 a～z 共 26 个；大写字母 A～Z 共 26 个。

(2) 阿拉伯数字：0～9 共 10 个。

(3) 空白符：空格符、制表符、换行符统称空白符。空白符只在字符常量和字符串常量中起作用。在其他地方出现时，只起间隔作用，编译程序时对它们忽略不计。因此在程序中使用空白符与否对程序的编译不发生影响，但在程序中适当的地方使用空白符将增加程序的清晰性和可读性。

(4) 标点和特殊字符：+、-、*、/、%、==、{ }、()、[ ]、_(下画线)、'(单引号)、,、:、?、~、<>、&、;、"、|、!、#、^。

1.4.2　C 语言标识符

C 语言的标识符用来表示函数、类型、常量及变量的名称，只起标识作用。标识符由下画线或英文字母及数字构成。C 语言的标识符有以下三类。

1. 保留字

保留字又称关键字，其每一个都有特定含义，不允许用户把它当作变量名使用，C 语言的保留字都是用小写英文字母表示，如表 1.1 所示。

表 1.1　C 语言保留字

auto	break	case	char	const	continue	default
do	double	else	enum	extern	float	for
goto	if	int	long	register	return	short
signed	static	sizeof	struct	switch	typedef	union
unsigned	void	volatile	while			

C99 还定义了新增加的保留字，如_Bool、_Imaginary、restrict、_Complex、inline。在 C89、C99 的 C 语言中，保留字也都是小写的。

2. 预定义标识符

除上述保留字外，还有一类具有特殊含义的标识符，它们被用作库函数名和预编译命令，这类标识符在 C 语言中称为预定义标识符。一般不要把这样的标识符再定义为其他标识符来使用。

预定义标识符包括预编译程序命令和 C 编译系统提供的库函数名。其中，预编译程序命令有 include、define、undef、ifdef、ifndef、endif、line。

3. 用户定义标识符

用户定义标识符是程序员根据自己的需要定义的一类标识符，用于标识变量、符号常量、用户定义函数、类型和文件指针等，是由字母、下画线和数字构成，但必须用字母或下画线开头。

以下标识符是合法的：

abc,a3,BOOK_1,sum5

以下标识符是非法的：

3x　　　以数字开头
x*y　　　出现非法字符*
-3ab　　　以减号开头

在使用标识符时应注意以下几点。

(1) 标准 C 不限制标识符的长度，但受各种版本的 C 语言编译系统的限制，同时也受到具体机器的限制。例如，IBM-PC 的 MS C 规定程序中使用的标识符中只有前 8 个字符有意义，超过 8 个字符以外的字符不做识别。

(2) 在标识符中，大小写是有区别的。例如，BOOK 和 book 是两个不同的标识符。

(3) 标识符虽然由程序员随意定义，但标识符是用于标识某个量的符号。因此，命名应尽量做到有相应的意义，以便于阅读理解，即"顾名思义"。

1.4.3　C 语言关键字

关键字是由 C 语言规定的具有特定意义的字符串，通常也称为保留字。用户定义的标识符不应与关键字相同。C 语言的关键字分为以下几类。

1. 类型说明符

类型说明符用于定义、说明变量、函数或其他数据结构的类型，如前面例题中用到的 int 等。

2. 语句定义符

语句定义符用于表示一个语句的功能，如例 1.4 中用到的 if-else 是条件语句的语句定义符。

3. 预处理命令

预处理命令用于表示一个预处理命令，如前述的 4 个例子中都用到的#include 及后述的#define。本书将在第 7 章重点介绍预处理命令。

C 语言除了上述介绍的标识符、关键字外，还有以下值得注意的常用词汇。

1. 运算符

C 语言中含有相当丰富的运算符。运算符与变量、函数一起组成表达式，表示各种运算的功能。运算符由一个或多个字符组成。

2. 分隔符

在 C 语言中，分隔符采用逗号和空格两种。逗号主要用于类型说明和函数参数列表中，分隔各个变量。空格多用于语句各单词间做间隔符。在关键字、标识符之间必须有一个以上的空格符做间隔符，否则将会出现语法错误。例如，若将 int x 写成 intx；则 C 编译器会把 intx 当成一个标识符处理，其结果就必然出编译错误。

3. 常量

C 语言中使用的常量可分为数字常量、字符常量、字符串常量、符号常量、转义字符等多种，将在后续章节中详细介绍。

4. 注释符

C 语言中的注释有两种：一种是以"/*"开头并以"*/"结尾的串；另一种是以"//"开始的后面跟着的字符串。程序编译时，不对注释做任何处理。注释用来向用户提示或解释程序的作用，可放在程序中的任何位置。

1.5 C 语言程序的开发环境

在 1.3 节我们认识了 4 个 C 语言的源程序，源程序不能直接在计算机上执行，需要用编译程序将源程序翻译成二进制形式的代码。C 语言的源程序的扩展名为.c 或.cpp。源程序经过编译程序翻译所得到的二进制代码称为目标程序，目标程序的扩展名为.obj。目标代码尽管已经是机器指令，但是其还没有解决函数调用问题，需要将各个目标程序与库函数连接，才能形成完整的可执行程序。目标程序与库函数连接，形成完整的可在操作系统下独立执行的程序称为可执行程序。可执行程序的扩展名为.exe，可能在 DOS 或 Windows 环境下直接运行。

可执行程序的运行结果是否正确需要经过验证，如果结果不正确则需进行调试。调试程序往往比编写程序更困难、更费时。这就是 C 语言程序的开发过程。C 语言的编译程序软件版本较多，本书采用 Visual C++ 6.0(中文版)为集成开发环境，介绍 C 程序的编辑、编译、连接和运行的基本过程。

1.5.1 Visual C++ 6.0 集成开发环境介绍

Visual C++ 6.0 提供了一个支持可视化编程的集成开发环境，是集源程序编辑、代码编译与调试于一体的集成开发环境，同时也是 Windows 环境中最主要的应用系统之一。Visual C++不仅是 C/C++的集成开发环境，而且与 Windows 32 紧密相连，因此利用 Visual C++可以完成各种各样的应用程序的开发，从底层软件直到上层直接面向用户的软件。而且 Visual C++强大的调试功能也为大型复杂软件的开发提供了有效的排错手段。

安装好 Visual C++ 6.0 环境后，启动，弹出如图 1.3 所示的可视化窗口界面。Visual C++ 6.0 窗口与 Windows 窗口一样，由标题栏、菜单栏、工具栏、工作区窗口、程序编辑区窗口和调试信息显示区窗口组成。

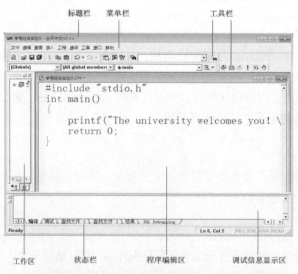

图 1.3　Visual C++ 6.0 集成开发环境

1.5.2　在 Visual C++ 6.0 环境下建立和运行 C 语言程序的步骤

在 Visual C++ 6.0 集成环境下建立 C 语言程序的方法有两种：一种是标准创建法，另一种是快捷创建法。

标准创建法创建 C 语言程序的基本步骤：首先是创建一个工程项目，然后在这个工程项目下创建 C 程序。

【例题 1.5】编写程序：在屏幕上打印 The university welcomes you！字符串。

1. 建立一个 C 程序工程项目

(1) 启动 Visual C++ 6.0，选择 "文件"菜单下的"新建"命令，在弹出的对话框中单击"工程"选项卡，如图 1.4 所示，选择工程类型为 Win32 console Application，并在右边的工程文本框中输入 C 程序工程项目名称为"例题 1_5"，单击位置文本的右下角按钮，选择程序所存放的位置，如 D:\学号姓名实验 1，单击"确定"按钮，打开如图 1.5 所示的对话框。

(2) 在图 1.5 的对话框中选择 An empty project，单击"完成"按钮，系统会显示新建工程信息，单击"确定"按钮即可。一个工程名为"例题 1_5"的工程项目创建好了，如图 1.6 所示。但该工程中没有任何文件，需要再创建一个 C 语言源文件加载到该工程中。

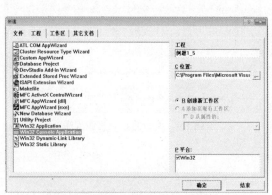

图 1.4　创建工程类型及工程名和路径

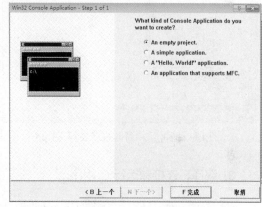

图 1.5　选择 Windows 应用程序类型

2. 添加 C 源程序文件到工程项目

(1) 选择"文件"菜单下的"新建"命令，在弹出的对框中单击"文件"选项卡。单击 C++ Source File 选项后，在右边的"文件"框中输入文件名称，如例题 1_5，注意不能取名例题 1.5，因为"."后面的 5 会被当成扩展名；可以取名为 1.5.cpp，这样最后的.cpp 会被当成扩展名，然后进入如图 1.7 所示的"新建 C++ 源文件"窗口。单击"确定"按钮，进入编辑 C 语言源程序的窗口工作区，如图 1.8 所示。

(2) 编辑的 C 语言源程序如图 1.9 所示。

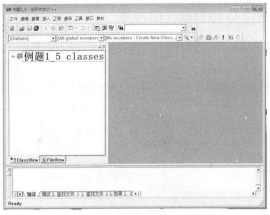

图1.6　新建工程项目窗口

图1.7　新建C++源文件

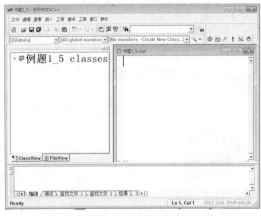

图1.8　编辑C语言源程序窗口工作区

图1.9　编辑的C语言源程序

3. 编译、连接和运行 C 程序

(1) 编译、连接 C 语言源程序。有两种方法：一种是通过菜单实现，另一种是通过工具栏的按钮实现。单击 Build MiniBar 工具栏中的 Compile 按钮，若提示信息窗口没有错误提示信息，说明没有语法错误并生成了目标文件，则可继续单击 Build 按钮，也说明生成的目标文件与 C 语言提供的库函数连接成功并生成可执行文件。若上述过程中出现错误信息提示，则需要修改直至无错误为止。编译和连接 C 程序如图 1.10 所示。

(2) 运行程序显示程序执行结果。有两种方法：一种是通过菜单实现，另一种是通过工具栏的按钮实现。单击 Build MiniBar 工具栏中的 Execute program 按钮，程序运行结果如图 1.11 所示。按任意键则显示结果窗口消失。

快捷式创建 C 程序的方法有两种：一种是新建扩展名为.txt 的文本文档，将其直接改扩展名为.cpp 的 C 程序，选择打开方式为 Visual C++ 6.0，编译连接运行。另一种是启动 Visual C++ 6.0，然后单击工具栏最左边的"新建文本文件"按钮，生成一个文本文件，最后将其保存为.cpp 或.C 的源程序文件。第二种方法具体说明如下。

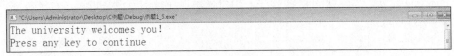

图 1.10　编译和连接 C 程序

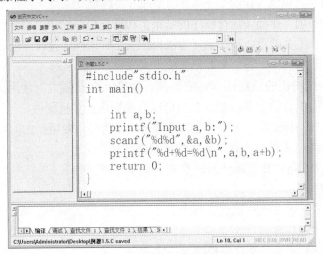

图 1.11　程序运行结果

(1) 建立 C 程序文件。启动 Visual C++ 6.0，并单击工具栏最左边的"新建文本文件"按钮，生成一个文本文件，然后保存或另存为 C 源程序文件，即文件名以.C 为扩展名，如输入例题 5_1.C。注意，这里一定要加.C 扩展名，否则将生成以.TXT 为扩展名的文本文件，不能进行编译运行，接着输入源程序代码，如图 1.12 所示。

图 1.12　源程序编辑窗口

(2) 编译运行。源程序编辑完毕，选择"文件"菜单中的"保存"命令进行存盘。按 F7 键或单击工具栏上的编译按钮，可以编辑、连接程序而不运行程序。

由于 Visual C++ 6.0 有工作区的要求，因此按下 F7 键后，系统提示需要建立工作区，如图 1.13 所示，单击"是"按钮，系统会自动建立工作区，结果如图 1.14 所示。

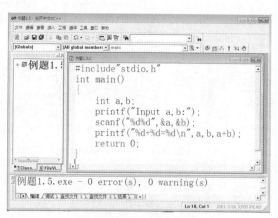

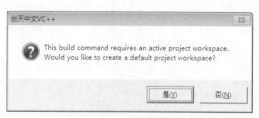

图 1.13　提示建立工作区　　　　　图 1.14　编译连接源程序

如果要编辑下一个 C 源程序，由于新文件不会自动加入工作区，所以一定要先关闭工作区，接着按上述方法建立、编辑新的 C 源程序，也可采用加注释的方法将调试运行的程序注释掉，接着写下一个程序。

本章小结

本章介绍了程序的概念及程序设计语言的发展历程，以及 C 语言的基本特点和 C 语言程序书写的基本原则；通过四个例题的具体分析来介绍 C 语言程序的基本结构，介绍了 C 语言字符集、标识符及关键字，以及 Visual C++ 6.0 的集成开发环境。

计算机完成的各项工作都是运行程序的结果。计算机程序设计语言经历了机器语言、汇编语言、高级语言 3 个主要阶段，程序设计方法也在从结构化程序设计方法向面向对象的程序设计方法发展。

C 语言是一种结构化的高级语言，它简洁、紧凑、功能强大、使用方便、可移植性好。C 语言可以实现汇编语言的大部分功能，也可以直接操作计算机硬件。

C 语言的字符集、标识符和关键字是后续课程中学习经常要用到的内容，学习和掌握好这部分内容，对后面章节的学习大有帮助并且能起到很好的作用。

用 Visual C++ 6.0 集成开发环境创建 C 语言的基本过程如下。

(1) 创建工程项目。

(2) 在该项目下创建一个 C 语言文件。

(3) 编辑 C 语言源程序。

(4) 编译 C 语言源程序得到目标程序，将目标程序与 C 语言的库函数连接生成可执行程序，运行可执行程序将得到程序的运行结果。

使用 C 语言编写程序，必须遵循 C 程序的基本规则：C 程序由函数构成，每个 C 程序有且只有一个主函数，C 程序总是从主函数开始执行；C 程序中的每条语句必须用分号结尾，程序中的变量必须先定义后使用，先赋值后引用，C 语言程序严格区分字母的大小写。

初学者编写 C 语言程序时，要注重培养良好的书写风格，要注意不遗漏每条语句后面的分号、字母的大小写不能混用，要培养科学、严谨的学习作风，更要在学习实践中形成自己独有的编程风格。

易错提示

1. C 语言源程序有且只有一个主函数 main()，程序总是从主函数的第 1 条可执行语句开始执行。

2. C 语言源程序的基本结构是书写程序的基础，特别要注意花括号、头文件等的运用。

3. C 语言源程序的语句结束标志是分号"；"，书写或上机编程时不要遗漏。

4. 程序中使用标识符时要遵循标识符的相关约定，同时要区分字符的大小写。

习题 1

1. 程序设计语言经历了哪 3 个主要阶段？每个阶段有什么特点？

2. C 语言有哪些特点？这些特点你是怎样理解的？

3. 用一个事例简述 C 语言程序的基本结构。

4. 下列标识符哪些是合法的，哪些是非法的？若是非法的要指明其原因。

　　3H_R　　　_3H_R　　　_3H&R　　　H3R　　　ifD.K.Jon　　　a*b2　　　Sstu

5. 选择题

(1) C 语言是一种(　　)。

　　A. 机器语言　　　　B. 汇编语言　　　C. 高级语言　　　D. 以上都不是

(2) C 程序总是从(　　)开始执行。

　　A. 程序中的第一条语句　　　　　　　B. 程序中第一条可执行语句

　　C. 程序中的第一个函数　　　　　　　D. 程序中的 main()函数

(3) 下列叙述正确的是(　　)。

　　A. C 语言源程序可以直接在 Windows 环境下运行

　　B. 编译 C 语言源程序得到目标程序可以直接在 Windows 环境下运行

　　C. C 语言源程序经过编译、连接得到可执行程序可以运行

　　D. 以上说法都是正确的

(4) 下列说法正确的是(　　)。

　　A. C 语言程序书写时，不区分大小写字母

　　B. C 语言程序书写时，一个语句可分成几行书写

　　C. C 语言程序书写时，一行只能写一个语句

　　D. C 语言程序书写时，每行必须有行号

(5) C 语言规定，在一个源程序中，main()函数的位置(　　)。

　　A. 必须在最开始　　　　　　　　　B. 必须在系统调用的库函数的后面

　　C. 可以是任意位置　　　　　　　　D. 必须在最后

(6) C语言程序经过编译后生成的文件名的后缀是(　　)。

    A. .c   B. .obj   C. .exe   D. .cpp

(7) 下面叙述中，错误的是(　　)。

    A. 分号是C语句的必要组成部分   B. C程序的注释可以写在语句的后面

    C. 函数是C程序的基本单位   D. 主函数的名字不一定用main()表示

(8) 关于C语言程序的注释以下描述错误的是(　　)。

    A. 由"/*"开头，"*/"结尾   B. 由"/*"开头，"/*"结尾

    C. 由"//"开头   D. 由"/*"或"//"开头

6. 判断题

(1) 主函数是系统提供的标准函数。(　　)

(2) 一个C程序可以有一个或多个主函数。(　　)

(3) C程序首先执行程序的第一个函数。(　　)

(4) 调用大多数C语言标准函数，可以不使用包含命令。(　　)

(5) C语言允许多条语句写在同一行。(　　)

(6) 语句int number;和int Number定义的是同一个整型变量。(　　)

7. 参考本章例题，编写下列程序。

(1) 编写一个C程序，要求在屏幕上打印以下信息：

          *

                        我是一名大学生

                        我热爱我的学校

          *

(2) 通过键盘输入一个实数，要求在屏幕上输出该数的平方值(提示数x的平方可用x*x来表示)。

(3) 在Visual C++ 6.0集成环境下运行本章的4个事例，熟悉上机方法和步骤。

【实验1】编程环境与简单程序的运行

1. 实验目的

(1) 了解和使用Visual C++ 6.0集成开发环境。

(2) 能在Visual C++ 6.0集成开发环境编写运行简单的C程序。

(3) 掌握C语言源程序的建立、编辑、修改、保存扩编译和运行的基本步骤。

2. 实验预备

(1) Visual C++ 6.0集成开发环境界面划分成4个主要区域：菜单栏和工具栏、工作区窗口、代码编辑窗口和信息提示窗口。同学们启动Visual C++ 6.0开发环境后加以对照认识。

(2) 预习例题1.5在Visual C++ 6.0环境下建立和运行C程序的步骤。

3. 实验内容

(1) 编写程序1：已知圆的半径，求圆的周长和面积。

(2) 编写程序2：输入任意的3个数，求这3个数的平均数。

(3) 编写程序3：输入矩形的两个边长，求矩形的面积。

4. 实验提示

(1) 启动Visual C++ 6.0，在D盘下建立学号姓名实验1的项目名称，建立学号姓名实验1

的文件名并添加到"学号姓名实验 1"的项目中(标准方式建立 C 程序法)。或者在 D 盘下直接建立"学号姓名实验 1.C"的 C 程序(快捷方式建立 C 程序法)。

(2) 编辑 C 语言源程序。

```
程序 1 代码: #include<stdio.h>
              int main()
              {
                    int r;
                    floatl,s;
                    r=5;
                    l=2*3.14159*r;
                    s=3.14159*r*r;
                    printf("r=%d,l=%f,s=%f\n",r,l,s);
                    return 0;
              }
程序 2 代码: #include<stdio.h>
              int main()
              {
                    inta,b,c;
                    float aver;
                    printf("请输入 3 个数 a,b,c:");
                    scanf("%d%d%d",&a,&b,&c);
                    aver=(a+b+c)/3;
                    printf("aver=%f\n",aver);
                    return 0;
              }
程序 3 代码: #include<stdio.h>
              int main()
              {
                    intx,y;
                    float area;
                    printf("please input x,y:");
                    scanf("%d%d",&x,&y);
                    area=x*y;
                    printf("area is %f\n",area);
                    return 0;
              }
```

(3) "学号姓名实验 1"的文件包含以上 3 个 C 源程序。当编辑完成程序 1 后,对其进行编译、连接和运行,分析其结果是否符合题目要求,符合后则对 C 语言源程序加上注释。编辑程序 2 并对其进行编译、连接和运行。编辑程序 3 并对其进行编译、连接和运行。

5. 实验报告

(1) 写出创建"学生姓名实验 1"项目的步骤和建立健全.CPP 文件并添加到项目的步骤;写出直接创建"学生姓名实验 1"C 程序的步骤。

(2) 实验过程中使用到的变量的数据类型、使用的相关格式符的含义。

(3) 通过 3 个 C 程序的上机实验,总结出 C 源程序的构成要素有哪些。

(4) 在上机实验过程中遇到了哪些问题,对这些问题是如何解决的?例如,程序 2 中输入 3 个数,你是怎样输入的;程序 3 中输入 2 个数,你是怎样输入的?

第 2 章

C语言数据类型和表达式

【学习目标】

1. 掌握 C 语言的基本数据类型。
2. 掌握常量和变量的概念及使用方法。
3. 掌握各种运算符的使用方法和运算的顺序。
4. 掌握将数学表达式转换成 C 语言表达式的方法。
5. 掌握不同数据类型间的转换规则。

C 语言中数据的存储结构是通过数据类型来表现的,数据类型直接对应着数据的存储形态,在 C 程序设计中对于用到的所有数据都必须指定其数据类型,因此,必须掌握 C 语言中最基本的数据类型和对数据进行各种运算的运算符。本章主要介绍 C 语言中的基本数据类型、各种类型中的常量与变量,进行数据运算涉及的运算符,以及不同类型数据之间的转换。

2.1 C 语言的数据类型

C 程序中包括两方面内容:一是对数据的描述,在程序中指定数据的组织形式,即数据结构;二是对操作的描述,在程序中求解问题的步骤和方法,即算法。

数据是程序加工、处理的对象,如果将程序所能够处理的数据对象划分成一些集合,属于同一集合的各数据对象具有相同数据类型,它们都采用同样的编码方式,占用同样大小的存储空间。所有程序设计语言都用数据类型来区分数据的表示范围、数据在内存中的存储分配,以及对数据允许的操作。

计算机硬件把处理的数据分成不同数据类型,CPU 对不同数据类型的数据提供不同操作指令。因此,程序设计语言中数据的存储形式与计算机硬件是密切相关的。

C 语言中数据都具有确定的数据类型,一个数据在程序中只能有一种数据类型。C 语言提供了非常丰富的数据类型,可分为基本类型、构造类型和空类型,如图 2.1 所示。本章重点讲述基本类型,其他类型在后续章节中进行讲述。

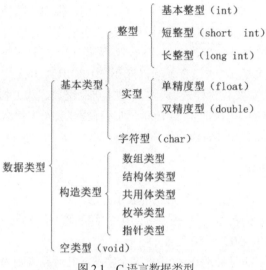

图 2.1　C 语言数据类型

2.1.1　整型数据

【例题 2.1】阅读下列程序，认识程序中符号 a、b、c 的含义及其数据的表示方法。

```
#include"stdio.h"
int main()
{
  int a,b,c;
  a=10;
  b=012;
  c=0xa;
  printf("a=%d,b=%d,c=%d\n",a,b,c);
  printf("a=%o,b=%o,c=%o\n",a,b,c);
  printf("a=%x,b=%x,c=%x\n",a,b,c);
  return 0;
}
```

程序功能：在程序中分别定义了 a、b、c 3 个变量，其数据类型是整型，对它们分别赋予了不同表现形式的值，采用不同的表现形式进行输出。程序运行后输出的结果如图 2.2 所示。

```
"C:\Users\Administrator\Desktop\C例题\Debug\例题21.exe"
a=10, b=10, c=10
a=12, b=12, c=12
a=a, b=a, c=a
Press any key to continue
```

图 2.2　例题 2.1 程序运行结果

从程序运行的结果可以看出：以%d 格式输出的结果都是 10；以%o 格式输出的结果都是 12；以%x 格式输出的结果都是 a。这就说明 10、012、0xa 在计算机内存中的编码是相同的，表示的是同一值的数据，只是表示形式不同而已。10 就是我们习惯用的十进制整数，012 中的

0 在表示数时没有意义，但在 C 语言中却起一种标识作用，标识该数是八进制整数，同理，0x 也是一种标识，标识该数是十六进制数。标识只是起告诉的作用，告诉计算机或程序员这个数的形式。因此，采用八进制数格式符%o 输出时，结果是 12，没有了标识符 0；采用十六进制数格式符%x 输出时，结果是 a，也没有了标识符 0x。10、012、0xa 均是以整数形式表现的，因此整型数据在 C 语言中主要有 3 种表示形式，即十进制整数、八进制整数和十六进制整数。

思考：若某个同学将 a=10 改成了 a=10.0，则运行程序会发生什么现象？观察程序运行的结果是否还是一样的？10 和 10.0 有没有区别？

1. 整型数据的表示方法

在 C 语言中，整数一般有以下 3 种形式的表示方法。

(1) 十进制整数。表示的符号是 0～9 中的 10 个字符，其运算规则为逢十进一，也就是我们平时的习惯用法，如 10、30、－10 等。

(2) 八进制整数。表示的符号是 0～7 中的 8 个字符，其运算规则为逢八进一，在书写时以 0 开头，后面跟八进制数字符，如 01、025 等，它们分别表示十进制整数 1、21。

(3) 十六进制整数。表示的符号是 0～9 和 a～f(或 A～F)中的 16 个字符，其运算规则为逢十六进一，在书写时以 0x 开头，后面跟十六进制数字符，如 0x15、－0x23 等，它们分别表示十进制整数 21、－35。

2. 整型数据的分类

在 C 语言中，整型数据可分为有符号(signed)整型数据和无符号(unsigned)整型数据。常用的整型数据有基本整型、短整型和长整型。它们在计算机内存所需的存放空间及表示的范围随 C 语言的编译系统不同而有所差别。表 2.1 所示是以 16 位 CPU 按 ANSI C 为例描述的在计算机内存中所需要的字节数及数的表示范围。

表 2.1　整型数据

数据类型	数据类型符	占用字节数	取值范围
基本整型	int	2	－32768～32767，即－2^{15}～(2^{15}－1)
短整型	short int	2	－32768～32767，即－2^{15}～(2^{15}－1)
长整型	long int	4	－2147483648～2147483647，即－2^{31}～(2^{31}－1)
无符号整型	unsigned int	2	0～65535，即 0～(2^{16}－1)
无符号短整型	unsigned short	2	0～65535，即 0～(2^{16}－1)
无符号长整型	unsigned long	4	0～4294967295，即 0～(2^{32}－1)

说明：因为 Visual C++ 6.0 编译系统是 32 位，所以编译系统规定 int 和 unsigned int 占 4 个字节，其余两者相同。

3. 整型数据在内存中的存放形式

整型数据在计算机的内存中是以其二进制数的补码形式存储。正数的原码、反码、补码均相同；负的原码、反码、补码均不同，负数补码的求法为，将该数的绝对值的二进制形式，按位取反再加 1，例如，8 和－8 两个数的补码以 16 位机器表示如图 2.3 和图 2.4 所示。

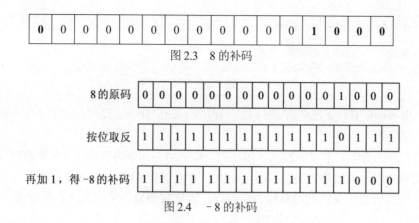

图 2.3　8 的补码

图 2.4　−8 的补码

由图 2.3 和图 2.4 可知，数的正、负号也用二进制代码表示，最左面的一位表示符号，0 表示正数，1 表示负数。如果是有符号型数据，则存储单元中最高位代表符号；如果是无符号型数据，则存储单元中所有二进制位用作存放数本身。

思考：十进制数 −1 的 2 字节二进制编码是什么？二进制数 10000000 00000000 对应的十进制数是什么？

2.1.2　实型数据

【例题 2.2】阅读下列程序，认识程序中符号 f1、f2 的含义及其数据的表示方法。

```c
#include"stdio.h"
int main()
{
    float f1;
    double f2;
    f1=2.3;
    f2=10.0;
    printf("f1=%f,f2=%lf\n",f1,f2);
    printf("f1=%e,f2=%e\n",f1,f2);
    return 0;
}
```

程序功能：在程序中分别定义了两个变量：f1、f2，其数据类型是实型，对它们分别赋予了带小数点的数，采用不同的表现形式进行输出。程序运行后输出的结果如图 2.5 所示。

从程序运行结果可以看出：赋给 f1 的值是 2.3，分别以%f 格式输出的结果是 2.300000，即我们习惯的小数表示形式；以%e 格式输出的结果是 2.300000+000，即科学计数法的表示形式。赋给 f2 的值是 10.0，分别以%lf 格式输出的结果是 10.000000，即我们习惯的小数表示形式；以%e 格式输出的结果是 1.000000+001，即科学计数法的表示形式。但是 f1 在计算机内存中的编码只有一个，f2 在计算机内存中的编码也只有一个，说明同一个数以不同的表现形式进行表示而已。这两个数是以实数形式表示的，因此在 C 语言中实型数据有两种不同的表现形式，即十进制小数形式和指数形式。

图 2.5　例题 2.2 程序运行结果

思考：将 printf("f1=%f,f2=%lf\n",f1,f2);修改成 printf("f1=%d,f2=%d\n",f1,f2);，请问程序是否有需要的结果？

从例题 2.2 中可以看出，f1=2.3,f2=10.0 表明数值用两部分内容给出，即整数部分和小数部分，在 C 语言中将这类数称为实型数据，又由于 10.0 等价 1.0×10，则说明小数点的位置是可以变动的，在 C 语言中又将这类数称为浮点数，因此实型数据又称为浮点型数据。

1. 实数的表示方法

在 C 语言中，实数只采用十进制形式表示，主要有以下两种形式。

(1) 十进制小数形式。它由数字和小数点组成，其中小数点是必需的，如 2.5、0.15、0.0、150.、150.0 等。

(2) 指数形式。它是以规范化的指数形式来表示，表示方法为，小数点前必须有一个非 0 的数字，小数点后是以 E 或 e 表示的指数形式，如 0.23 的规范指数形式是 2.3E–001、10.0 的规范指数形式是 1.0E+001。

2. 实型数据的分类

C 语言中实型数据分为单精度型数据(float)和双精度型数据(double)两类。实型数据所占的内存空间字节数、有效数字和所表示的取值范围如表 2.2 所示。

表 2.2　实型数据

数据类型	数据类型符	占用字节数	有效数字	取值范围
单精度型	float	4	7 位	$-3.4×10^{38}$～$3.4×10^{38}$
双精度型	double	8	15 位	$-1.7×10^{308}$～$1.7×10^{308}$

2.1.3　字符型数据

【例题 2.3】阅读下列程序，认识程序中符号 ch1、ch2 的含义及其数据的表示方法。

```
#include"stdio.h"
int main()
{
    char ch1,ch2;
    ch1='a';
    ch2='b';
    printf("ch1=%d;ch2=%d\n",ch1,ch2);
    printf("ch1=%c;ch2=%c\n",ch1,ch2);
    return 0;
}
```

程序功能：程序中定义了两个变量 ch1、ch2，其类型是字符型数据，对它们分别赋予带英文单引号的符号，并采用不同格式输出它们。程序运行结果如图 2.6 所示。

图 2.6　例题 2.3 程序运行结果

从程序运行结果可以看出：赋给 ch1 的是'a'，用%d 格式输出的结果是 ch1=97，用%c 格式输出的结果是 ch1=a，表明 97 和 a 表示的是计算机内存中的同一编码，只是其表示形式不同而已。赋给 ch2 的是'b'，用%d 格式输出的结果是 ch2=98，用%c 格式输出的结果是 ch2=b，表明 98 和 b 表示的是计算机内存中的同一编码，只是其表示形式不同而已。在 C 语言中，将类似于'a'、'b'的数据称为字符型数据。

1. 字符

字符型数据是一对英文单引号括起来的单个字符，如'a'、'D'、'2'等。对于字符型数据，一般不考虑它的符号问题，字符型数据在计算机内存中所占的空间字节数和所表示的取值范围如表 2.3 所示。

表 2.3　字符型数据

数据类型	数据类型符	占用字节数	取值范围
字符型	char	1	0～255

在 C 语言中，并不是随便写一个字符，程序都能识别的。例如，圆周率 π 在程序中是不能识别的，只能使用系统字符集中的字符，目前主要采用 ASCII 码字符集。

C 语言的字符集主要分为以下几类。

(1) 字母：小写英文字母 a～z，大写英文字母 A～Z。

(2) 数字：0～9。

(3) 键盘符号。

(4) 转义字符。转义字符是一种特殊的字符，以反斜杠"\"开头，后跟一个或多个字符，主要用来表示一般字符不便于表示的控制代码或特殊符号，如回车换行符、换页符等。常用的转义字符如表 2.4 所示。

表 2.4　常用的转义字符

转义字符	意义
\n	回车换行符号
\t	水平制表(跳到下一个 Tab 位置)
\b	退格，将当前位置移到前一列
\r	回车，将当前位置移到本行开头
\f	换页，将当前位置移到下页开头
\a	响铃符号
\\	反斜杠(\)
\'	单引号字符

(续表)

转义字符	意义
\"	双引号字符
\0	空字符
\ddd	1～3 位八进制数所代表的字符
\xhh	1～2 位十六进制数所代表的字符

表 2.4 中的\ddd、\xhh 转义字符分别表示八进制转义字符和十六进制转义字符。例如,'\110'代表 ASCII 码(八进制)为 110 的字符'H',八进制数 110 相当于十进制数 72,ASCII 码(十进制数)为 72 的字符是大写字母'H'。

2. 字符串

在 C 语言中,字符串是以英文双引号括起来的单个字符或多个字符,如"How are you"、"a"等。

字符串的长度就是字符的个数。长度为 n 的字符串,在计算机的内存存储时占 n+1 个字节,分别存放各字符的编码,最后一个字节是 NULL 字符(称空字符,该字符在 ASCII 字符集中的编码是 0,为了书写方便,在 C 语言中用'\0'来表示)。

字符串与字符有本质的区别,主要体现为在计算机内存中的存储上。字符串在计算机内存中存储是所有字符的 ASCII 码值加上'\0',其中'\0'是字符串存储的结束标志。

字符常量'a'可以赋予字符型变量;字符串常量"a"不能赋予字符型变量,只能赋予字符型数组(将在后续章节中介绍)。

3. 字符型数据在内存中的存放形式

在 C 语言中,字符型数据用 char 来表示,编译系统为每个字符型数据分配 1 个字节。在内存中,实际存放的并不是字符本身,而是字符对应的 ASCII 码值。例如,字符'a'的 ASCII 码为十进制数 97,在内存中存放的是 97 的二进制形式,如图 2.7 所示。

0	1	1	0	0	0	0	1

图 2.7 十进制数 97 的二进制形式

既然在内存中字符型数据以 ASCII 码存储,那么它的存储形式与整数的存储形式类似。因此,字符型数据和整型数据关系密切,可以把字符型数据看作一种特殊的整型数据。一个字符型数据既可以以字符形式输出,也可以以整数形式输出。

【例题 2.4】编写一个整型数据与字符型数据相互通用的程序。

程序分析:整型数据与字符型数据互通是指整型数据既能以整型格式输出,又能以字符型格式输出,字符型数据能以字符格式输出也能以整型格式输出。在程序中定义整型变量 i 和字符型变量 ch,并分别对它们赋上对应的值,然后按指定的格式输出。

程序代码:

```
#include"stdio.h"
int main()
```

```
{
int i;
   char ch;
   i=65;
   ch='A';
   printf("i=%d;ch=%d\n",i,ch);
   printf("i=%c;ch=%c\n",i,ch);
   return 0;
}
```

程序运行结果如图 2.8 所示。

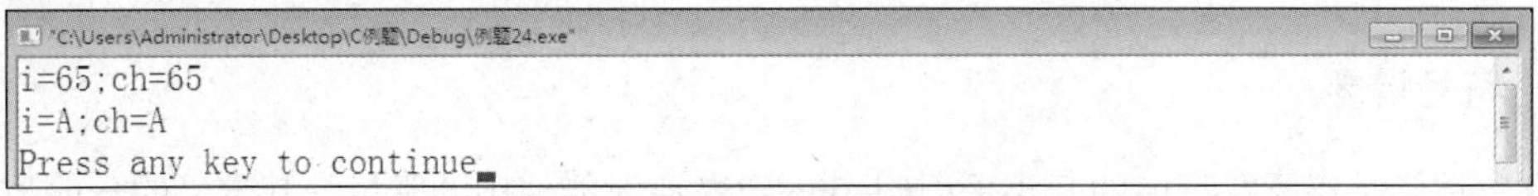

图 2.8　例题 2.4 程序运行结果

字符型数据在内存中占一个字节，字符一般不考虑有符号的情况，只考虑无符号的情况。字符型数据的取值范围是 0～255，ASCII 字符中的标准字符值为 0～127。因此字符型数据与整型数据互通的范围是在 0～127，若超出该范围，可能得到一个不合理的结果。

2.2　常量和变量

任何一个 C 语言程序中处理的数据，无论是什么类型，都是以常量或变量的形式出现的，在程序设计中，常量可以做说明而直接引用，但变量应遵循"先定义，后使用；先赋值，后引用"的原则。

2.2.1　常量

常量是指在程序运行过程中其值不能改变的量。常量可以直接写在程序中，按其表现形式分为直接常量和符号常量。

1. 直接常量

直接常量是指在程序中不需要任何说明就可直接使用的常量。直接常量按其数据类型分为整型常量、实型常量、字符常量和字符串常量 4 类。

1）整型常量

整型常量即数学中的整数，在 C 语言中的整型常量有 3 种表示法：①十进制数，如 100；②八进制数，如 0123；③十六进制数，如 0x123。

2）实型常量

实型常量又称浮点型常量，即数学中含有小数点的实数。在 C 语言中，实型常量有两种表示方法：①十进制小数形式，如 123.456；②指数形式，如 1.23456E+002。

3）字符常量

字符常量是指用英文单引号括起来的单个字符。在 C 语言中，字符常量有两类：一类是可显示的字符常量，如'6'、'a'、'?'；另一类是不可显示的以反斜杠(\)开头的转义字符，如'\n'.

4) 字符串常量

字符串常量是指用英文双引号括起来的单个或多个字符，如"China"、"12345"等都是合法的字符串常量。例如，字符常量'a'在内存中占一个字节，而字符串常量"a"在内存中占两个字节；字符串"Program"有 7 个字符，作为字符串常量"Program"存储于内存时，共占 8 个字节，系统自动在后面加上字符串结束标志'\0'，其在内存中的形式如图 2.9 所示。

| P | r | o | g | r | a | m | \0 |

图 2.9　字符串存储

2. 符号常量

符号常量是指需在程序的开头采用#define 定义后才能使用的常量。其定义的一般形式为：

```
#define   标识符 常量
```

例如：

```
#define MAX 1000
#define PI 3.1415926
#define MIN 0
```

当在程序中遇到 MAX、PI 和 MIN 等符号时，可分别用常量 1000、3.1415926 和 0 去替换。

【例题 2.5】编写程序：输入圆的半径，求圆的面积和周长。

程序分析：按数学计算可知，圆的面积=圆周率×圆的半径的平方，圆的周长=2 倍的圆周率×圆的半径。而圆周率的精度将直接影响圆的面积和周长的精度。为了使程序简洁，要求将圆周率定义成符号常量 PI，圆的面积、半径和周长定义成实型数据，采用输入函数 scanf()实现半径的输入。

程序代码：

```
#define PI 3.14159
#include <stdio.h>
int    main()
{
float r,area,l;
    printf("请输入半径：");
scanf("%f",&r);
area=PI*r*r;
    l=2*PI*r;
    printf("圆的面积为: %f\n",area);
    printf("圆的周长为: %f\n",l);
return 0;
}
```

程序运行结果如图 2.10 所示。

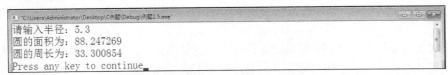

图 2.10　例题 2.5 程序运行结果

本程序在最开始用宏命令定义 PI 为 3.14159，在程序中即以该值代替 PI。为了区别一般变量，习惯上符号常量用大写字母表示。

在程序中使用符号常量主要有两个优点：一是便于修改程序。当程序中多处使用了某个常量而又要修改该常量时，修改的操作显得比较烦琐，而且容易错改、漏改。当采用符号代表该常量时，只要修改定义格式化中的常量值即可做到一改全改，十分方便。二是见名知意，便于理解程序，如将 3.14159 定义为 PI，很容易理解为圆周率。

2.2.2　变量

1. 变量概述

变量是指在程序运行过程中其值可以改变的量。变量必须具备 3 种属性：变量名、数据类型和变量值。

变量名是定义变量后在计算机存储单元地址的符号名称，该地址是由操作系统分配的，是一个动态的。通过变量名可以访问该变量，当然也可通过地址来访问该变量（即指针，在后续章节中讲解）。

数据类型是定义变量后为该变量分配的存储空间即字节数的多少。例如：整型变量，在 VC 环境下分配 4 个字节的存储空间；双精度型变量，在 VC 环境下分配 8 个字节的存储空间。

变量值是指定义变量后根据其数据类型对其赋予相应的常量值。

变量名和变量值是两个不同的概念。变量名表示的是内存单元地址的符号名称；变量值是存储在该内存单元地址开始的连续单元区域中的值，随着为变量重新赋值而改变。例如：int y=100;语句中 y 是变量名，在程序运行时操作系统为其分配的地址为 2000H，其类型是整型，VC 环境为其分配 4 个字节，变量的值 100 就在计算机内存中占从 2000H 开始的连续 4 个字节的存储空间。

2. 变量的命名

变量名是标识符非常重要的应用。变量名的命名必须遵循标识符的命名规则，但要注意，C 语言的保留字不能作为变量名使用。

例如：下列命名的变量名是非法的。

```
M.D.Johm    变量名中含有非法字符
int  float    变量名与 C 语言的关键字重名
```

变量名命名应注意：习惯上变量名采用小写字母表示，以增强程序的可读性。C 语言规定大小写是有严格区别的，如 number 和 NUMBER 是两个不同的变量名。一般情况下，在程序中变量名采用小写，符号常量名采用大写。

3. 变量的定义

C 语言编译系统要求,在其环境运行的每一个变量都必须先定义,也就是说,首先要定义一个变量的存在,才能够使用该变量。定义变量要求提供两方面信息:变量的名字和变量的类型,变量名是为操作提供方便,变量的数据类型决定变量的存储结构,以便使 C 语言编译程序为所定义的变量分配存储空间。

变量定义格式:

> 类型说明符　变量 1,变量 2,变量 3,...

其中,类型说明符必须是 C 语言中的一个有效的数据类型,如整型类型说明符 int、实型类型说明符 float 和字符型类型说明符 char 等。

例如:

```
int x,y;                    //定义整型变量 x,y
char ch;                    //定义字符型变量 ch
float f1,f2,f3;             //定义单精度实型变量 f1,f2,f3
```

说明:程序中的每一个变量被指定为一个确定类型,在编译时就会在内存中分配相应的存储单元,不同数据类型的变量在计算机内存中所占字节数不同、存放形式不同,并且参与的运算也不同。

变量的定义应注意以下几点。

(1) 凡未被事先定义的,都不能作为变量名使用,这就提高了程序的正确性。例如:在程序的声明部分有"int student;",在程序的执行语句中却写成"stadent=60;",则程序编译时会报错,提示标识符 stadent 没有定义。

(2) 每一个变量被指定为一个确定类型,在编译时将为其分配相应的存储单元空间。

(3) 程序运行时,系统根据变量类型检查该变量的运算是否合法。例如:如果 a 和 b 是整型变量,则进行求余运算(表达式为 a%b)时,可正常运行;如果 a 和 b 是实型变量,则进行求余运算(表达式为 a%b)时,系统会给出错误信息提示。

4. 对变量赋值

变量定义后,系统只是按照定义的数据类型分配相应的存储空间,并没有对其空间初始化,如果在赋值之前直接使用该变量,则是一个不确定的值。因此对变量的引用遵循"先赋值,后引用"的原则。对变量赋值有以下 3 种方法。

1) 变量初始化赋值

在 C 语言程序中,允许在定义变量的同时为该变量赋一个初始值,称为变量的初始化。例如:

```
int a=5;float f1=2.3;char ch='a';
```

也可对部分变量赋一个初始值。

例如:

```
int a,b,c=7;
```

如果对几个变量赋相同的值，正确的写法是：

```
int a=7,b=7,c=7;
```

而不能写

```
int a=b=c=7;
```

这样的写法编译系统也是提示错误信息的。

2) 赋值语句赋值

赋值语句赋值是指先定义变量，然后通过赋值语句对该变量进行赋值。例如：

```
int a;
a=5;
```

3) 通过输入函数，使变量获得输入的值

通过 C 语言提供的输入函数 scanf()，从键盘输入一个指定类型的数据到指定的变量单元地址中。例如：

```
int a;
float f1;
scanf("%d%f",&a,&f1);
```

【例题 2.6】编写程序：在屏幕上输出如下结果。

```
a=3,b=5,c=8
x=14.52,y=125.786,z=40.1
```

程序分析：根据输出的结果可知，在程序中要求分别定义 3 个整型变量 a、b、c，对 a 的赋值采用初始化完成，对 b、c 的赋值采用赋值表达式完成；要求定义 3 个实型变量 x、y、z，对 x、y、z 变量的赋值采用输入函数 scanf() 完成。对 a、b、c 按照%d 格式输出；要注意对 x、y、z 采用%f 格式输出时，其默认的有效小数位是 6 位，但题目只要求输出 2 位、3 位和 1 位的小数位数，因此，对 x、y、z 的输出分别按%.2f、%.3f、%.1f 格式输出，其中，.2 表明只输出小数点后 2 位；.3 表明只输出小数点后 3 位；.1 表明只输出小数点后 1 位。

程序代码：

```
#include"stdio.h"
int main()
{
  int a=3,b,c;
  float x,y,z;
    b=5;
    c=8;
  printf("Input x,y,z:\n");
  scanf("%f%f%f",&x,&y,&z);
  printf("a=%d;b=%d;c=%d\n",a,b,c);
  printf("x=%.2f;y=%.3f;z=%.1f\n",x,y,z);
  return 0;
}
```

程序运行结果如图 2.11 所示。

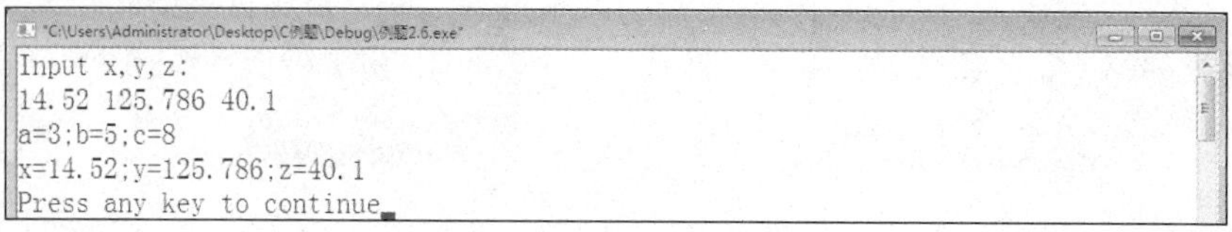

```
■ "C:\Users\Administrator\Desktop\C例题\Debug\例题2.6.exe"
Input x, y, z:
14.52 125.786 40.1
a=3;b=5;c=8
x=14.52;y=125.786;z=40.1
Press any key to continue_
```

图 2.11　例题 2.6 运行结果

2.3 运算符和表达式

描述不同运算的符号称为运算符，由运算符把操作数(运算对象)连接起来的式子称为表达式。根据操作数个数，运算符可分为一元、二元和三元运算符，也称单目、双目和三目运算符。

C 语言的特点是运算符非常丰富，包括：加、减、乘、除和求余算术运算符；比较两操作数大小的关系运算符；赋值运算符；自增自减运算符；条件运算符；逗号运算符；逻辑运算符和位运算等。由不同的运算符把操作数连接起来就构成了不同的表达式。

C 语言规定了运算符的优先级和结合方向。优先级是指当一个表达式中出现了多个不同的运算符时运算的先后顺序。结合方向是指自左至右的运算或自右至左的运算。

2.3.1 算术运算符和算术表达式

算术运算符是指加(+)、减(-)、乘(*)、除(/)和求余(%)双目运算符，正号(+)负号(-)单目运算符。

常用算术运算符的符号表示、含义和运算对象如表 2.5 所示。

表 2.5　算术运算符

对象数目	运算符	含义	举例	结果
双目	+	加	a+b	a 与 b 的和
	–	减	a-b	a 与 b 的差
	*	乘	a*b	a 与 b 的乘积
	/	除	a/b	a 除 b 的商
	%	求余	a%b	a 除 b 的余数
单目	+	正号	+a	a 的值
	–	负号	– b	a 的算术负值

算术表达式是指由算术运算符、数值常型量、变量、函数和圆括号组成的式子，其运算结果是数值。

1. 除运算符

C 语言规定：两个整数相除，其商为整数，小数部分被丢弃，如 10/3=3。如果相除的两个数中至少有一个是实型，则结果为实型，如 10.0/3=3.333333 或者 10/3.0=3.333333。如果商为负数，则取值的方向随系统而异，但大多数系统采取"向 0 取整"的原则，即取整后向 0 靠拢，如 -5/3=-1。运算结果类型均符合不同类型的数据进行混合运算时数据类型转换的规则。

2. 求余运算

C 语言规定：求余运算要求两操作数均为整型数据，否则出错，如 5%2=1。

3. 注意事项

算术运算符的使用和数学中运算符的使用基本一致，但也有一些用法有别于数学习惯，在使用时应注意以下几点。

(1) C 语言中不能使用数学中的"·"或"×"表示乘的符号。C 语言中两个数相乘，"*"不能省略，例如，8*a 不能写成 8a 或 8×a、8·a。

(2) C 语言中不能使用数学中的"÷"或分数线的除号。

2.3.2　赋值运算符与赋值表达式

1. 赋值运算符

C 语言的赋值运算符用"="表示。其功能是把右侧表达式的值赋给左侧的变量，赋值表达式的一般形式为：

> 变量 = 表达式

例如，x=2 表示把数值 2 赋给变量 x。

赋值运算符"="表示把表达式右侧的值送到左侧变量代表的内存单元中，因此，赋值运算符的左侧只能是变量，因为它表示一个存放值的地方，例如，表达式 2=x 和 x+y=n 都是不合法的。

2. 复合赋值运算符

在赋值运算符"="之前加上其他双目运算符可以构成复合运算符，如+=、-=、*=、/=、%=、<<=、&=等。

复合赋值表达式的一般形式为：

> 变量　双目运算符　表达式

它等效于：

> 变量 = 变量 运算符 表达式

注意：如果表达式包含若干项，则它相当于有括号。

例如：

a+=10	等价于 a=a+10
x/=y-5	等价于 x=x/(y-5)
m*=n+5	等价于 m=m*(n+5)

复合赋值运算符的写法同样有利于编译处理,能提高编译效率并产生质量较高的目标代码。

3. 赋值表达式

由赋值运算符或复合赋值运算符将一个变量和一个表达式连接起来的式子称为赋值表达式。一般形式如下:

> 变量 = 表达式

其运算过程是:先计算表达式的值,然后将该值赋给左侧的变量,整个表达式的值就是左侧变量的值。

赋值运算符的优先级是:只高于逗号运算符,比其他运算符优先级都低。

赋值运算符具有右结合性。例如, "a=b=c=100" 可理解为 "a=(b=(c=100))",经过连续赋值后,a、b、c 的值都是 100,但最后表达式的值是 a 的值为 100。

说明:

(1) 赋值表达式中的 "表达式" 可以是算术表达式、赋值表达式等,也可以是一个常量或变量。例如,x=(m=10) - (n=5)是合法的。其功能是把 10 赋值给 m,5 赋值给 n,再把 m、n 相减,最后将差赋值给 x,因此 x 的值为 5。

(2) 赋值表达式也可以包含复合赋值运算符。例如, "a+=a-=a*a" 是一个赋值表达式。如果 a 的初值为 10,则此赋值表达式的求解步骤如下。

步骤一:先进行 "a-=a*a" 的运算,它相当于 a=a- (a*a),a 的值为 10-10*10= - 90。

步骤二:再进行 "a+= - 90" 的运算,它相当于 a=a+(- 90),a 的值为 - 90-90= - 180。

2.3.3 自增自减运算符和自增自减表达式

自增(++)、自减(--)运算符的作用是使变量的值自增 1 和自减 1,均为单目运算符。自增、自减运算符可用在操作数的前面,也可放在操作数的后面。在表达式中,这两种用法是有区别的:若自增、自减运算符在操作数前面,则先执行加 1 或减 1 操作,再引用操作数;若运算符在操作数后面,则先引用操作数的值,再执行加 1 或减 1 操作。

++i、--i   先使 i 的值加(减)1,再参与其他运算

i++、i--   先让 i 参与其他运算,再使 i 的值加(减)1

++i、i++(或--i、i--)均可以让 i 的值加 1(或减 1),相当于 i=i+1(或 i=i-1),但++i 和 i++ 有不同之处,例如,设 i 的初值为 8,则下列语句是不同的:

j=++i;   //i 先加 1 变成 9,再赋值给 j,最后 j 的值为 9。

j=i++;   //先将 i 的值 8 赋值给 j,j 的值为 8,再将 i 加 1 变为 9。

【例题 2.7】阅读下列程序,分析程序的运行结果。

```c
#include <stdio.h>
int   main()
{
int a=8,b=15,c,d;
     c=++a*5;
  d=b++*5;
printf("a=%d,b=%d\n",a,b);
printf("c=%d,d=%d\n",c,d);
```

```
    return 0;
}
```

程序分析：程序中定义了 4 个变量 a、b、c、d，其类型是整型，对 a、b 赋了初值，分别是 8 和 15。c=++a*5 的执行过程是：先执行++a，即 a=9，再执行 a*5=45，最后将 45 赋给变量 c。d=b++*5 的执行过程是：表达式 b++*5 等价 5*b++，先执行 5*b，再将其结果 75 赋给变量 d，最后执行 b++后，得到 b=16。程序运行结果如图 2.12 所示。

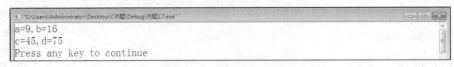

图 2.12　例题 2.7 运行结果

自增(++)自减(--)运算符使用说明。

(1) 使用++和--表达式可以使整个程序简化。自增、自减运算符只能用于变量，不能用于常量或表达式，例如，5--、(x+y)++均为不合法的。

(2) ++i 和--i 形式，变量 i 的值与其表达式值相同；i++和 i--形式，变量 i 的值与其表达式值不相同。

(3) 自增、自减运算符的优先级高于算术运算符，低于括号运算符，具有右结合性。

(4) 在输出函数的输出列表项中尽量不要使用++、--表达式，因为在不同编译程序中会有一些区别。

(5) 在使用自增、自减运算符时，常会出现一些意想不到的副作用，例如，"i+++j"是理解为"(i++)+j"还是"i+(++j)"。为避免产生歧义，可以加一些括号，因此"i+++j"可写成"(i++)+j"。

2.3.4　逗号运算符和逗号表达式

1. 逗号运算符

逗号运算符又称顺序运算符。在 C 语言程序中逗号","也是一种运算符，主要用于将若干表达式"串联"起来，表示一个顺序操作。一般情况下，使用逗号表达式的目的只是想分别得到各个表达式的值，而并非一定需要得到和使用整个逗号表达式的值。逗号运算符的使用形式：

表达式 1, 表达式 2, …, 表达式 n

2. 逗号表达式

逗号运算符是双目运算符，其运算对象是表达式。用逗号运算符把两个或多个表达式连接起来的式子称为逗号表达式。逗号运算符的优先级是 C 语言所有运算符中最低的，结合性是从左到右。

逗号表达式的求值过程是：自左向右，求解表达式 1 值，求解表达式 2 值，…，求表达式 n 值。整个逗号表达式的值为表达式 n 的值。

例如：

(1) x=3*5, x*6。由于赋值表达式的优先级高于逗号表达式，因此该表达式相当于"(x=3*5), x*6"，在求解过程中，先求解 x=3*5，再求解 x*6，使得变量 x 的值为 15，而整个表达式的值为15*6，即为90。

(2) y=(x=2,5*6)。整个表达式是一个赋值表达式。其执行过程是：先执行右边圆括号内的逗号表达式的值，表达式1的值是2，表达式2的值是30，而表达式2的值作为整个逗号表达式的值。因此 y 的值为30。

(3) y=x=2,5*6。整个表达式是一个逗号表达式。由于逗号表达式的运算优先级在所有运算中最低，所以先算算术表达式 5*6，再算赋值表达式，其值是 2。因此整个逗号表达式的值是 30。

【例题 2.8】阅读下列程序，分析程序的运行结果。

```c
#include"stdio.h"
int main()
{
    int a=5,b=8,c=6;
    int y;
    y=(a+b,b-c);
    printf("y=%d\n",y);
    return 0;
}
```

程序分析：程序中定义了 4 个变量 a、b、c、y，其类型是整型数据，并对 a、b、c 分别进行了初始化赋值，变量 y 的值通过逗号表达式进行赋值，而逗号表达式的值是逗号表达式中最后一个表达式的值，即 b-c 的值。因此，程序运行结果是 y=2，如图2.13 所示。

图2.13　例题 2.8 程序运行结果

使用逗号表达式时需要注意以下几点。

(1) 程序中使用逗号表达式，通常是要分别求逗号表达式内各表达式的值，并不一定只是为了计算逗号表达式的值。

(2) 逗号表达式可以嵌套。例如，y=2, (y=x+1, y+3)，即将(y=x+1, y+3)作为一个表达式看。

(3) 并不是所有出现逗号的地方都能组成逗号表达式，在很多情况下，逗号仅用作分隔符，函数参数表中的逗号只是用作各变量之间的间隔符。

2.3.5　条件运算符和条件表达式

在 C 语言中，条件运算符用"?"和"："来表示，是唯一的一个三目运算符。条件表达式就是由条件运算符构成的表达式。条件运算符有 3 个运算对象，分别由"?"和"："把它们连接起来。条件表达式的一般形式：

表达式 1 ? 表达式 2 ：表达式 3

表达式的求值规则：先求解表达式 1，如果表达式 1 的值为真(即为非 0 值)，则求表达式 2 的值，并把它作为整个表达式的值；如果表达式 1 的值为假(即为 0 值)，则求表达式 3 的值，并把它作为整个表达式的值。

例如：

```
int a,b,max;
max=(a>b)?a:b;
```

=号右边表达式 a>b?a:b 的计算结果为：如果 a>b，则结果为 a，否则为 b。上面语句可写成如下形式：

```
a>b?(max=a): (max=b);
```

条件表达式使用时的注意事项如下。

(1) 条件运算符的 "？" 和 "："是成对出现的，不能单独使用。

(2) 条件运算符的优先级低于关系运算符和算术运算符，但高于赋值运算符。因此 "max=(a>b)?a:b" 可以去掉括号，写成 "max=a>b?a:b"。

(3) 条件运算符的结合方向是自右至左。例如，"a>b？a:c>d？c:d" 等价于 "a>b？a:(c>d？c:d)"。

【例题 2.9】编写输入一个小写字母将其转换为大写字母，并输出的程序。

编程分析：通过键盘输入一个字母，如何判断该字母是小写字母是问题的关键之一，如何将小写字母转换成大写字母是问题关键之二。判断字母是小写的方法：采用条件表达式可实现，即判断其 ASCII 值是否在 a～z 之间。这里要用到关系表达式和逻辑表达式(在后续章节中讲述)。小写字母转换成大写字母的方法：大写字母的 ASCII 值=小写字母的 ASCII 值－32。在程序中定义两个字符变量 ch1、ch2，ch1 是用户输入的字符，ch2 表示大写字母。

程序代码：

```
#include <stdio.h>
int    main()
{
    char ch1,ch2;
    printf("请输入字符：");
    scanf("%c",&ch1);
    ch2=(ch1>='a'&&ch1<='z')?(ch1-32):ch1;
    printf("%c 对应的大写字母为：%c\n",ch1,ch2);
    return 0;
}
```

程序运行结果如图 2.14 所示。

图 2.14   例题 2.9 程序运行结果

同学们学了条件语句、字符输入输出函数后，再用另一种方法来编写程序，并比较它们的优缺点。

2.4   数据类型转换

不同类型的数据进行混合运算时，必须先转换成同一类型，然后再进行运算。数据类型转换分为自动转换、赋值转换和强制转换。

2.4.1 自动转换

C 语言表达式中常有不同类型的常量和变量参与运算。整型和浮点型可以混合运算，字符型可以与整型通用，因此，整型、浮点型、字符型数据可以混合运算。在进行运算时，不同类型的数据要先转换成同一类型，然后进行运算。这种由混合类型计算引起的类型转换由编译系统自动完成称为自动转换。数据类型自动转换规则如图 2.15 所示。

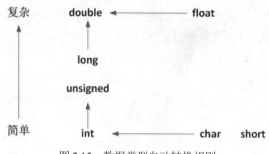

图 2.15 数据类型自动转换规则

(1) 图 2.15 中的横向箭头表示必定转换。例如，字符型数据必定转换成整型数据，short 型数据转换为 int 型数据，float 型数据在运算时先转换为 double 型，以提高计算精度(即使是两个 float 型数据相加，也都转换为 double 型，然后再相加)。

(2) 图 2.15 中的纵向箭头表示当运算对象为不同类型时的转换方向。由箭头方向可以看出，数据总是由低级别向高级别转换，即按数据长度增加的方向进行，保证精度不降低。

例如，有下列式子：

```
8+x*y+'a'
```

假设上式中，x 为 int 型变量，y 为 float 型变量，则运算次序如下。

(1) 由于"*"比"+"优先级高，所以先进行 x*y 运算。先将 x 与 y 都转换成 double 型，运算结果为 double 型。

(2) 整数 8 与 x*y 的积相加。先将整数 8 转换成双精度数，结果为 double 型。

(3) 进行 8+x*y+'a'的运算，先将'a'转换成整数 97，再转换成 double 型，运算结果为 double 型。

上述类型转换是由系统自动进行的。转换的总趋势是存储长度较短的数据被转换为存储长度较长的数据。

2.4.2 赋值转换

在赋值时，如果赋值运算符两边的类型不一致，但都是数值型或字符型时，则将赋值运算符右边表达式值的类型转换成与其左边变量类型一致的类型。转换规则如下。

(1) 将实型数据赋值给整型变量时，取实型数据的整数部分，舍去小数部分后赋值。例如，i 为整型变量，执行"i=5.68"的结果是使 i 的值为 5。

(2) 将整型数据赋值给实型变量时，数值不变，将以实数形式(在整数后添上小数点及若干个 0)存储到变量中。例如：float f=35;先将 35 补足 7 位有效数字为 35.00000，再存储到 f 中；

double f=35;先将 35 补足 16 位有效数字为 35.000 000 000 000 00，再存储到 f 中。

（3）将一个 double 型数据赋值给 float 型变量时，截取其前面 7 位有效数字，存放到 float 变量的存储单元中。相反，将一个 float 型数据赋值给 double 型变量时，数值不变，有效位数扩展到 16 位。

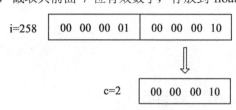

图 2.16　将整型数据赋值给字符型变量

（4）将一个整型数据赋值给一个字符型变量时，只将低 8 位原封不动地送到 char 型变量中，如图 2.16 所示。

（5）将字符型数据赋值给整型变量时，由于字符型数据在内存中只占 1 个字节，而整型变量占 2 个字节，因此只需将字符数据放到整型变量的低 8 位中，高 8 位补 0 或补 1 有两种情况。

① 如果所用系统将字符型数据处理为无符号型的或在程序中定义为 unsigned char 型变量，则高 8 位补 0。例如，将字符'\211'赋值给 int 型变量，如图 2.17(a)所示。

② 如果所用系统将字符型数据处理为有符号型的，则高 8 位补 0 或 1。如果字符最高位为 0，则整型变量高 8 位补 0；如果字符最高位为 1，则整型变量高 8 位补 1，如图 2.17(b)所示。

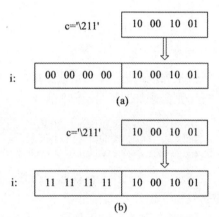

图 2.17　将字符'\211'赋值给 int 型变量

（6）将无符号 int 型数据赋值给 long 型变量时，只需将高位补 0。将一个无符号型数据赋值给一个占字节数相同的有符号型变量，只要将无符号型变量的内容原样送到有符号型变量的内存中。

（7）将有符号的 int 型数据赋值给 long 型变量时，只需将有符号 int 型数据放入 long 型变量的低 16 位中，long 型变量的高 16 位补有符号 int 型数据的符号位。

（8）将有符号型数据赋值给长度相同的无符号型变量时，则原样赋值，且原有的符号位也作为数值一起传送。

总之，不同类型的整型数据间的赋值均按存储单元中的存储形式直接传送。

【例题 2.10】阅读程序，分析程序的执行结果。

```c
#include"stdio.h"
int main()
{
    int x=10;
    float y;
    y=x;
    printf("y=%f\n",y);
    return 0;
}
```

程序分析：程序中定义了 x 变量，其类型是整型并对它初始化值为 10；定义了 y 变量，其类型是实型。将一个整型 x 的值赋给一个实型变量 y，在编译时系统提示整型数据赋给实型变量发生数据精度丢失的警告错误，但连接后无错误，运行程序得 y=10.000000，如图 2.18 所示。

```
"C:\Users\Administrator\Desktop\C例题\Debug\例题2.10.exe"
y=10.000000
Press any key to continue
```

图 2.18　例题 2.10 程序运行结果

2.4.3　强制转换

强制类型转换符由类型名加一对圆括号构成，其功能是强制将一个表达式结果的类型转换为特定类型。

强制类型转换的一般形式为：

(类型名)(表达式)

如果表达式是单个常量或变量，则常量或变量不必用圆括号括起来；若是含有运算符的表达式，则必须加圆括号。例如：

```
(float)x      //将 x 转换为 float 型
(int)x+y      //将 x 的值转换为 int 型后，再与 y 进行相加运算
(int)(x+y)    //将 x+y 的和转换为 int 型
```

注意：在强制类型转换时，得到一个所需类型的中间数据，原来变量的类型未发生变化。

【例题 2.11】阅读下列程序，分析程序的执行结果。

```
#include <stdio.h>
int   main()
{
    int a=5,b;
float c;
    b=a/2;
    c=(float)a/2;
printf("b=%d,c=%f\n",b,c);
return 0;
}
```

程序分析：程序中定义了 a、b 整型变量，同时对 a 变量初始化值为 5，b 变量的值通过整除运算得到(整除运算要求均为整型数据)。定义实型变量 c，其值也是通过整除运算得到，如果不将其中之一强制性转换为实型，则得不到正确结果。程序运行结果如图 2.19 所示。

```
"C:\Users\Administrator\Desktop\C例题\Debug\例题2.11.exe"
b=2, c=2.500000
Press any key to continue
```

图 2.19　例题 2.11 程序运行结果

2.5　位运算

C 语言之所以功能强大，用途广泛，是因为它既具有高级语言的特点，又具有低级语言的

功能。C 语言能够处理 0 和 1 组成的机器指令，是其区别于其他高级语言的特色之一，也是几乎能够取代汇编语言的原因之一。

2.5.1　位运算概述

计算机真正执行的是由 0 和 1 组成的机器指令，任何数据在计算机内部也都以二进制码形式存储和表示。位运算是指进行二进制位的运算。例如：将一个存储单元中的各二进制位左移或右移若干位、两个二进制数按位与、两个二进制数按位或、两个二进制数按位异或等运算。C 语言提供了如表 2.6 所示的位运算符。

表 2.6　位运算符

位运算符	含义	使用格式
～	按位取反	～表达式。例如～a，对变量 a 中全部位取反
<<	左移	表达式 1<<表达式 2。例如 a<<3，a 中各位全部左移 3 位
>>	右移	表达式 1>>表达式 2。例如 a>>3，a 中各位全部右移 3 位
&	按位与	表达式 1&表达式 2。例如 a&b，a 和 b 中各位进行"与"运算
|	按位或	表达式 1|表达式 2。例如 a|b，a 和 b 中各位进行"或"运算
^	按位异或	表达式 1^表达式 2。例如 a^b，a 和 b 中各位进行"异或"运算

2.5.2　按位取反运算

按位取反运算是将其操作对象中的所有二进制位全部改变状态，即 0 变 1、1 变 0。例如，八进制数 0217(即二进制数为 10001111)，按位取反后的八进制数为 0160(即二进制数为 01110000)，所以，～0217 的值是 0160。

例如：

```
unsigned char x=0137;
x=～x;
```

分析：0137 是一个无符号字符型数值，其二进制数为 01011111，执行 x=～x;运算的过程是先对 x 的各位取反后再赋给 x。

因此：x=10100000，即八进制数为 0260。

有兴趣的同学可编写程序验证。

2.5.3　移位运算

移位运算有左移运算和右移运算两种。

1. 左移运算

左移运算是将其操作对象向左移动指定的位数，每左移 1 位相当于乘以 2，左移 n 位相当于乘以 2 的 n 次方。左边移出的二进制位被舍弃。一个二进制位组在左移时右边补 0，移几位右边补几位 0。左移运算的格式如下：

```
表达式 1<<表达式 2;
```

其中，表达式 1 是被左移对象；表达式 2 给出左移的位数。

例如：

x<<4;

功能：将 x 左移 4 位，左边移出的位被舍弃，右边补上 4 个 0。

若 x 的值是 0377，则执行 x<<4; 操作后，x=0360，即 11111111，左移 4 位后为 11110000。

2. 右移运算

右移运算是将其操作对象向右移动指定的位数，每右移 1 位相当于除以 2，右移 n 位相当于除以 2 的 n 次方。在进行右移时，右边移出的二进制位被舍弃。一个二进制位数组在右移时左边补 0，移几位左边补几位 0。右移运算格式如下：

表达式 1>>表达式 2;

其中，表达式 1 是被右移对象，表达式 2 给出右移的位数。

例如：

x>>4;

功能：将 x 右移 4 位，右边移出的位被舍弃，左边补上 4 个 0。

若 x 的值是 0377，则执行 x>>4; 操作后，x=017，即 11111111，右移 4 位后为 00001111。

2.5.4 按位与、或和异或

1. 按位与

按位与的一般格式为：

表达式 1&表达式 2

其中表达式 1 和表达式 2 均为整型表达式。按位与规则：若两操作对象均是 1 时，则按位与运算的结果为 1，否则为 0，即"同 1 为 1，其余为 0"。

注意：按位运算两表达式间只用一个&；而逻辑与运算两表达式间用两个&&，初学者应加以区别。

例如：

15 & 26

分析：假设是 8 位机器，第 1 个操作数 15 的二进制数为 00001111；第 2 个操作数 26 的二进制数为 00011010。按位运算过程如下：

```
    00001111
 &  00011010
 ───────────
    00001010
```

因此：结果为十进制数 10。

按位运算可测试指定的位是否为 0。

2. 按位或

按位或的一般形式为：

表达式 1|表达式 2

其中表达式 1 和表达式 2 均为整型表达式。按位或规则：若两操作对象均是 0 时，则按位或运算的结果为 0，否则为 1，即"同 0 为 0，其余为 1"。

例如：

35 | 41

分析：假设是 8 位机器，第 1 个操作数 35 的二进制数为 00100011；第 2 个操作数 41 的二进制数为 00101001。按位或运算过程如下：

```
      00100011
  |   00101001
      ————————
      00101011
```

因此：结果是十进制数 43。

按位或运算可将指定的位设置为 1。

3. 按位异或

按位异或的一般形式为：

表达式 1^表达式 2

其中表达式 1 和表达式 2 均为整型表达式。按位异或规则：若两操作对象均是 0 或 1 时，则按位异或运算的结果为 0，否则为 1，即"相同为 0，不同为 1"。

例如：

73^81

分析：假设是 8 位机器，第 1 个操作数 73 的二进制数为 01001001；第 2 个操作数 81 的二进制数为 01010001。按位异或的过程如下：

```
      01001001
  ^   01010001
      ————————
      00011000
```

因此：结果为十进制数 18。

利用按位异或可使一个数的各位二进制位翻转。

本章小结

本章学习了数据类型、常量、变量、运算符和表达式，数据类型转换是 C 语言程序设计的基础。

    1. C语言的基本数据类型有整型、实型和字符型。整型可以分为有符号整型和无符号整型，这两种类型又可以分为基本整型、短整型、长整型和双长整型。实型可以分为单精度型、双精度型和长双精度型。

    2. 常量是指在程序运行过程中其值保持不变的量。常量按其在程序中出现的形式分为整型常量、实型常量、字符常量、字符串常量和符号常量。字符常量是用单引号括起来的单个字符，字符串常量是用双引号括起来的零个或多个字符。符号常量只有通过宏定义后才可以使用。

    3. 变量是指在程序运行过程中其值可以改变的量。变量在使用前必须先定义，变量定义后，编译程序会根据变量的类型在内存中分配一定的空间。本章主要介绍的变量的基本类型有整型变量、实型变量和字符型变量。

    4. 运算符包括算术运算符、赋值运算符、自增自减运算符、逗号运算符、条件运算符等几种。算术运算符完成算术运算；赋值运算符对一个变量进行赋值；逗号运算符是几个表达式的并列。使用运算符时，应注意不同运算符的优先级和结合性。

    5. 表达式的类型十分丰富。初学者在写C语言表达式时，通常容易犯的错误有以下几种。

    (1) 出现2x+y、3xy等形式的省略乘号的数学表达式。

    (2) 表达式中出现≤、≥、÷、×等数学运算符。

    (3) 表达式中出现如∏、∑、log的字母作为对应的变量名。

    (4) 将条件1≤x≤10写成1<=x<=10(正确的写法应该是：x>=1 && x<=10)。

    6. 在算术表达式中，不同类型的数据可以混合运算。在进行运算时，不同类型的数据需按一定的规则转换成同一类型后再进行运算。数据类型转换的方法有3种：自动转换、赋值转换、强制转换。

易错提示

    1. C语言的变量必须先定义后使用，先赋值后引用。

    2. 前缀形式的自增、自减操作符和后缀形式的自增、自减操作符的区别：在操作数之前的操作符在变量值被使用之前增加或减少它的值，在操作数之后的操作符在变量值被使用之后才增加或减少它的值。

    3. 条件操作符?:接受3个参数，它会对表达式的求值过程施加控制。如果第一个操作符的值为真，那么整个表达式的结果就是第二个操作数的值，第三个操作数不会执行；否则，整个表达式的结果就是第三个操作数的值，第二个操作数不会执行。

    4. 类型转换可能会丢失数据的高位部分或损失数据的精度。例如，当把较长的整数转换为较短的整数或char类型时，超出的高位部分将被丢弃。

习题2

    1. 选择题

    (1) 在C语言中，下列属于合法的实型常量的是(　　)。

    A. 356e   B. e-5   C. 12.5e3   D. 256

(2) C 语言中要求运算对象必须是整型的运算符是(　　)。

    A. +　　　　　　　　B. /　　　　　　　　C. %　　　　　　　　D. -

(3) C 语言的标识符只能由字母、数字和下画线 3 种字符组成，且第一个字符(　　)。

    A. 必须是字母　　　　　　　　　　　　B. 必须是下画线

    C. 必须是字母或下画线　　　　　　　　D. 可以是字母、数字和下画线中的任一字符

(4) 下列数据中属于字符串常量的是(　　)。

    A. abc　　　　　　　B. 'abc'　　　　　　C. "abc"　　　　　　D. 'a'

(5) 设 x、y、z 和 k 都是整型变量，则执行表达式 x=(y=4, z=16, k=32)后，x 的值为(　　)。

    A. 4　　　　　　　　B. 16　　　　　　　C. 32　　　　　　　D. 52

(6) 已知定义 int i;float f, 下面正确的是(　　)。

    A. (int f)%i　　　　B. int(f)%i　　　　C. int(f%i)　　　　D. (int)f%i

(7) 已知定义 char a;int b;float c;double d;, 表达式 a+b+c+d 值的数据类型是(　　)。

    A. int　　　　　　　B. char　　　　　　C. float　　　　　　D. double

(8) 已知 int j,i=1;, 执行完语句 j=-i++;后, j 的值是(　　)。

    A. 1　　　　　　　　B. 2　　　　　　　　C. -1　　　　　　　D. -2

(9) 复合赋值语句 a+=b++;的等价式是(　　)。

    A. b++;a=a+b;　　　B. a=a+(++b);　　　C. a=a+b;b++;　　　D. a=b++;a++;

(10) 经过下面的运算后, x 的结果为(　　)。

```
float x=2.5，y=5.5;
x=x+(4/2*(int)y/2)%4;
```

    A. 3.5　　　　　　　B. 2.5　　　　　　　C. 1.5　　　　　　　D. 0.5

2. 填空题

(1) 设 a 为 int 型变量，则执行表达式 a=36/5%3 后, a 的值为_____。

(2) 已知字母 A 的 ASCII 码值为十进制数 65，设 ch 为字符型变量，则表达式 ch='A'+'6'-'3' 的值为_____。

(3) 设 a、b、c 为整型变量，初值为 a=5、b=3，执行完语句 c=(a>b)? b : a 后, c 的值为_____。

(4) 执行 int x=4,y; y=++x 后, x 的值是_____, y 的值是_____。

(5) 将数学表达式 -2ab+b-4ac 改写成 C 语言的表达式_____。

(6) 已知 int x=6;, 则使用逗号运算的表达式(x=4*5,x*5), x+25 的结果是_____, 变量 x 的值是_____。

(7) 已知 int x=15,y=5;, 执行 printf("%d\n",x%=(y%=2));的输出结果是_____。

(8) 将数学式 $\sqrt{a+4b+2c}$ 改写成 C 语言的表达式为_____。

(9) 若 int a=2, b=3, 则执行表达式 c=b*=a-1 后, 变量 c 的值是_____。

(10) 已知 int i=6,j;, 则执行语句 j=(++i)+(i++);后, j 的值是_____, i 的值是_____。

3. 分析下列程序的运行结果

(1) 写出下列程序的运行结果。

```
#include <stdio.h>
```

```
int   main()
{
    int a,b,c;
    a=10;
    b=20;
    c=30;
    printf("%d, %d, %d\n",++a,b++,--c);
    return 0;
}
```

(2) 写出下列程序的运行结果。

```
#include <stdio.h>
int   main()
{
    int x=10,y=20,m,n;
    m= --x;
    n= y--;
    printf("x=%d,y=%d,m=%d,n=%d \n",x,y,m,n);
    return 0;
}
```

4. 改正下列程序中的错误

(1) 程序功能是：从键盘输入 3 个整数，求这 3 个整数的平方和。程序中有两处错误。

```
#include"stdio.h"
int main()
{
    int a,b,c;
    scanf("%d%d%d",a,b,c);
    sum=a*a+b*b+c*c;
    printf("%d",sum);
    return 0;
}
```

(2) 程序功能是：将 3 位整数按逆序输出。程序中有 4 处错误。

```
#include"stdio.h"
int main()
{
    int i,n=578,re;
    i=n/10;
    printf("%d",i);
    re=n%10;
    printf("%d",i);
    re=n/100;
    i=re/10;
    printf("%d",i);
    return 0;
}
```

5. 设 a=3，b=10，写出下面算术表达式的值

(1) b/a + a。   (2) (b % a + b) / a。

6. 编写程序

(1) 从键盘输入三角形底边和高，输出三角形的面积。

(2) 输入两个整数，求出它们的商数和余数并输出结果。

(3) 输入两个整数，输出它们的最大值(提示：用条件表达式实现)。

【实验 2】数据类型、运算符、表达式

1．实验目的

(1) 掌握 C 语言的数据类型，熟悉如何定义基本的数据类型及对它们赋值的方法。

(2) 掌握 C 语言的有关运算符，以及使用这些运算符的表达式。

(3) 进一步熟悉 C 语言源程序的建立、编辑、修改、保存、编译和运行的基本步骤。

2．实验预备

(1) 变量定义。

(2) 运算符的使用及优先级。

3．实验内容

(1) 分析下面程序的运行结果。

```c
#include<stdio.h>
int main()
{
    int x,y;
    x=20;
    y=(x=x-5.0/5);
    printf("y=%d\n",y);
    return 0;
}
```

根据编译、连接和运行回答下列问题。

① 在编译时，有一个警告错误提示，其提示内容是什么？是否影响该程序的连接？

② 分析表达式的执行过程，并说明 5.0 与 5 的含义。

(2) 分析下面的程序，写出运行结果。

```c
#include<stdio.h>
int main()
{
    int i,j,m,n;
    i=5;
    j=15;
    m=i++;
    n=++j;
    printf("i=%d, j=%d, m=%d, n=%d\n",i,j,m,n);
    return 0;
}
```

根据编译、连接和运行回答下列问题。

① 写出程序运行的结果。

② 分析表达式 m=i++和 n=++j 的执行过程及区别。

(3) 下面的程序是输入一个字符，判断它是否为大写字母，如果是大写字母，则将它转换成小写字母；如果不是大写字母，则不进行转换，最后输出该字符。

```c
#include<stdio.h>
int main()
```

```
{
    char ch;
    scanf("%c",&ch);
    ch=(ch>='A'&&ch<='Z')?(ch+32):ch;
    printf("%c\n",ch);
    return 0;
}
```

根据编译、连接和运行回答下列问题。

① 本程序运用的是格式输入输出，若修改为 getchar()和 putchar()，则程序如何？

② 分析表达式 ch=(ch>='A'&&ch<='Z')?(ch+32):ch;的执行过程。若用户输入 B，则输出什么；若用户输入 b，则输出什么？

(4) 上机运行程序。

```
#include<stdio.h>
#define PRICE 35
int main()
{
    int x=10;
    PRICE=PRICE*x;
    printf("%d;%d\n",x,PRICE);
    return 0;
}
```

根据编译、连接和运行回答下列问题。

① 编译时是否有错误信息提示，若有，则分析提示信息的含义并修改后重新编译，直到没有错误为止。

② 分析#define PRICE 35 的含义。若 x 表明购买商品的件数，PRICE 表明该商品的价格，则该程序实现了什么功能？

4. 实验报告

(1) 将上述 C 语言程序文件放在一个"学号姓名实验 2"的文件名下，并以该文件名的电子档提交给教师。

(2) 按实验报告的格式完成每题后的要求。

第 3 章

顺序结构程序设计

【学习目标】

1. 了解 C 语言程序的组成。掌握表达式语句的格式,理解表达式与表达式语句的区别。
2. 熟练掌握输入/输出函数的使用方法。
3. 理解程序、程序设计和算法的概念。
4. 掌握顺序结构程序的编写方法和调试程序的基本步骤。

3.1 程序设计的基本概念

程序就是一系列遵循一定规则和思想并能正确完成指定工作的代码序列。一个计算机程序主要描述两方面的内容:一是描述问题的对象及对象之间的关系即数据结构内容;二是描述对这些对象进行处理的规则即算法内容。因此,对程序的描述常用下式表示:

程序=数据结构+算法

程序设计是根据计算机要完成的任务,提出相应的需求,设计程序对象的数据结构和处理算法,编写相应的程序代码并测试代码的正确性,通过运行得到合理结果的过程。

进行程序设计时要做两个方面的设计:一是数据结构的设计,其任务是完成程序中变量的定义,指明变量的类型,对变量的初始化;二是对象操作的设计,其任务是完成操作代码,实现对数据的加工及对流程的控制。

程序设计是非常讲究方法的,一个良好的设计思想能大大提高程序的高效性、合理性。程序设计要求结构清晰、存储空间小、执行速度快。

算法是为完成一项任务所应遵循的逐步的、规则的、精确的、无歧义的描述,要求总步数是有限的。算法具有如下几个特点。

(1) 有穷性:解决问题的方法和步骤必须是有穷尽的,能在有限的执行步骤后给出正确的结果。

(2) 确定性:正确的算法要求组成算法的规则和步骤的意义是唯一的,不能存在二义性,而且这些规则指定的操作是有序的,必须按算法指定的操作顺序执行,并能在有限的执行步骤后给出正确的结果。

(3) 有零个或多个输入。

(4) 有一个或多个输出:指算法的输出结果至少有一个。

(5) 有效性：针对一个任务给出的解决方法和步骤必须是有效的，在经过有限步骤的执行后能给出正确的结果，否则算法的存在就是无意义的。

算法的描述方法主要有以下几种。

(1) 自然语言：是指用人们日常使用的语言对解决问题的过程描述。自然语言描述时含义不太严格，需要根据上下文才能判断其正确性。对复杂的分支和循环问题描述起来比较烦琐，因此，一般不用自然语言描述算法。

(2) 流程图：是指用一些图框来表示各种操作。其优点是直观形象、易于理解。美国国家标准化协会(ANSI)规定了常用的流程图符号，已被世界各国程序工作者采用。流程图常用的图框的含义如图 3.1 所示。

开始/结束框　　输入/输出框　　判断框　　处理框　　流程线　　连接点　　注释框

图 3.1　流程图常用的图框的含义

(3) N-S 图：是美国学者 I.Nassi 和 B.Shneiderman 提出的，其思想是将全部算法写在一个矩形框内，在矩形框内可以包含其他的框，特点是完全去掉了带箭头的流程线，算法的所有处理步骤都写在一个大矩形框内。

用 N-S 图描述 3 种基本结构的方法如下。

① 顺序结构：如图 3.2 所示，A 和 B 两个框组成一个顺序结构。执行过程是，执行 A 框指定的操作后，接着执行 B 框所指定的操作。

② 选择结构：又称分支结构，该结构必须包含一个判断框，根据给定的条件是否成立，执行不同的操作。如图 3.3 所示，当条件 P 成立时，执行 A 操作；当条件 P 不成立时，执行 B 操作。

图 3.2　顺序结构　　　　　　　　图 3.3　选择结构

③ 循环结构：又称重复结构，指反复执行某一部分操作。循环结构有两种，即当型循环结构(如图 3.4 所示)和直到型循环结构(如图 3.5 所示)。

图 3.4　当型循环结构　　　　　　图 3.5　直到型循环结构

(4) 伪代码：是介于自然语言和计算机语言之间的文字和符号描述算法。描述时书写方便，格式紧凑，修改方便，容易阅读。

3.2　C 语言的语句

C 语言程序的基本组成单位是函数，而函数是由语句构成的，C 程序的组成结构如图 3.6 所示。语句又分数据声明语句和数据操作语句。C 语言的数据操作语句分为表达式语句、函数调用语句、控制语句、复合语句和空语句 5 类。

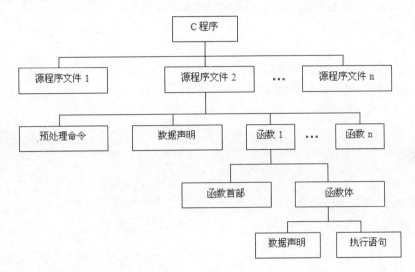

图 3.6　C 程序的组成结构

1. 表达式语句

表达式语句由表达式加上分号“；”组成。其一般形式为：

表达式;

执行表达式语句就是计算表达式的值。

例如：

a=b+c;赋值语句。

i++;自增 1 语句，i 值增 1。

2. 函数调用语句

函数调用语句由函数名、实际参数和分号“；”组成。其一般形式为：

函数名(实际参数表);

执行函数调用语句就是调用函数并把实际参数赋予函数定义的形式参数，然后执行被调函数体中的语句，求出函数值。

例如：

printf("The university welcomes you！\n"); //调用库函数，输出英文双引号内的字符串。

3. 控制语句

控制语句用于控制程序的流程，以实现程序的各种结构方式，由 C 语言特定的语句定义符组成。C 语言有 9 类控制语句，分成三大类如下。

(1) 条件判断语句：if 语句、switch 语句。

(2) 循环执行语句：for 语句、while 语句、do-while 语句。

(3) 转向语句：break 语句、continue 语句、return 语句、goto 语句。

条件判断语句和循环执行语句是由控制条件和其他语句(也可是条件判断语句和循环执行语句)组合而成的，通过这种方式可以构造出更加复杂的语句。

4. 复合语句

在 C 语言中用 "{ }" 将语句括起来构成一个新语句，称为复合语句。在 C 程序中将复合语句看成一条语句，而不是多条语句。

例如：

```
for(i=0;i<5;i++)
if(max<a[i])
   {
   max=a[i];
       j=i;
   }
else if(max>a[i])
   {
   min=a[i];
   k=i;
   }
```

复合语句内的每条语句都必须以分号 "；" 结尾，同样遵循 C 语言的规则。

5. 空语句

只有分号 "；" 组成的语句称为空语句。空语句是什么也不执行的语句，只是语法结构上的要求。有时在程序中空语句可用来做一些特殊的控制，如空循环体。

例如：

```
while(getchar()!='\n')
   ;
```

本语句的功能是，只要从键盘输入的字符不是回车则重新输入。这里的循环体为空语句。

3.3　格式化输入/输出函数

程序运行时，通常需要从外部设备(如键盘)上得到一些原始数据，程序运行结束后，通常要把运算结果发送到外部设备(如显示器)上，以便于分析。在程序设计中，程序从外部获取数据的操作称为输入，从程序发送数据到外部设备的操作称为输出。

在 C 语言中，没有专门的输入/输出语句，所有的输入/输出操作都是通过调用 C 语言的库函数来实现的。这些库函数的声明放在扩展名为.h 的文件中，这种文件称为头文件。在使用库函数时，要用预编译命令#include 将有关头文件包含到用户程序中。因此，C 语言源程序文件开头应加入预编译命令#include<stdio.h>或#include"stdio.h"，其中，stdio 是 standard input&output 的含义。

3.3.1　格式化输出函数 printf()

printf()函数是最常用的输出函数，是 C 语言的一个标准库函数，其功能是向计算机系统默认的输出设备输出一个或多个任意指定类型的数据。其格式为：

printf("格式字符串"，输出列表);

例如：

printf("a=%d,b=%d,c=%d\n",a,b,c);

1. 格式字符串

格式字符串又称格式控制字符串，是由英文双引号括起来的字符串，用于指定输出项的格式，包含格式说明符、普通字符和转义字符 3 种。

1) 格式说明符

格式说明符由%和格式字符组成，用于说明输出数据的类型、形式、长度、小数点位数等格式。例如，%d 表示按十进制数整型输出，%c 表示按字符型输出单个字符，%f 表示按实型数据输出且有效小数位为 6 位。C 语言提供的 printf 格式符如表 3.1 所示。

表 3.1　printf 格式符

格式字符	说明
d 或 i	以十进制形式输出带符号的整数(正数不输出符号)
o	以八进制无符号形式输出整数(不输出前导符 o)
x 或 X	以十六进制无符号形式输出整数(不输出前导符 0x 或 0X)
u	以十进制形式输出无符号整数
c	以字符形式输出单个字符
s	用来输出一个字符串
f	以小数形式输出单、双精度型数据，隐含输出 6 位小数
e 或 E	以标准指数形式输出单、双精度型数据，小数部分默认输出 6 位小数，格式字符用 e 时指数以 e 表示，用 E 时指数以 E 表示
g 或 G	以%f 或%e 格式中较短的输出宽度输出单、双精度型数据，不输出无意义的 0

在 printf()函数的格式说明符%和格式字符间还可插入修饰符，用于确定数据输出的宽度、精度、小数位数、对齐方式等，能更规范、整齐地输出数据。常用的 printf()修饰符如表 3.2 所示。

表 3.2　printf()修饰符

修饰符	说明
字母 l	用于输出长整型数据和双精度型数据，可加在格式符 d、o、x、u、f、e 的前面
正整数 m	数据输出时的最小宽度
正整数 n	对实数表示输出 n 位小数，对字符串表示截取的字符个数
负号—	输出的数字或字符在域内向左对齐，默认向右对齐

2) 普通字符

普通字符是指需要原样输出的字符，其作为输出时数据的间隔，在显示中起提示的作用。例如：

printf("a=%d,b=%d,c=%d\n",a,b,c);

这条语句中的 a=、b=、c= 都是普通字符。

3) 转义字符

如同第 2 章所讲的转义字符的功能，其作用是控制产生特殊的输出效果。常用的转义字符有'\n'、'\t'等。

2. 输出列表

输出列表由若干个输出项构成，输出项之间用逗号分隔，每个输出项可以是常量、变量或表达式，其类型、顺序和个数必须与格式控制字符串中的格式说明字符的类型、顺序与个数一致。

例如：

printf("a=%d,b=%f\n",a,b)

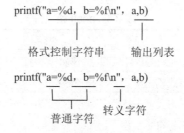

其中，%d、%f 为格式说明。如果 a 和 b 的值分别为 5 和 6，则输出为：

a=5,b=6

执行'\n'使输出控制移到下一行开头，从显示屏幕上可以看出光标已移到下一行的开头。

【例题 3.1】编写程序输出以下格式的数据形式。要求：对 i、j 进行初始化；对 a、b 赋指定的值；对 ch1、ch2 采用键盘输入指定的字符。

a=10.23;b=2.781
i=12;j=48
ch1=A;ch2=a

算法分析：输出的格式为 3 行，每行中应含有普通字符，如第 1 行中的 a=;b=，第 2 行中的 i=;j=，第 3 行中的 ch1=;ch2=。输出完一行后要换行，说明格式控制中要有转义字符\n 换行符。每行输出的数据类型不同，第 1 行为实型，表明格式说明符是%f，但又只能分别输出 2 位小数和 3 位小数，这就要求在格式符 f 前加修饰符才能满足；第 2 行是整型，表明格式说明符为%d；第 3 行为字符型，表明格式说明符为%c。

程序设计时从数据对象和数据处理两方面进行。数据对象涉及要定义的 6 个变量，每个变量获取值的方式按题目要求实现；数据处理仅涉及按输出要求设计输出语句的输出格式。

程序代码：

```
#include"stdio.h"
int main()
{
    float a,b;
    int i=12,j=48;
    char ch1,ch2;
    a=10.23;
    b=2.781;
    printf("通过键盘输入 ch1,ch2\n");
    scanf("%c%c",&ch1,&ch2);
    printf("a=%.2f;b=%.3f\n",a,b);
    printf("i=%d;j=%d\n",i,j);
    printf("ch1=%c;ch2=%c\n",ch1,ch2);
    return 0;
}
```

程序运行结果如图 3.7 所示。

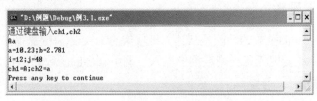

图 3.7　例题 3.1 程序运行结果

从编写的代码序列中可以看出，只用到了数据对象的设计语句和按格式输出的函数语句。若要体现数据对象处理的设计语句，程序应如何修改？

例如，在对数据对象的处理方面，可以实现大小写字母之间的转换。大写字符 A 和小写字符 a 之间有没有关系呢？有 a=A+32 的关系，因此只需要定义变量 ch1 用来存放大写字符、ch2 用来存放小写字符，并且只需输入 ch1，ch2 由数据对象处理语句 ch2=ch1+32 来确定。实现的程序如例题 3.2。

【例题 3.2】编写程序输出以下格式的数据形式。要求：对 i、j 进行初始化；对 a、b 赋指定的值；对 ch1 采用键盘输入指定的字符，ch2 通过运算获得值。

```
a=10.23;b=2.781
i=12;j=48
ch1=A;ch2=a
```

程序代码：

```
#include"stdio.h"
```

```
int main()
{
    float a,b;
    int i=12,j=48;
    char ch1,ch2;
    a=10.23;
    b=2.781;
    printf("通过键盘输入 ch1\n");
    scanf("%c",&ch1);
    ch2=ch1+32;          //数据对象处理语句
    printf("a=%.2f;b=%.3f\n",a,b);
    printf("i=%d;j=%d\n",i,j);
    printf("ch1=%c;ch2=%c\n",ch1,ch2);
    return 0;
}
```

程序运行结果如图 3.8 所示。

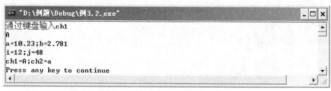

图 3.8　例题 3.2 程序运行结果

3.3.2　格式化输入函数

在 C 语言中，scanf()函数的功能是从计算机默认的输入设备(键盘)向计算机主机输入数据存放到主存单元中，能实现任意类型数据的输入。调用 scanf()函数的形式为：

scanf("格式字符串",输入项地址表);

例如：例题 3.1 中输入两个字符分别存到 ch1、ch2 的变量单元中。

scanf("%c%c",&ch1,&ch2);

1. 格式字符串

格式字符串是由英文双引号括起来的字符串，包括格式说明符、空白字符(空格、Tab 键和 Enter 键)和非空白字符(又称普通字符)。格式字符串由%和格式字符构成，中间可插入修饰字符。scanf()函数的格式符如表 3.3 所示，scanf()函数格式修饰符如表 3.4 所示。

表 3.3　scanf()函数的格式符

格式字符	说明
d 或 i	以有符号的十进制形式输入整数
o	以八进制无符号形式输入整数
x 或 X	以十六进制无符号形式输入整数
u	以无符号的十进制形式输入整数
c	以字符形式输入单个字符

(续表)

格式字符	说明
s	输入字符串。以非空字符开始，以第一个空白字符结束
f	用来输入实型数据，可以用小数形式或指数形式输入
e、E、g、G	与 f 作用相同，e 与 f、g 可以互相替换(大小写作用相同)

表 3.4　scanf()函数格式修饰符

字符	说明
l	用于输入长整型数据和双精度型数据，可加在格式符 d、o、x、u、f、e 的前面
h	用于输入短整型数据，可加在格式符 d、o、x 的前面
m	表示输入数据的最小宽度(列数)，m 应为正整数
*	表示本输入项在输入后不赋值给相应的变量

2. 输入项地址表

输入项地址表由若干个输入项地址构成，相邻两个输入项地址之间用逗号隔开。输入项地址表的地址可以是变量的地址，也可以是字符数组名或指针变量(在后续章节中介绍)。变量地址的表示方法：&变量名，其中，&是地址运算符。

3. 输入数据格式和输入方法

(1) 调用 scanf()函数时，如果相邻两个格式符之间不指定分隔符(如分号、逗号、冒号等)，则要注意：输入时，除%c 格式说明符说明的数据外，用其他说明符说明的两个输入数据之间至少用一个空格或用 Tab 键隔开，或者输入一个数据后，先按回车键，然后再输入下一个数据。例如：

scanf("%d%f%f",&x,&y,&z);

其正确的输入操作是：(□表示空格，↵表示回车)

12□23.3□36.9↵

或者是：

12 ↵
23.3 ↵
36.9 ↵

(2) 调用 scanf()函数时，格式字符串中出现了普通字符，在输入时必须原样输入，否则会导致输入错误。例如：

scanf("x=%d;y=%f;z=%f",&x,&y,&z);

其正确的输入操作是：

x=12;y=23.3;z=36.9↵

在输入时，x=;y=;z=都是普通字符，必须按原样输入才能正确读到计算机主机指定的内存单元中。

(3) 对于实型数据，输入时不能规定其精度。例如：scanf("%d;%.3f;%5.4f",&x,&y,&z);是不合法的。

(4) 使用格式说明符%c 输入单个字符时，空格符或回车符会作为有效字符输入。

例如：

```
scanf("%c%c%c",&ch1,&ch2,&ch3);
```

则其正确的输入操作是：

```
abc ↵
```

(5) 数值型数据(整型、实型)与字符型数据混合输入时需特别注意，如果输入格式不正确，将得不到正确结果。

例如：

```
int a,b;
char ch1,ch2;
scnaf("%d%c%d%c",&a,&ch1,&b,&ch2);
```

其正确的输入操作是：

```
20a30b↵
```

输入时数字与字符之间不能有空格，因为空格也是字符，如果 20 与 a 之间输入了空格，则系统会将空格赋给字符变量 ch1，而不是将字符 a 赋给 ch1。

【例题 3.3】阅读下列程序，按指定的输入格式输入，分析程序的运行结果。

```
#include"stdio.h"
int main()
{
    int i,j;
    float f1,f2;
    char ch1,ch2;
    printf("请输入 i,f1,ch1,ch2 的值: \n");
    scanf("%d%f%c%c",&i,&f1,&ch1,&ch2);
    j=i++;
    f2=++f1;
    printf("i=%d;j=%d\n",i,j);
    printf("f1=%3.3f;f2=%4.2f\n",f1,f2);
    printf("ch1=%c;ch2=%c\n",ch1,ch2);
    return 0;
}
```

第 1 个同学运行程序时输入的数据格式是：18□26.9□B□b↵。程序的运行结果如图 3.9 所示。

```
"C:\Users\Administrator\Desktop\Debug\例题3.3.exe"
请输入i,f1,ch1,ch2的值:
18 26.9B b
i=19;j=18
f1=27.900;f2=27.90
ch1=B;ch2=
Press any key to continue_
```

图 3.9　例题 3.3 第 1 个同学程序运行结果

请同学们分析，这个结果是否符合题目要求？如果不符合，那么在输入数据时发生了怎样的错误？

第 2 个同学运行程序时输入数据的格式是：

18 ↵
26.9 ↵
B ↵
b ↵

程序运行的结果如图 3.10 所示。

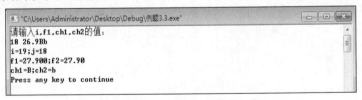

图 3.10　例题 3.3 第 2 个同学程序运行结果

这两个同学虽然从键盘输入的数据值一样，但是输入的格式不同，第 1 个同学采用的是空格格式，第 2 个同学采用的是回车格式，输出结果截然不同，是何原因？

第 3 个同学运行程序时输入数据的格式是：

18□26.9□Bb ↵

或者是：

18 ↵
26.9Bb ↵

程序运行的结果如图 3.11 所示。

图 3.11　例题 3.3 第 3 个同学程序运行结果

你认为这 3 个同学中的哪个运行的结果是正确的？编者认为第 3 个同学输入数据的格式符合 C 语言 scanf() 函数输入格式的要求，因此第 3 个同学运行程序时得到的结果是正确的。

3.4　字符输入/输出函数

在例题 3.3 中输入 ch1、ch2 字符数据时采用了格式输入/输出函数 scanf() 和 printf() 实现，除了格式输入/输出函数外，C 语言还提供了专门用来输入/输出单个字符的 getchar() 函数和 putchar() 函数。

函数 putchar() 和 getchar() 每次只能输出或输入一个字符。

1. 字符输出函数 putchar()

字符输出函数 putchar()是把一个字符输出到标准输出设备(通常指显示器)上。一般形式为：

```
putchar(ch)
```

函数功能：向标准输出设备输出一个字符。其中，ch 可以是一个字符常量或变量，也可以是一个整型常量或变量。

使用说明：

(1) 当 ch 为字符型常量或变量时，它输出的是 ch 的值；当 ch 为整型常量或变量时，它输出的是 ASCII 码为 ch 的字符。

(2) putchar()函数只能用于单个字符的输出，且一次只能输出一个字符。

(3) 从功能角度来看，printf()函数完全可以代替 putchar()函数，其等价形式为 printf("%c",ch)。

2. 字符输入函数 getchar()

字符输入函数 getchar()是从标准输入设备(通常是键盘)向计算机输入一个字符。一般形式为：

```
getchar()
```

函数功能：从输入设备(通常是键盘)上输入一个字符，函数返回值是该字符的 ASCII 码值，函数返回值可以赋给一个字符型变量，也可以赋给一个整型变量。

使用说明：

(1) 执行 getchar()函数输入字符时，键入字符后需要按回车键，回车后，程序才会响应输入，继续后续语句。

(2) 执行 getchar()函数输入字符时，也将回车键作为一个回车符读入。因此，在用 getchar()函数连续输入两个字符时要注意回车符。

(3) 从功能角度来看，scanf()函数完全可以代替 getchar()函数，其等价形式为 scanf("%c",&ch)。

字符输入函数和输出函数使用非常方便，但每条语句只能实现输入或输出一个字符。

【例题 3.4】编写程序输出以下格式的数据形式。要求对 i、j、a、b 采用格式输入/输出函数实现输入/输出；对 ch1、ch2 采用字符输入/输出函数实现输入/输出。

```
a=10.23；b=2.781
i=12；j=48
ch1=A；ch2=a
```

算法分析：输入/输出 a、b、i、j 的值方法与例题 3.1 大致相同，但输入 ch1、ch2 时按题要求只能用 getchar()，在输入最后一个数字后连续输入两个字符的方法是连续的，中间不得有空格或回车。输出 ch1=A 的格式则要求用 5 条字符输出语句 putchar()，分别输出 c、h、1、=和 A；用 1 条字符输出语句输出 "；"输出 ch1=A 的格式则要求用 5 条字符输出语句 putchar()，分别输出 c、h、1、=和 A。

程序代码：

```c
#include"stdio.h"
int main()
{
    float a,b;
    int i,j;
```

```
        char ch1,ch2;
        printf("用格式输入函数输入 a,b,i,j\n");
        scanf("%f%f%d%d",&a,&b,&i,&j);
          printf("用字符输入函数输入 ch1,ch2\n");
        ch1=getchar();
        ch2=getchar();
        printf("a=%.2f;b=%.3f\n",a,b);
        printf("i=%d;j=%d\n",i,j);
        putchar('c');
        putchar('h');
        putchar('1');
        putchar('=');
        putchar(ch1);
        putchar(';');
        putchar('c');
        putchar('h');
        putchar('2');
        putchar('=');
        putchar(ch2);
        putchar('\n');
        return 0;
}
```

程序运行结果如图 3.12 所示

```
"C:\Users\Administrator\Desktop\Debug\例题3.4.exe"
用格式输入函数输入 a,b,i,j
10.23
2.781
12
48Aa
用字符输入函数输入 ch1,ch2
a=10.23;b=2.781
i=12;j=48
ch1=A;ch2=a
Press any key to continue
```

图 3.12 例题 3.4 程序运行结果

3.5 程序设计举例

【例题 3.5】编写程序：输入任意的 3 个数，求它们的和及平均数。

算法分析：定义 3 个实型数据 num1、num2、num3，采用格式输入函数 scanf()
输入 3 个变量的值(注意输入格式)。定义一个存放和的实型数据 sum 和存放平
均数的实型数据 average。利用数学的求和公式、求平均数公式求出(注意数学
表达式与 C 语言表达式书写上的区别)。采用格式输出函数进行输出。

程序代码：

```
#include"stdio.h"
int main()
{
    float num1,num2,num3;
    float sum,average;
    printf("请输入任意的 3 个数: \n");
    scanf("%f%f%f",&num1,&num2,&num3);
```

```
        sum=num1+num2+num3;
        average=sum/3;
        printf("sum=%.3f;average=%.3f\n",sum,average);
        return 0;
}
```

程序运行结果如图 3.13 所示。

图 3.13　例题 3.5 程序运行结果

同学们请思考：若程序中定义的 num1、num2、num3 是 3 个整型数据，同时将 sum 也定义成整型数据，则程序运行结果是否符合要求？若不符合，分析其原因。

【例题 3.6】输入矩形的长、宽，输出矩形的周长和面积。

算法分析：定义实型变量 long、wide、girth、area 分别表示长、宽、周长和面积。调用输入函数，输入 long、wide。利用数学周长公式、面积公式求出 girth、area。调用输出函数输出周长和面积。

程序代码：

```
#include"stdio.h"
int main()
{
    float longs,wide,girth,area;
    printf("请输入长宽：\n");
    scanf("%f%f",&longs,&wide);
    girth=2*longs+2*wide;
    area=longs*wide;
    printf("girth=%f;area=%f\n",girth,raer);
    return 0;
}
```

程序运行结果如图 3.14 所示

图 3.14　例题 3.6 程序运行结果

【例题 3.7】编写程序，从键盘输入一个三位整数，并逆序输出。

算法分析：定义一个整型数据 num，调用输入函数，输入一个三位整数。如果能将这三位数的个位、十位、百位拆分开来，则可用数学公式重组一个新的三位数。调用输出函数，输出新的三位数。拆分三位数的方法可用 C 语言提供求余运算和整除运算来实现。具体过程是：百位数=num/100；十位数=num/10%10；个位数=num%10。要体会程序中输出项是表达式的用法。

程序代码：

```
#include <stdio.h>
int main()
{
    int num;
    int bw,sw,gw;
    printf("请输入一个三位数：\n");
    scanf("%d",&num);
    gw=num%10;
    sw=num/10%10;
    bw=num/100;
    printf("%d\n",gw*100+sw*10+bw);
    return 0;
}
```

程序运行结果如图 3.15 所示

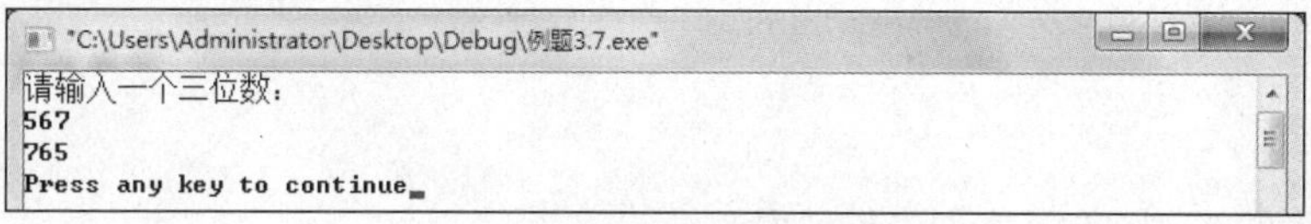

"C:\Users\Administrator\Desktop\Debug\例题3.7.exe"
请输入一个三位数：
567
765
Press any key to continue

图 3.15　例题 3.7 运行结果

【例题 3.8】求方程 $ax^2+bx+c=0$ 的实根。

程序分析：定义 3 个实型数据 a、b、c，调用输入函数分别输入 a、b、c 的值。定义方程的两个根 x1、x2 和判别式 dise，本题要求输入数据满足 a≠0 且 $b^2-4ac>0$。按数学方法求解方程的根并输出。要注意数学求方程根的表达式要符合 C 语言表达式的要求，C 语言求平方根是通过调用平方根函数 sqrt()完成，而平方根函数 sqrt()的声明放在头文件 math.h 中。

程序代码：

```
#include"stdio.h"
#include"math.h"
int main()
{
    float a,b,c,dise,x1,x2;
    printf("input a,b,c:\n");
    scanf("%f%f%f",&a,&b,&c);
    dise=b*b-4*a*c;
    x1=(-b+sqrt(dise))/(2*a);
    x2=(-b-sqrt(dise))/(2*a);
    printf("\nx1=%f\nx2=%f\n",x1,x2);
    return 0;
}
```

程序运行结果如图 3.16 所示。

"C:\Users\Administrator\Desktop\Debug\例题3.8.exe"
input a,b,c:
2
6
3

x1=-0.633975
x2=-2.366025
Press any key to continue

图 3.16　例题 3.8 运行结果

【例题 3.9】编写程序，从键盘输入两个整数给变量 a 和 b，然后交换 a 和 b 的值，再输出 a 和 b。

程序分析：交换两个变量的值的方法有两种。第一种是通过第三变量来实现，其过程是先将 a 的值保存到 c 变量中，再将 b 变量赋给 a，即此时 a 就是 b 的值，最后 c 变量的值赋给 b 变量，即此时 b 就是 a 的值；第二种是运用 C 语言算术表达式来实现，其过程是定义两个变量 a、b，通过 a=a+b、b=a-b、a=a-b 三个表达式来实现两个数的交换。

程序代码(方法 1)：

```c
#include <stdio.h>
int main()
{
    int a,b,c;
    printf("请输入 a 和 b 的值：");
    scanf("%d,%d",&a,&b);
    printf("输出交换前值：a=%d,b=%d\n",a,b);
    c=a;
    a=b;
    b=c;
    printf("输出交换后值：a=%d,b=%d\n",a,b);
    return 0;
}
```

程序代码(方法 2)：

```c
#include"stdio.h"
int main()
{
    int a,b;
    printf("\nPlease input two numbers\n");
    scanf("%d%d",&a,&b);
    printf("输出交换前值：a=%d;b=%d\n",a,b);
    a=a+b;
    b=a-b;
    a=a-b;
    printf("输出交换后值：a=%d;b=%d\n",a,b);
    return 0;
}
```

程序运行结果如图 3.17 所示

图 3.17　例题 3.9 运行结果

本章小结

程序就是一系列遵循一定规则和思想并能正确完成指定工作的代码序列。程序设计是根据计算机要完成的任务，提出相应的需求，设计程序对象的数据结构和处理算法，编写相应的程序代码并测试代码的正确性，通过运行得到合理的结果的过程。算法是为完成一项任务所应遵循的逐步的、规则的、精确的、无歧义的描述，要求总步数是有限的。

　　C 语言程序的基本组成单位是函数，而函数是由语句构成的，语句又分数据声明语句和数据操作语句。C 语言的数据操作语句分为 5 类：表达式语句、函数调用语句、控制语句、复合语句和空语句。C 语言程序中使用频率最高的是表达式语句。应当注意的是，赋值运算符 "=" 左侧一定代表内存中某存储单元，通常是变量，例如 a+b=12;是错误的。

　　C 语言中没有提供输入/输出语句，输入/输出操作都是通过调用 C 语言的库函数来实现的。在使用库函数时，要用预编译命令#include 将有关头文件包含到用户程序中。因此，C 语言源程序文件开头应加入预编译命令#include<stdio.h>或#include"stdio.h"。

　　printf()函数是最常用的输出函数，是 C 语言的一个标准库函数，其功能是向计算机系统默认的输出设备输出一个或多个任意指定类型的数据。其格式为：

```
printf("格式字符串",输出列表);
```

　　在 C 语言中，scanf()函数的功能是从计算机默认的输入设备向计算机主机输入数据存放到主存单元中，能实现任意类型数据输入。调用 scanf()函数的形式为：

```
scanf("格式字符串",输入项地址表);
```

　　字符输出函数 putchar()和字符输入函数 getchar()每次只能输出或输入一个字符。

易错提示

　　1. 要严格区分 C 语言表达式与 C 语言语句。例如，i++是表达式，i++;是 C 语言语句。C 语句后一定有分号。

　　2. 格式输入/输出函数 scanf()和 printf()在输入数据时要注意其格式符。例如，变量 k 是 float 类型，调用函数 scanf("%d",&k);时就不能使 k 得到正确的值。又如：变量 k 是 int 类型，调用 printf("k=%f\n",k);时同样得不到正确结果。

　　3. 使用格式输入函数 scanf()时，变量是基本类型时，一定要在变量的前面加地址运算符&。例如，a、b 是整型，输入函数 scanf("%d%d",a,b);在编译时系统不会报错，但运行时会出错，输入的数据不能送到指定的变量单元中。

　　4. 字符输入函数 getchar()在一个程序中连续有两条或两条以上时，不能输入完一个字符回车再输入下一个字符，这时字符变量所读的字符是错误的。其正确输入法是连续输入完字符后再回车。

习题 3

　　1. 选择题

　　(1)　下面选项中不是 C 语句的是(　　　)。

　　　　A. {int a=10; printf("%d",a);}　　　　　　B. ;

　　　　C. x=65　　　　　　　　　　　　　　　　　D. {;}

(2) printf()函数中用到%6s，其中数字 6 表示输出的字符中占用 6 列，如果字符串长度小于 6，则输出方式按(　　)。

    A. 右对齐输出字符，左补空格　　　　B. 按原字符长度从左向右全部输出

    C. 从左起输出该字符串，右补空格　　D. 输出错误信息

(3) x、y、z 被定义为 int 型变量，若从键盘输入 x、y、z 数据，则正确的输入语句是(　　)。

    A. scanf("%f%f%f",&x,&y,&z);　　　　B. scanf("%d%d%d",&x,&y,&z);

    C. scanf("%d%d%d",x,y,z);　　　　　D. scanf("%c%c%c",&x,&y,&z);

(4) putchar()函数可能向终端输出一个(　　)。

    A. 字符串　　　　　　　　　　　　　B. 字符型变量

    C. 整型变量表达值　　　　　　　　　D. 字符或字符型变量值

(5) 根据定义和数据的输入方式，下列输入语句中正确的是(　　)。

定义：float m1,m2;

输入：3.46

       5.2

    A. scanf("%f;%f",&m1,&m2);　　　　B. scanf("%f%f",&m1,&m2);

    C. scanf("%3.2f,%2.1f",&m1,&m2);　　D. scanf("%4.2f,%3.1f",&m1,&m2);

(6) 以下说法正确的是(　　)。

    A. 输入项可以是一个实型常量

    B. 当输入一个实型数据时，格式控制部分应规定小数点后的位数

    C. 当输入数据时，必须指明变量的地址

    D. 只有格式控制而没有输入项时，也能进行正确输入

(7) 若有定义语句：int x,y;float a;，则正确的赋值语句是(　　)。

    A. x=1,y=1,　　　　B. y++;　　　　C. x=y=1;　　　　D. y=int(a);

(8) 若有语句：scanf("%c%c%c",&ch1,&ch2,&ch3);并假设 ch1、ch2、ch3 的值分别是 a、b、c，则正确的输入方法是(　　)。

    A. a↵b↵c↵

    B. abc↵

    C. a,b,c↵

    D. a□b□c↵　　("□"表示空格，"↵"表示回车)

2. 填空题

(1) 一般来说，调用标准字符或格式输入/输出库函数时，文件开头应有_____预编译处理命令。

(2) 有一个输入函数 scanf("%d",m);，不能使 float 类型变量 m 得到正确数值的原因有_____和_____。

(3) 表达式和表达语句的区别为_____。

3. 改错题

(1) 下列程序功能：从键盘输入一个三位数，然后逆序输出。程序中有 3 处错误，请改正。

```
1 #include"stdio.h"
```

```
2 int main()
3 {
4     int n,i,j,k;
5     scanf("%d",n);
6     i=n\100;
7     n=n-i*100;
8     j=n/10;
9     k=j;
10     printf("逆序数是：%d%d%d\n",k,j,i);
11     return 0;
12 }
```

(2) 下列程序功能：利用宏表示圆周率，求圆面积。程序中有 2 处错误，请改正。

```
1 #include"stdio.h"
2 #define PI=3.1415926;
3 int main()
4 {
5     float area,r;
6     scanf("%f",&r);
7     area=PI*r2;
8     printf("area=%f\n",area);
9     return 0;
10 }
```

4. 当执行完以下语句后，变量 a、b、c、d、e 的值分别是多少(分两种情况：一是各变量间没有联系；二是各变量间有联系)？

```
a=8;
b=++a;
c=--a;
d=a++;
e=a--;
```

5. 写出下列程序的运行结果。

```
#include <stdio.h>
int main()
{
    int a=2,b;
    char c='A';
    b=c+a;
        printf("a=%d,b=%d,c=%c\n",a,b,c);
        return 0;
}
```

6. 写出下列程序的运行结果。

```
#include <stdio.h>
int main()
{
    int a=2,b=5;
    a=a+b;
    b=a-b;
```

```
    a=a-b;
        printf("a=%d,b=%d\n",a,b);
        return 0;
}
```

7. 分析下列程序。

```
#include <stdio.h>
int main()
{
    char ch;
    ch=getchar();
    putchar(ch);
        printf("\n%c 的 ASCII 码为:%d\n",ch,ch);
        return 0;
}
```

(1) 如果输入数据"a<回车>"，则可得到什么结果？

(2) 如果输入数据"ab<回车>"，则可得到什么结果？

8. 用下面的 scanf()函数输入数据，使 a=2，b=5，c1='a'，c2='b'，x=3.5，y=56.88。请问在键盘上如何输入？

```
#include <stdio.h>
int main()
{
    int a,b;
    char c1,c2;
    float x,y;
    scanf("%d,%d",&a,&b);
    scanf("%c%c",&c1,&c2);
    scanf("x=%f,y=%f",&x,&y);
        printf("a=%d,b=%d\nc1=%c,c2=%c\nx=%f,y=%f\n",a,b,c1,c2,x,y);
        return 0;
}
```

9. 编写程序，用 getchar()函数读入两个字符赋值给变量 c1、c2，然后分别用 putchar()函数和 printf()函数输出这两个字符。

10. 输入三角形三边长，求三角形面积，并输出计算结果。输出时要有文字说明，取小数点后两位小数。已知三角形的三边长，求三角形面积的公式为 $area=\sqrt{s(s-a)(s-b)(s-c)}$，其中 a、b、c 分别为三角形的三边，s=(a+b+c)/2。

11. 编写程序，输入一个三位数并将它反向输出。例如，输入 123，输出 321。

【实验3】顺序结构程序设计

1. 实验目的

(1) 掌握 C 语言数据类型，掌握变量定义，进一步理解变量先定义后使用和先赋值后引用的含义。

(2) 掌握 C 语言各种类型的常量。

(3) 掌握不同数据类型之间赋值的规律。

(4) 掌握 C 语言有关算术运算符，以及包含这些运算符的表达式的求值规则。

(5) 熟悉顺序结构，掌握 printf() 和 scanf() 函数。

2．实验预备

(1) Visual C++ 6.0 集成开发环境界面划分成 4 个主要区域：菜单栏和工具栏、工作区窗口、代码编辑窗口和信息提示窗口。同学们启动 Visual C++ 6.0 开发环境后加以对照认识。

(2) 预习本书在 Visual C++ 6.0 环境下建立和运行 C 程序的步骤。

3．实验内容

(1) 输入三角形的边长 a、b、c，求三角形的面积 area。三角形面积公式为：

area$=\sqrt{s(s-a)(s-b)(s-c)}$，其中，s=(a+b+c)/2。按编写的程序在 VC++ 环境下编辑、编译和运行程序，回答下列问题。

```
#include"stdio.h"
#include"math.h"
int main()
{
    float a,b,c,area,s;
    printf("请输入三角形的三条边：");
    scanf("%f%f%f",&a,&b,&c);
    s=(a+b+c)/2;
    area=sqrt(s*(s-a)*(s-b)*(s-c));
    printf("area=%.2f\n",area);
    printf("a=%.2f;b=%.2f;c=%.2f\n",a,b,c);
    return 0;
}
```

① 运行程序时输入 3、4、5，看一看程序运行输出的结果是不是以下数据：

```
area=6.00
a=3.00;b=4.00;c=5.00
```

如果运行结果不正确，请分析错误的原因，并改正后重新运行程序，直到得出正确的结果为止。

② sqrt() 符号的含义是什么？去掉程序第 2 行#include"math.h"语句，再运行程序时发现了什么错误？分析错误的原因。

③ 输入任意的 a、b、c 3 个数都能输出结果吗？若不能，则有什么条件限制？如果将此条件添加到程序中，你认为需要哪些新的知识点来实现？

④ 初步建立分析程序、查错和排错程序的基本方法。

(2) 编写程序，实现由键盘输入三个整数，按从小到大的顺序输出。要求用条件表达式来实现。

程序算法提示：数据结构为 int x,y,z,max,min。

三个数中的最大数用条件表达式可表示为：max=x>y?(x>z? x:z):(y>z? y:z)。

三个数中的最小数用条件表达式可表示为：min=x<y?(x<z? x:z=:(y<z? y:z=。

三个数中的中间数可用算术表达式表示为：x+y+z−max−min。

最后按最小数、中间数、最大数的顺序输出即可。

(3) 在 VC++ 环境下编辑、编译和运行程序。要求用下面的 scanf() 函数输入数据，使 i=40，

j=78，k=56.89，m=2.3，c1='R'，c2='T'。

```
#include "stdio.h"
int main()
{
    int i,j;
    float k,m;
    char c1,c2;
    scanf("i=%d**j=%d",&i,&j);
    scanf("%f##%f",&k,&m);
    scanf("%c,%c",&c1,&c2);
    printf("i=%d,j=%d,k=%f,m=%f,c1=%c,c2=%c ",i,j,k,m,c1,c2);
    return 0;
}
```

根据编译、连接和运行程序，回答下列问题。

① 若某同学直接输入 40 78 56.89 2.3 R T(各数据以空格间隔)，程序运行的结果如何？分析结果是否符合要求，并说出原因。

② 写出 3 个输入语句在键盘输入时的数据格式。

(4) 设计简单计数器的主菜单程序，能完成从键盘输入两个任意数据，按主菜单中列出的加、减、乘、除顺序进行运算，并输出运算结果。程序运行结果如图 3.18 所示。

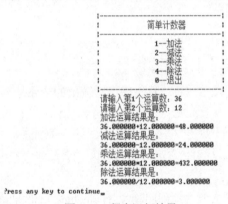

图 3.18　程序运行结果

程序算法提示：

① 显示的主菜单要求在输出窗口的正中间可用 C 语言的转义字符\t 实现，显示主菜单的边框可通过字符"|"和"—"的拼接实现，调用 C 语言的输出函数 printf()完成。

② 调用 C 语言的输入函数 scanf()实现第 1 个数、第 2 个数的输入。这两个数可以任意地由同学们自己确定。

③ 加、减、乘、除 4 种运算可用算术运算符"+""-""*""/"来实现。要注意输出结果的格式要求。

4. 实验报告

(1) 将上述 C 程序文件放在一个"学号姓名实验 3"的文件名下，并以该文件名的电子档提交给教师。

(2) 按要求完成报告的撰写。

第4章

选择结构程序设计

【学习目标】

1. 掌握 C 语言关系运算符的用法，会构造关系表达式。
2. 掌握 C 语言逻辑运算符的用法，会构造逻辑表达式。
3. 熟练掌握实现选择结构的两种条件语句的语法格式、结构特点、功能，以及使用这两种语句进行选择结构程序设计的方法。

C 语言程序中顺序结构是指程序从上到下逐条执行，程序执行的流向没有发生改变，没有任何条件制约，而在解决实际问题时总是根据某个条件满足与否决定做与不做。这就是程序设计中的选择结构要解决的问题。在 C 语言中选择结构是用 if 语句和 switch 语句来实现的。

4.1 关系运算符与关系表达式

4.1.1 关系运算符

在程序中经常需要将两个数据进行比较，判定两个数据是否符合给定的条件，以决定程序下一步的流向，比较两个数据大小的运算符称为关系运算符。

C 语言提供了 6 种关系运算符，如表 4.1 所示。

表 4.1　C 语言中的关系运算符及其优先级

运算符	含义	优先级
>	大于	高
<	小于	
>=	大于等于	
<=	小于等于	
==	等于	低
!=	不等于	

在表 4.1 中，前四个关系运算符的优先级相同，后两个关系运算符的优先级相同，前四个运算符的优先级高于后两个运算符的优先级。

关系运算符都是双目运算符，其结合性均为左结合性(即自左至右)。关系运算符与算术运算符、赋值运算符的优先级是：

关系运算符的优先级低于算术运算符。例如：

x>y+z 等价于 x>(y+z)

关系运算符的优先级高于赋值运算符。例如：

x=y!=z 等价于 x=(y!=z)

4.1.2 关系表达式

用关系运算符将两个表达式(可以是算术表达式、赋值表达式、字符表达式、关系表达式、逻辑表达式)连接起来，进行关系运算的式子，称为关系表达式。

例如，下面都是合法的关系表达式：

```
(x=8)>(y=7)
x+y>y+z
'a'<'c'
 (x>y)<(y<z)
```

关系表达式只能描述单一条件，如 x>=0。关系表达式运算的结果只能说明关系成立或不成立。在 C 语言中，若关系成立，则关系表达式运算的值用 1 表示(表明逻辑真)；若关系不成立，则关系表达式运算的值用 0 表示(表示逻辑假)。在 C89 标准中没有提供逻辑类型，进行逻辑判断时，若数据值为非 0，则默认为逻辑真，若数据值为 0，则默认为逻辑假；而逻辑表达式的值为真，则用整型数 1 表示，逻辑表达式的值为假，则用整型数 0 表示。在 C99 标准中增加了逻辑类型 bool，可用来定义逻辑类型变量。

例如：

```
5>4 (常量表达式 5 与常量表达式 4 进行大小比较，关系成立，关系表达的值为 1)
5==3(常量表达式 5 与常量表达式 3 进行相等判断，关系不成立，关系表达的值为 0)
6>x>2(若 x=8，先计算 6>x，结果为 0，再计算 0<2，结果为 1；若 x=1，先计算 6>x，结果为 1，再计算 1<2，结果为 1)
```

从关系表达式 6>x>2 中发现，无论 x 取何值，表达式的值始终为 1，这是因为关系表达式只能描述单一的条件。在 C 语言中如何正确表示关系 6>x>2 呢？这就是下节讲述的逻辑表达式的问题。因此，关系表达式形式上类似于数学不等式，其实质是完全不同的两个概念。

4.2 逻辑运算符与逻辑表达式

关系表达式只能描述单一条件，有时需要判断的条件不是一个简单的条件，而是一个复合的条件。例如，数学中的表达式 6>x>2，在 C 语言中该如何表示呢？如何将 x>2 和 6>x 合并到一起呢？这就需要使用逻辑运算符。

4.2.1 逻辑运算符

C 语言提供了 3 种逻辑运算符，分别是逻辑与运算符、逻辑或运算符、逻辑非运算符。

1. 逻辑与

逻辑与是双目运算符，运算符号是"&&"。运算规则：参加逻辑与运算的两个操作数均为非 0(逻辑真)时，运算结果才为 1(逻辑真)，否则为 0(逻辑假)。

例如：

a&&b 是逻辑表达式，若 a=5，b=3，则逻辑表达式的值为 1(逻辑真)。

a<b&&a>0 是逻辑表达式，它等价于(a<b)&&(a>0)，若 a=5，b=3，则逻辑表达式的运算过程是先运算关系表达式的值，a<b 关系不成立，其值为 0，因此对关系表达式 a>0 没有必要再进行运算，整个逻辑表达式的值为 0(逻辑假)(同学们可编写程序上机验证)。

2. 逻辑或

逻辑或是双目运算符，其运算符号是"||"。运算规则：参加逻辑或运算的两个操作数中，只要有一个操作数值为非 0(逻辑真)，运算结果就为 1(逻辑真)，否则为 0(逻辑假)。

例如：

a||b 是逻辑表达式，若 a=5，b=0，则逻辑表达式的值为 1(逻辑真)。

a>0||a<b 是逻辑表达式，它等价于(a>0)||(a<b)，若 a=5，b=3，则逻辑表达式的运算过程是先运算关系表达式的值，0<a 关系成立，其值为 1，因此对关系表达式 a<b 没有必要再进行运算，整个逻辑表达式的值为 1(逻辑真)(同学们可编写程序上机验证)。

3. 逻辑非

逻辑非是单目运算符，其运算符号是"!"。若操作数值为 0，则逻辑非运算的结果为 1(逻辑真)；若操作数值为非 0，则逻辑非运算结果为 0(逻辑假)。

例如：

!a 是逻辑非表达式，若 a=5，则逻辑表达式的值为 0(逻辑假)；若 a=0，则逻辑表达式的值为 1(逻辑真)。

逻辑运算符的运算规则如表 4.2 所示。

表 4.2　逻辑运算符的运算规则

x	y	!x	!y	x&&y	x||y
非 0	非 0	0	0	1	1
非 0	0	0	1	0	1
0	非 0	1	0	0	1
0	0	1	1	0	0

逻辑运算符的优先级次序是：！(逻辑非)级别最高，&&(逻辑与)次之，||(逻辑或)最低。

逻辑运算符与赋值运算符、算术运算符、关系运算符之间从低到高的运算优先次序是：

```
！(逻辑非)      高
算术运算符       ↑
关系运算符       |
&&(逻辑与)       |
||(逻辑非)       |
赋值运算符      低
```

4.2.2 逻辑表达式

用逻辑运算符将表达式(可以是任意表达式)连接起来的式子称为逻辑表达式。

例如：

```
!(a>b)
(a>b)&&(b>c)
(a>b)&&(b>c)||(b==0)
```

1. 逻辑表达式的值

逻辑表达式的值是一个逻辑量"真"或"假"。在 C 语言中表示逻辑运算结果时，以数值 1 表示真，以数值 0 表示假。

例如：

若 x=8，则!x 的值为 0。因为 8 是非 0 的数，视为真，对它进行非运算，值为假，在 C 语言中假用 0 表示。

若 x='a'，y='b'，则表达式 x&&y 的值为 1。因为 x、y 均是非 0 的数，视为真，因此 x&&y 的值为真，在 C 语言中真用 1 表示。

若 a=4，b=6，则表达式 !a||b>5 的值为 1。求解过程：先计算||左边!a 的值为 0，再计算||右边 b>5 的值为 1，故表达式!a||b>5 的值为 1。

2. 逻辑表达式特征

(1) 逻辑表达式是左结合性，表达式中出现优先级别为同一级别的运算符，按从左至右方向处理。

(2) 在多个逻辑与运算符&&相连的表达式中，计算从左至右进行时，若遇到运算符左边的操作数为 0(逻辑假)，则停止运算。此时整个逻辑表达式的值为假。

例如：

```
x=0;y=1;
z=x&&(y=3);
```

运算结果：z=0，y=1。运算过程：逻辑运算符&&左边的表达式为 0，逻辑运算符&&右边的表达式(y=3)不进行运算。

(3) 在多个或运算符||相连的表达式中，计算从左至右进行时，若遇到运算符左边的操作数为 1(逻辑真)，则停止运算。此时整个逻辑表达式的值为真。

例如：

```
a=6;b=5;c=0;
d=a||b||(c=b+3);
```

运算结果：d=1，c=0。运算过程：逻辑运算符||左边的表达式为 1，逻辑运算符||右边的表达式(c=b+3)不进行运算。

4.3 if 语句

数学问题：计算分段函数的值，根据输入 x 的值输出函数 y 的值。

$$y = \begin{cases} 5x+4 & (x>=0) \\ 2x-3 & (x<0) \end{cases}$$

该问题用 C 语言来实现，过程如下。

(1) 通过键盘输入一个 x 的值。

(2) 采用关系表达式判断 x 的值，若 x>=0，则计算 y=5x+4 表达式，否则，计算 y=2x-3 表达式。也可以是 x<0，计算 y=2x-3 表达式，否则，计算 y=5x+4 表达式。这两个表达式只有一个被计算，到底计算哪个的决定权在 x。

(3) 输出 y 的值。

(4) 实现问题算法的流程图如图 4.1 所示。

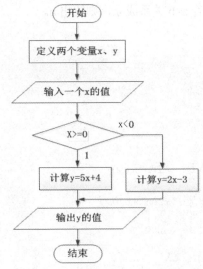

图 4.1　实现问题算法的流程图

从流程图中可以看出：程序从上往下执行时，进入判断框后程序有两个流向，一个流向是计算 y=5x+4，另一个流向是计算 y=2x-3，其流向由判断框的关系表达式的值决定。在 C 语言中，判断框的表达式的值称作条件，程序的流向称作分支，条件满足时，执行对应的分支语句，否则跳过该语句。

解决此类问题 C 语言提供了选择结构语句。C 语言的选择结构是由 if 语句和 switch 语句来实现的。其中，if 语句有单分支 if 语句、双分支 if 语句和多分支 if 语句。if 语句是根据给定的条件进行判断的，以决定程序执行某个分支程序段。

4.3.1　单分支 if 语句

单分支 if 语句是最简单的分支语句，其基本形式为：

```
if(条件表达式)
    语句;
```

功能：先计算条件表达式的值，如果表达式的值为真，则执行其后的语句，否则不执行该语句。其执行过程如图 4.2 所示。

说明:

(1) 条件表达式通常是逻辑表达式或关系表达式,也可以是其他表达式或是任意类型的数据。在执行 if 语句时先对表达式求解,若表达式的值为非 0,则按逻辑真处理,若表达式的值为 0,则按逻辑假处理。

(2) if(条件表达式)圆括号后不得有分号";"。语句可以是一条单语句,也可以是用花括号"{}"括起来的复合语句。

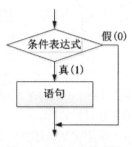

图 4.2　if 单分支结构图

【例题 4.1】编写程序:输入任意的 2 个数,要求输出其中较大的数。

算法分析:定义两个实型变量 a、b,采用关系表达式对 a、b 进行判断,若 a>b 关系成立,则输出 a,若 a<b 关系成立,则输出 b。

程序代码:

```c
#include"stdio.h"
int main()
{
    float a,b;
    printf("请输入 a、b: \n");
    scanf("%f%f",&a,&b);
    if(a>b)
        printf("%.2f 与%.2f 较大数是: %.2f\n",a,b,a);
    if(a<b)
        printf("%.2f 与%.2f 较大数是: %.2f\n",a,b,b);
    return 0;
}
```

程序运行结果如图 4.3 所示。

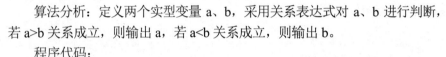

图 4.3　例题 4.1 运行结果

另一编程思想:假设 a 最大并赋给变量 max,判断 a>b,若关系不成立,则将 b 赋给 max,最后输出 max 即是两数中的最大数(程序代码同学们自己写)。

【例题 4.2】编写程序:输入任意的 3 个数,要求按从小到大的顺序输出。

算法分析:定义 3 个实型变量 a、b、c,调用输入函数 scanf()实现 3 个任意数的输入。用 a 与 b 进行比较,使 a 是较小的;用 a 与 c 进行比较,使 a 为 3 个数中较小的;用 b 与 c 进行比较,使 b 为剩下两个数中较小的,c 就是 3 个数中较大的。最后按 a、b、c 的顺序输出。

程序代码:

```c
#include"stdio.h"
int main()
```

```
{
    float a,b,c,temp;
    printf("请输入 a、b、c：\n");
    scanf("%f%f%f",&a,&b,&c);
    if(a>b)
    {
        temp=a;
        a=b;
        b=temp;
    }
    if(a>c)
    {
        temp=a;
        a=c;
        c=temp;
    }
    if(b>c)
    {
        temp=b;
        b=c;
        c=temp;
    }
    printf("3 个数从小到大排列顺序：%.1f,%.1f,%.1f\n",a,b,c);
    return 0;
}
```

程序运行结果如图 4.4 所示。

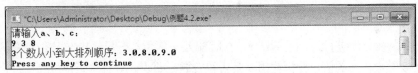

图 4.4　例题 4.2 运行结果

4.3.2　双分支 if 语句

双分支 if 语句的基本形式为 if-else。

```
if(条件表达式)
            语句 1；
else
            语句 2；
```

功能：先计算条件表达式的值，如果表达式的值为真，则执行语句 1，否则执行语句 2。if-else 语句的执行过程如图 4.5 所示。

说明：

(1) 双分支 if 语句中的 else 子句不能单独使用，必须与 if 语句配对使用。语句 1、语句 2 可以是单独的一条语句，也可是复合语句。

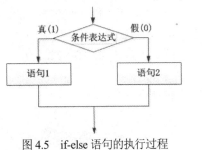

图 4.5　if-else 语句的执行过程

(2) 语句1、语句2也可以是一条if语句。

将例题4.1用双分支if语句实现，对应的两条if语句代码可修改如下。

```
if(a>b)
    printf("%.2f 与%.2f 较大数是：%.2f\n",a,b,a);
else
    printf("%.2f 与%.2f 较大数是：%.2f\n",a,b,b);
```

【例题4.3】计算分段函数的值，根据输入 x 的值输出函数 y 的值。

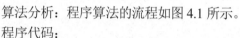

$$y = \begin{cases} 5x+4 & (x \geq 0) \\ 2x-3 & (x < 0) \end{cases}$$

算法分析：程序算法的流程如图4.1所示。

程序代码：

```
#include"stdio.h"
int main()
{
    float x,y;
    printf("请输入 x 的值：\n");
    scanf("%f",&x);
    if(x>=0)
        y=5*x+4;
    else
        y=2*x-3;
    printf("y=%.3f\n",y);
    return 0;
}
```

程序测试从两方面进行：一是测试 x>=0 时输入 x 的值，分析输出 y 是否符合题目要求；二是测试 x<0 时输入 x 的值，分析输出 y 是否符合题目要求。只有这两种情况都符合时，编写的程序才符合要求。程序运行结果如图4.6所示。

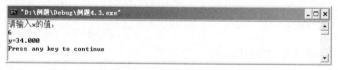

图4.6　例题4.3运行结果

4.3.3　多分支if语句

双分支if语句用于两个分支的情况。当有多个分支选择时，采用多分支if语句。多分支if语句的基本形式为：

```
if(表达式1)
        语句 1;
else if(表达式2)
        语句 2;
else if(表达式3)
        语句 3;
```

```
        ⋮
else if(表达式 n)
        语句  n;
else
        语句  n+1;
```

功能：依次判断表达式的值，当出现某个值为真时，则执行其对应的语句，其余语句均不被执行。如果所有的表达式均为假，则执行语句 n+1，然后继续执行后续程序。多分支 if 语句执行过程如图 4.7 所示。

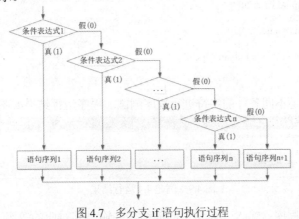

图 4.7　多分支 if 语句执行过程

【例题 4.4】编写程序：判断从键盘输入的字符是数字、大写字母、小写字母，还是其他字符，并输出相应的提示信息。

算法分析：定义一个字符型变量 ch，调用字符输入函数 getchar()实现输入字符。判断字符 ch，若满足表达式 ch>='0'&&ch<='9'，则该字符为数字，否则继续判断；若满足表达式 ch>='a'&&ch<='z'，则该字符为小写字母，否则继续判断；若满足表达式 ch>='A'&&ch<='Z'，则该字符为大写字母，否则该字符为其他字符(如空格、回车等)。程序算法的流程图如图 4.8 所示。

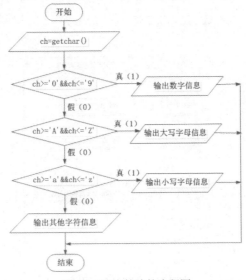

图 4.8　程序算法的流程图

程序代码:

```
#include "stdio.h"
int main()
{
    char ch;
    printf("input a character\n");
    ch=getchar();
    if(ch>='0'&&ch<='9')
    printf("This is a digit.\n");
    else if(ch>='A'&&ch<='Z')
    printf("This is a capital letter.\n");
    else if(ch>='a'&&ch<='z')
    printf("This is a small letter.\n");
    else
    printf("This is one of the other characters.\n");
    return 0;
}
```

可以分别输入满足不同条件的字符进行程序测试。程序运行结果如图 4.9 所示。

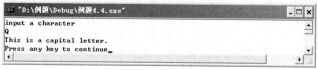

图4.9 例题4.4运行结果

【例题 4.5】编写程序:输入一名学生的成绩,并输出其对应的等级。90 分以上为优秀,80~89 分为良好,70~79 分为中等,60~69 分为及格,60 分以下为不及格。

算法分析:定义一个实型变量 score 表示学生成绩,调用 scanf()输入函数实现成绩的输入。判断成绩 score,若满足 score>=90 分,则输出成绩为优秀,否则继续判断成绩;若满足 score>=80 分,则输出成绩为良好,否则继续判断成绩;若满足 score>=70 分,则输出成绩为中等,否则继续判断成绩;若满足 score>=60 分,则输出成绩为及格,否则输出成绩为不及格。实现算法流程图如图 4.10 所示。

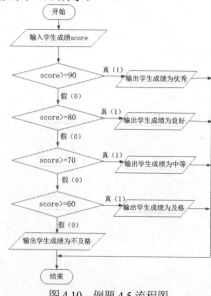

图4.10 例题4.5流程图

程序代码：

```
#include"stdio.h"
int main()
{
    float score;
    printf("请输入学生成绩(0～100)：\n");
    scanf("%f",&score);
    if(score>=90)
        printf("学生成绩为优秀.\n");
    else if(score>=80)
        printf("学生成绩为良好.\n");
    else if(score>=70)
        printf("学生成绩为中等.\n");
    else if(score>=60)
        printf("学生成绩为及格.\n");
    else
        printf("学生成绩为不及格.\n");
    return 0;
}
```

程序运行结果如图 4.11 所示。

图 4.11　例题 4.5 运行结果

4.3.4　if 语句的嵌套

当 if 语句中的执行语句也是 if 语句时，称为 if 语句嵌套。其一般形式可表示如下：

```
if(表达式 1)
    if(表达式 2)
    语句 1;
else
    语句 2;
else
    if(表达式 3)
    语句 3;
else
    语句 4;
```

在嵌套内的 if 语句可能也是 if-else 语句，这将会出现多个 if 和多个 else。if 和 else 的配对原则：else 总是与它上面最近的未配对的 if 配对，为了避免出错，可以加上"{}"。前面介绍的多分支 if 语句实质就是一种 if 语句的嵌套。

从一般形式来看，嵌套的 if-else 语句可对称，也可不对称，这要视实际问题的需要。

【例题 4.6】编写程序：运用 if-else 的嵌套形式求分段函数的值。

$$y=\begin{cases} 2*x & (x\leqslant -10) \\ 2+x & (-10<x\leqslant 0) \\ x-2 & (0<x\leqslant 10) \\ x/10 & (x>10) \end{cases}$$

算法分析：定义一实型变量 x，调用输入函数 scanf() 实现 x 的输入。当输入的 x 在不同的区间时，计算不同的函数表达式。可用 if 的多分支编写程序(同学们自己编写)，现用 if 的嵌套形式编写程序。从判断 x<=0 开始，若满足，则再判断 x<=-10，满足后计算 y=2*x 表达式，否则计算 y=2+x 表达式；若不满足，则再判断 x<=10，满足后计算 y=x-2 表达式，否则计算 y=x/10 表达式。程序算法流程图如图 4.12 所示。

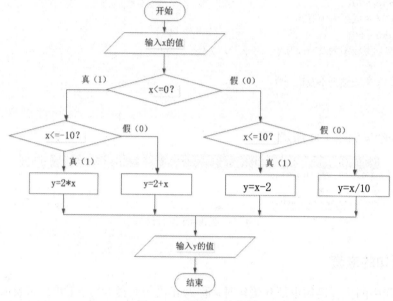

图 4.12　例题 4.6 流程图

程序代码：

```
#include"stdio.h"
int main()
{
    float x,y;
    printf("输入一个 x 的值:\n");
    scanf("%f",&x);
    if(x<=0)
        if(x<= -10)
            y=2*x;
        else
            y=2+x;
    else
        if(x<=10)
            y=x-2;
        else
            y=x/10;
```

```
        printf("y=%.2f\n",y);
        return 0;
}
```

程序测试时要输入满足不同条件的 x, 分析结果是否符合题目要求。程序运行结果如图 4.13 所示。

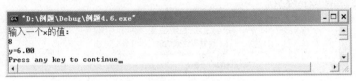

图 4.13 例题 4.6 运行结果

4.4 switch 语句

用多分支 if 语句或 if 嵌套语句来解决多路选择时,如果分支较多,则嵌套的 if 语句层次也多,程序长且可读性低。为此 C 语言提供了 switch 语句直接处理多分支选择。switch 语句又称开关语句。

switch 语句的一般形式为:

```
switch(表达式)
{
    case  常量表达式 1:语句 1;break;
    case  常量表达式 2:语句 2;break;
    case  常量表达式 3:语句 3;break;
            :
    case  常量表达式 n:语句 n;break;
    default:语句 n+1;
}
```

功能: 首先计算 switch 后面表达式的值,然后将该值与各个常量表达式的值相比较,当表达式的值与某个常量表达式的值相等时,则执行该表达式后的语句,当执行到 break 语句时就跳出 switch 语句,转向执行 switch 语句后面的语句;当表达式的值与所有 case 后的常量表达式的值均不相等时,则执行 default 后面的语句,若没有 default 语句,则退出 switch 语句。switch 语句的执行流程图如图 4.14 所示。

switch 语句使用说明:

(1) switch 后面的表达式可以是 int、char 和枚举数据类型。

(2) 常量表达式后的语句可以是一条语句,也可以是复合语句或另一个 switch 语句。

(3) 各 case 语句与 default 语句的先后次序不影响程序执行结果,但 default 语句常作为开关语句的最后一条分支。

(4) 每个 case 语句后面常量表达式的值必须各不相同,否则会出现自相矛盾的现象。

(5) switch 语句中允许出现空的 case 语句,也就是说多个 case 可共用一组语句。

(6) break 语句在 switch 语句中是可选的,其作用是用来跳过后面的 case 语句,结束 switch 语句,真正起到分支的作用。

(7) case 与常量表达式间至少要有一个空格，否则系统编译时会报错。每个 case 只能列举一个整型或字符型常量，否则系统编译时会报错。

(8) 用 switch 实现的多分支结构程序完全可以用 if 语句来实现，但用 if 语句实现的多分支结构程序不一定能用 switch 语句实现，因为 if 语句的表达式是任意的数据类型，而 switch 语句的表达式只能是整型或字符型。

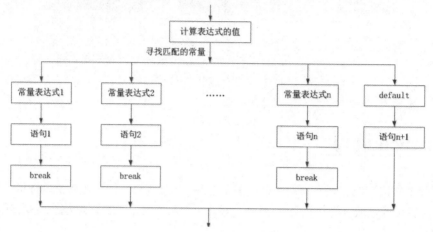

图 4.14　switch 语句执行流程图

【例题 4.7】用 switch 语句编写程序：输入一名学生的成绩分数，输出其对应的等级。90 分以上为优秀，80～89 分为良好，70～79 分为中等，60～69 分为及格，60 分以下为不及格。

算法分析：定义一个实型变量 score 表示学生成绩，调用 scanf()输入函数实现成绩的输入。用 switch 语句要求其表达式的值只能是整型或字符型数据，学生成绩是实型数据且在实际中不同分数段内有 n 种情况，如何将不同分数段内的 n 情况转换成一种是解决问题的关键所在。解决方法：将学生成绩 score/10 后并强制转换成整型。当常量表达式是 10、9 时，则其对应的语句输出学生成绩为优秀，并跳出 switch 语句；当常量表达式是 8 时，则其对应的语句输出学生成绩为良好，并跳出 switch 语句；当常量表达式是 7 时，则其对应的语句输出学生成绩为中等，并跳出 switch 语句；当常量表达式是 6 时，则其对应的语句输出学生成绩为及格，并跳出 switch 语句；否则输出学生成绩为不及格。

程序代码：

```
#include"stdio.h"
int main()
{
  float score;
  printf("请输入学生成绩:\n");
  scanf("%f",&score);
  if(score>=0&&score<=100)
    switch((int)(score/10))
    {
    case 10:
    case 9: printf("学生成绩为优秀.\n");break;
    case 8: printf("学生成绩为良好.\n");break;
```

```
        case 7: printf("学生成绩为中等.\n");break;
        case 6: printf("学生成绩为及格.\n");break;
        default:printf("学生成绩为不及格.\n");break;
        }
    else
        printf("输入错误重新输入.\n");
    return 0;
}
```

程序说明：

switch 语句作为 if 的一条复合语句，程序要通过对每个分数段及小于 0 的数和大于 100 的数进行测试，分析输出结果是否符合要求，只有都符合要求，才能说明编写的程序是正确的。

程序运行结果如图 4.15 所示。

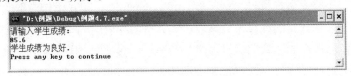

图 4.15　例题 4.7 运行结果

【例题 4.8】用 switch 编写程序：输入一个整数，输出对应的星期。例如：若输入 1，则输出星期一的单词 Monday。

算法分析：定义一个整型变量 i，调用输入函数 scanf() 实现 i 的输入。首先用双分支 if 语句判断 i 的值是否在 1～7 之间，若在，则用 switch 语句判断 i 的值是多少，然后输出对应的星期是多少；若不在，则提示输入错误信息。

程序代码：

```
#include"stdio.h"
int main( )
{
    int i;
    printf("input integer number: ");
    scanf("%d",&i);
    if(i>=1&&i<=7)
    switch(i)
    {
        case 1:printf("Monday. \n"); break;
        case 2:printf("Tuesday.\n"); break;
        case 3:printf("Wednesday.\n");break;
        case 4:printf("Thursday.\n");break;
        case 5:printf("Friday.\n"); break;
        case 6:printf("Saturday.\n");break;
        case 7:printf( "Sunday.\n"); break;
    }
    else
        printf("input error\n");
    return 0;

    }
```

程序运行结果如图 4.16 所示。

图 4.16　例题 4.8 运行结果

4.5　程序设计举例

顺序结构中的各语句是按照位置的先后顺序执行的，且每个语句都被执行。选择结构是从多个分支中选择一个分支进行执行。选择结构中的 switch 语句和 if 语句应用的环境不同：switch 语句是对单个整型表达式值的计算，且该表达式具有多个可能的整型值；if 语句是对多个表达式进行并列计算，且每个表达式的值只有两个结果，逻辑真 1 和逻辑假 0。在实际编程中可根据需要进行选择。

【例题 4.9】编写程序：输入 3 个整数，输出其中的最大数和最小数。

算法分析：定义 3 个整型变量 a、b、c，调用输入函数 scanf()实现 a、b、c 的输入。首先，将 a 与 b 比较，将其中大的存入 max 变量中，小的存入 min 变量中；其次，用 c 分别与 max、min 比较，若比大的大或比小的小，则替换；最后，调用输出函数 printf()输出 max 和 min。

程序代码：

```c
#include"stdio.h"
int main()
{
  int a,b,c,max,min;
  printf("请输入 3 个数 a、b、c:\n");
  scanf("%d%d%d",&a,&b,&c);
  if(a>b)
  { max=a;min=b;}
  else
  {max=b;min=a;}
  if(max<c)
     max=c;
  if(min>c)
     min=c;
  printf("三数%d,%d,%d 中最大数：%d\n",a,b,c,max);
  printf("三数%d,%d,%d 中最小数：%d\n",a,b,c,min);
  return 0;
}
```

程序运行结果如图 4.17 所示。

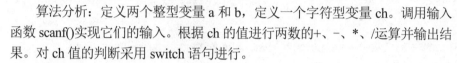

图 4.17　例题 4.9 运行结果

【例题 4.10】编写程序：从键盘输入一个数学四则运算表达式(a+b，a–b，a*b，a/b)，要求计算该表达式的值。

算法分析：定义两个整型变量 a 和 b，定义一个字符型变量 ch。调用输入函数 scanf()实现它们的输入。根据 ch 的值进行两数的+、–、*、/运算并输出结果。对 ch 值的判断采用 switch 语句进行。

程序代码：

```c
#include<stdio.h>
int main()
{
int a,b;
char ch;
    printf("input expression: a+(–,*,/)b: \n");
    scanf("%d%c%d",&a,&ch,&b);
    switch(ch)
    {
       case '+': printf("%d\n",a+b);break;
       case '–': printf("%d\n",a–b);break;
       case '*': printf("%d\n",a*b);break;
       case '/': printf("%d\n",a/b);break;
       default: printf("input error\n");
          }
return 0;
}
```

程序运行结果如图 4.18 所示。

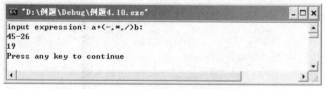

图 4.18　例题 4.10 运行结果

【例题 4.11】编写程序：判断一个整数能否被 3 或 5 整除(要求用 switch 语句编写)。

算法分析：定义一个整型变量 num，调用输入函数 scanf()实现 num 的输入。首先判断 num 能否被 3 整除，若能，则继续判断 num 能否被 5 整除，若也能，则输出 num 能被 3 或 5 整除，若不能，则输出 num 只能被 3 整除；若不能，也要继续判断 num 能否被 5 整除，若能，则输出只能被 5 整除，若不能，则输出不能被 3 或 5 整除。实现算法的流程图如图 4.19 所示。

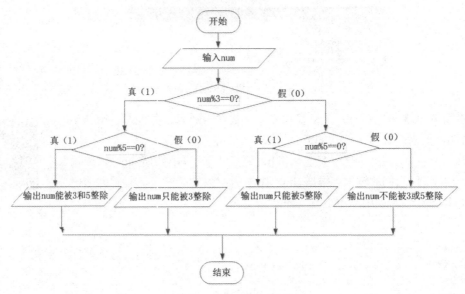

图 4.19　例题 4.11 流程图

程序代码：

```
#include"stdio.h"
int main()
{
  int num;
  printf("Input num:\n");
  scanf("%d",&num);
  switch(num%3==0)
  {
  case 0:
switch(num%5==0)
     {
    case 0:
        printf("%d 不能被 3 或 5 整除！\n",num);
      break;
    case 1:
        printf("%d 只能被 5 整除！\n",num);
      break;
     }
    break;
    case 1:
switch(num%5==0)
     {
    case 0:
      printf("%d 只能被 3 整除！\n",num);
    break;
    case 1:
            printf("%d 能被 3 或 5 整除！\n",num);
    break;
     }
```

```
        break;
    }
    return 0;
}
```

编程说明：在用 switch 语句编程时，switch 后的表达式是关系表达式，其值只有两种情况，关系成立，表达式值为真，用 1 表示；关系不成立，表达式值为假，用 0 表示。因此，switch 语句中 case 常量表达式用 0 或 1 表示这两种情况。这是一个比较典型的 switch 的嵌套结构，要求学会这样的程序设计思想。当然此题用多分支 if 语句实现会更加简单，同学们自己完成程序代码的编写。

程序测试要从问题要求的 4 个方面进行，并分析每个方面输出的结果是否符合要求。程序运行结果如图 4.20 所示。

图 4.20　例题 4.11 运行结果

本章小结

C 语言程序的执行部分是由语句组成的，程序的功能也是由执行语句实现的。

在本章中，讲解了两种运算符：关系运算符和逻辑运算符，注意这两类运算符的结合方向、运算规则及运算优先级别。

用这两类运算符将表达式连接起来的式子称为关系表达式和逻辑表达式，它们主要用于条件执行的判断和循环执行的判断。关系表达式的值和逻辑表达式的值在 C 语言中用逻辑值表示，逻辑真用 1 表示，逻辑假用 0 表示。

本章重点介绍了两种实现选择结构的语句：if 语句和 switch 语句。

if 语句有单分支 if 语句、双分支 if 语句和多分支 if 语句 3 种形式。可以根据实际解决问题的需要选择不同的 if 语句。

switch 语句主要是实现多分支选择，其表达式只能是整型、字符型或枚举型。该语句中的 break 语句的作用是跳出 switch 语句，在编程时若去掉 break 语句，则程序结果与题目要求大多数情况下是不相符的。

在实际应用中要正确选择 if 语句和 switch 语句，记住，用 switch 语句实现的编程一定可以用 if 语句来实现，而 if 语句实现的编程不一定能用 switch 语句实现。

易错提示

1. 数学表达式 3<x<5 的 C 语言描述。正确的是，3<x&&x<5，即描述成了逻辑表达式。

2. 关系表达式的等号是双等号"=="，赋值表达式的赋值号是"="，要注意两者之间的区别。例如，if(num%3==0)中，条件表达式值为真时表示 num 能被 3 整除，表达式值为假时表示 num 不能被 3 整除。

3. 逻辑表达式的结合方向自左至右，对于逻辑与运算，当第 1 个操作数为假时，系统不再求解第 2 个操作数。例如，a&&b&&c 表达式中，若 a=0，则整个表达式值为 0，其中的 b、c

均不被求解。对于逻辑或运算，第 1 个操作数为真时，系统不再求解第 2 个操作数。例如，a‖b‖c 表达式中，若 a=1，则整个表达式值为 1，其中的 b、c 均不被求解。

4. 在 if 语句中，if 后面圆括号中的表达式可以是任意合法的 C 语言表达式(如逻辑表达式、关系表达式、算术表达式、赋值表达式等)，也可以是任意类型的数据(如整型、实型、字符型等)。例如，if(1)，表达式的值为 1，条件永远为真，执行 if 的语句；if(0)，表达式的值为 0，条件永远为假，不执行 if 的语句。

5. 单分支 if、双分支 if、多分支 if 中的语句是复合语句时，必须加上一对花括号"{ }"将其括起来。

6. 在 if 子句中嵌套不含 else 子句的 if 语句。

语句形式如下：

```
if(表达式 1)
    {if(表达式 2)    语句 1}
else
    语句 2
```

注意：在 if 子句中的一对花括号不可缺少。因为 C 语言的语法规定，else 子句总是与前面最近的不带 else 的 if 相结合，与书写的格式无关。因此以上语句如果写成：

```
if(表达式 1)
    if(表达式 2)    语句 1
else
    语句 2
```

实质上等价于：

```
if(表达式 1)
    if(表达式 2)    语句 1
    else        语句 2
```

当用花括号把内层 if 语句括起来后，使得此内层 if 语句在语法上成为一条独立的语句，从而使得 else 与外层的 if 配对。

为避免 else 与 if 的搭配错误，建议读者在设计嵌套的 if 语句时，尽量把内嵌的 if 语句嵌在 else 子句中。

7. switch 语句中的表达式的值只能是整型、字符型或枚举型，每个 case 标号后常量表达式的值必须各不相同，case 标号与常量表达式之间必须有空格隔开，每个 case 标号只能列举一个整型或字符型常量。

习题 4

1. 选择题

(1) 逻辑运算符的运算对象数据类型(   )。

    A. 只能是整型或字符型   B. 只能是 0 和 1

    C. 是任意类型的数据   D. 只能是正整数和 0

(2) 若变量 C 是 char 类型，则下列能正确判断出 C 是小写字母的表达式是(　　)。

    A. 'a'<=c<='z'　　　　　　　　　　　B. (c>='a')||(c<='z')

    C. ('a<=c')and('z'>=c)　　　　　　　D. (c>='a')&&(c<='z')

(3) 以下选项中不合法的表达式是(　　)。

    A. x>=0&&x<100　　　　　　　　　B. i=j=0

    C. (char)(65+3)　　　　　　　　　　D. x+10=x+1

(4) 设变量 m、n、a、b、c、d 的值均为 1，执行(m=a!=b)&&(n=c!=d)后，m、n 的值分别是(　　)。

    A. 0，0　　　　　B. 0，1　　　　　C. 1，0　　　　　D. 1，1

(5) 以下语句不正确的是(　　)。

    A. if(x>y) x++;　　　　　　　　　　B. if(x=y)&&(x!=0) x+=y;

    C. if(x==y) x++;else y++　　　　　D. if(x>y) {x--;y--;}

(6) 判断 x 的值为奇数，以下表达式不能满足要求的是(　　)。

    A. x%2==1　　　　B. !(x%2)　　　　C. x%2　　　　D. !(x%2==0)

(7) 能正确表示逻辑关系"x≥20"或"x≤5"的 C 语言表达式是(　　)。

    A. x>=20||x<=5　　　　　　　　　　B. x>=0|x<=5

    C. x>=20 or x<=5　　　　　　　　　D. x>=20 && x<=5

(8) 设 a、b、c 都是整型变量，且 a=3,b=4,c=5，则下列表达式中值为 0 的是(　　)。

    A. a&&b　　　　B. a<=b　　　　C. a||b+c&&b-c　　　D. !((a<b)&&!c||1)

(9) 下面程序运行后的输出结果是(　　)。

```
int main()
{
    int a=1,b=2,m=0,n=0,k;
    k=(n=b>a)||(m=a);
    printf("%d,%d\n",k,m);
    return 0;
}
```

    A. 0,0　　　　　B. 0,1　　　　　C. 1,0　　　　　D. 1,1

(10) 有定义：int x=3,y=4,z=5;，则表达式!(x+y)+z-1&&y+z/2 的值是(　　)。

    A. 6　　　　　B. 0　　　　　C. 2　　　　　D. 1

(11) 有定义：int x=1, y=1;，则表达式(!x||y--)的值是(　　)。

    A. 0　　　　　B. 1　　　　　C. 2　　　　　D. −1

(12) 下面程序段执行后 x 的值是(　　)。

```
int a=14,b=15,x;
char c='A';
x=(a&&b)&&(c<'B');
```

    A. true　　　　B. false　　　　C. 0　　　　　D. 1

(13) 下面程序执行后，从键盘输入 5，则程序输出的结果是(　　)。

```
int main()
{
```

```
    int x;
    scanf("%d",&x);
    if(x--<5) printf("%d",x);
    else printf("%d",x++);
    return 0;
}
```

   A. 3   B. 4   C. 5   D. 6

(14) 下面程序执行后的输出结果是(   )。

```
int main( )
{
    int a=15,b=21,m=0;
    switch(a%3)
      {
      case 0:m++;break;
      case 1:m++;
      switch(b%2)
      {
          default: m++;
          case 0: m++;break;
      }
      }
    printf("%d\n",m);
    return 0;
}
```

   A. 1   B. 2   C. 3   D. 4

2. 填空题

(1) 能表示 10<x<20 或 x<-10 的 C 语言表达式是_____。

(2) 将数学表达 a=b 或 a<c 改写成 C 语言的表达式是_____；将数学表达式|x|>5 改写成 C 语言的表达式是_____。

(3) 请写出以下程序的输出结果_____。

```
int main()
{
int a=100;
if(a>100)
    printf("%d\n",a>100);
else
    printf("%d\n",a<=100);
}
```

(4) 当 a=1,b=2,c=3 时，执行 if(a>c) b=a;a=c;c=b;语句后，a、b、c 的值分别为：
a=_____；b=_____；c=_____。

(5) 执行下面程序后，从键盘输入 58，程序输出的结果是_____。

```
int main( )
{
    int a;
    scanf("%d",&a);
```

```
   if(a>50) printf("%d",a);
   if(a>40) printf("%d",a);
   if(a>30) printf("%d",a);
   return 0;
}
```

(6) 下面程序执行后的输出结果是_____。

```
int main( )
{
   int a=5,b=4,c=3,d;
   d=(a>b>c);
   printf("%d\n",d);
   return 0;
}
```

(7) 下面程序执行后的输出结果是_____。

```
int main( )
{
   int x=10,y=20,t=0;
   if(x==y)    t=x;x=y;y=t;
   printf("%d,%d\n",x,y);
   return 0;
}
```

(8) 下面程序功能：输入一个字母，如果它是一个大写字母，则把它变成小写字母；如果它是一个小写字母，则把它变成大写字母；其他字符不变，请完成横线上的语句。

```
#include"stdio.h"
int main()
{
    char ch;
    scanf("%c",&ch);
    if(_____)
       ch=ch+32;
    else if(ch>='a'&& ch<='z')
       _____;
    printf("%c",ch);
    return 0;
}
```

(9) 下面程序功能：任意输入 3 条边 a、b、c，若能构成三角形且三角形为等腰、等边或直角三角形，则分别输出等腰、等边或直角三角形信息；若不构成三角形，则输出 NO，请完成横线上的语句。

```
#include"stdio.h"
int main()
{
    float a,b,c;
    scanf("%f%f%f",&a,&b,&c);
    printf("%f,%f,%f\n",a,b,c);
    if(a+b>c&&b+c>a&&a+c>b)
```

```
        {
            if(_____)
                printf("等腰三角形\n");
            if(_____)
                printf("等边三角形\n");
            if(_____)
                printf("直角三角形\n");
        }
        else
            printf("NO\n");
    return 0;
}
```

(10) 下面程序功能：有以下函数关系，输入 x 的值，计算相应 y 的值，请完成横线上的语句。

$$y=\begin{cases} 2 & (x<0) \\ 3x & (0\leq x<10) \\ 45 & (10\leq x<20) \\ 1-0.5x & (20\leq x\leq 50) \end{cases}$$

```
#include"stdio.h"
int main()
{
    int x,c;
    float y;
    scanf("%d",&x);
    if(_____)
        c= - 1;
    else
        _____;
    switch(c)
    {
        case -1:y=2;break;
        case 0:y=3*x;break;
        case 1:y=45;break;
        case 2:
        case 3:
        case 4:y=1-0.5*x;break;
        default:y= - 2;
    }
    if(_____)
        printf("y=%f\n",y);
    else
        printf("error!\n");
    return 0;
}
```

3. 改错题

(1) 下面程序功能：输入 x 的值，判断 x 的大小，若 x>0，则计算 x、y 之和并输出；否则输出 x 的值，程序中有 3 处错误请指出并修改为正确的。

```
1 #include"stdio.h"
2 int main()
3 {
4     float x,y;
5     scanf("%d%d",&x,&y);
6     if(x>0);
7         x=x+y;
8     printf("%f\n",x);
9     else
10    printf("%f\n",x);
11    return 0;
12 }
```

(2) 下面程序功能：从键盘输入学生成绩，如果成绩大于等于 90 分的用 A 表示；成绩为 60～89 分的用 B 表示；成绩为 60 分以下的用 C 表示。利用条件运算符嵌套完成程序，程序中有 3 处错误请指出并修改为正确的。

```
1 #include"stdio.h"
2 int main()
3 {
4     int score;
5     char grade;
6     printf("please input a score:\n");
7     scanf("%d",score);
8     grade=score>=90?'A'(score>=60?B:C);
9     printf("%d--%c\n",score,grade);
10    return 0;
11 }
```

4. 代码设计

(1) 当 a 为正数时，请将以下语句改写成 switch 语句。

```
if(a<30)   m=1;
else if(a<40)   m=2;
else if(a<50)   m=3;
else if(a<60)   m=4;
else m=5;
```

(2) 给一个不多于四位的正整数。

① 求出它是几位数。

② 分别打印出每一位数字。

③ 按反序打印出每位数字。例如：原数是 321，应输出 123。

【实验 4】选择结构程序设计

1. 实验目的

(1) 掌握 C 语言关系表达式和逻辑表达式值的表示方法。以 0 代表假，非 0 代表真。

(2) 正确使用逻辑运算符和逻辑表达式、关系运算符和关系表达式。

(3) 熟练运用 if 语句和 switch 语句编写程序。

2．实验预备

(1) 预习逻辑运算符和逻辑表达式、关系运算符和关系表达式相关知识。

(2) 预习单分支 if 语句、双分支 if 语句和多分支 if 语句的基本形式、执行过程及相关说明；预习 switch 语句的基本形式、执行过程和相关说明。

(3) 预习本章介绍的 11 个例题所采用的相关算法，领会其程序设计基本思想和编程的基本方法。

3．实验内容

(1) 编写程序：通过键盘输入 1 个整数 a，判断 a 是奇数还是偶数。

编程提示：实现算法的流程如图 4.21 所示。

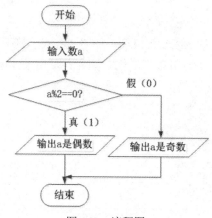

图 4.21　流程图

(2) 编写程序：求下列分段函数的值，用 switch 语句完成。

$$y=\begin{cases} x^2-1 & (-5<x<0) \\ x & (x=0) \\ x+1 & (0<x<8) \end{cases}$$

某同学编写的程序如下：

```
#include"stdio.h"
int main()
{
  float x,y;
  printf("\nInput x:");
  scanf("%f",&x);
  switch(-5<x && x<0)
  {
  case 1:
        y=x*x-1; break;
  case 0:
    switch(x==0)
     {
     case 1:
```

```
            y=x;break;
        case 0:
            y=x+1;break;
        }
    }

    printf("y=%f\n",y);
    return 0;
}
```

该程序通过编译、连接，测试时分别从 −5<x<0、x=0、0<x<8 三个区间进行，均符合题目要求。

① 当输入 x=10 时，程序给出了结果 y=11，说明这是不符合题目要求的，请修改，直到符合题目要求为止。

② 掌握 switch 语句嵌套的程序设计思想和方法。理解 switch 语句表达式用逻辑表达式的用法。

③ 请用多分支 if 语句编程求分段函数的值。

(3) 求解任意的一元二次方程 $ax^2+bx+c=0$ 的根，其中的 a、b、c 由键盘输入，要求考虑解的各种情况。算法提示：

① a=0 不是二次方程。

② $b^2-4ac=0$ 有两个相等的实根。

③ $b^2-4ac>0$ 有两个不等的实根，求 x1 和 x2。

④ $b^2-4ac<0$ 没有实数解。

4．实验报告

(1) 将上述 C 程序文件放在一个"学号姓名实验 4"的文件名下，并以该文件名的电子档提交给教师。

(2) 按实验报告的格式完成每题后的要求。

第 5 章

循环结构程序设计

【学习目标】

1. 理解循环结构程序设计的基本思想。
2. 理解 while、do…while 和 for 语句的基本格式和执行过程。
3. 掌握 while、do…while 和 for 语句实现循环结构的方法。
4. 理解嵌套循环的定义和执行过程。
5. 掌握利用 while、do…while 和 for 语句实现双重循环的基本方法。
6. 掌握 break 语句和 continue 语句的使用方法和区别。

问题：要求在屏幕上按行打印 1～10，可采用顺序结构写 10 行代码实现。其主要代码如下：

```
printf("%d\n",1);
printf("%d\n",2);
printf("%d\n",3);
    ：
printf("%d\n",9);
printf("%d\n",10);
```

每条语句很相似，仅输出列表项不同。但由于每条语句列表项用具体值表示时，后一条语句列表项的值是前一条的值加 1，可用自增运算实现加 1，输出列表项用变量 i 表示。上述代码修改为如下形式(i=1)：

```
printf("%d\n",i);i++;
printf("%d\n",i);i++;
printf("%d\n",i);i++;
printf("%d\n",i);i++;
printf("%d\n",i);i++;
printf("%d\n",i);i++;
printf("%d\n",i);i++;
printf("%d\n",i);i++;
printf("%d\n",i);i++;
printf("%d\n",i);
```

此时每条语句相同，因此没有必要再写 10 条输出语句，可用一条语句实现，条件是 i 变化后的值不得大于 10。控制这个条件方法可用 C 语言提供的循环结构语句实现。实现代码如下：

```
#include"stdio.h"
int main()
{
    int i=1;
while(i<=10)
    {
       printf("%d\n",i);
       i++;
    }
    return 0;
}
```

循环结构可以实现重复性、规律性的操作,是程序设计中非常重要的结构,它与顺序结构、选择结构共同作为复杂程序的基本构造单元。循环结构的特点是,在给定条件成立时,反复执行某段程序,直到条件不成立为止。给定的条件称为循环条件,反复执行的程序段称为循环体。C 语言提供了 3 种循环控制语句,即 while 语句、do-while 语句和 for 语句。

循环结构程序设计学习的重点是如何构造循环体和循环的初始化及设置循环控制条件。在上述问题中,循环体是 printf("%d\n",i),循环初始化是 i=1,循环控制条件是 i<=10。本章详细介绍 3 种循环结构语句及转移语句的用法及程序设计的基本方法。

5.1　while 语句

1. while 语句形式

while 语句是用来实现当循环结构,其一般形式为:

```
while (表达式)
{
    循环体
       }
```

其中,"表达式"是循环条件,可以是任何类型,一般是关系表达式或逻辑表达;"循环体"语句是重复执行的程序段,可以是单条语句,也可以是复合语句,若是复合语句,则必须用一对花括号"{ }"括起来。

2. while 语句执行过程

while 语句的执行过程:先计算表达式的值为真(非 0)或假(0),当表达式的值为真(非 0)时,执行循环体,再判断表达式的值是真(非 0)还是假(0),如果表达式的值为假(0),则结束循环,执行 while 语句后面的语句。while 循环语句的执行过程如图 5.1 所示。

while 语句的特点是:先判断表达式,为真才执行循环体语句,否则不执行。

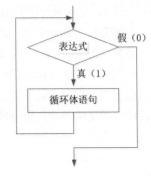

图 5.1　while 循环语句的执行过程

3. while 语句的应用

【例题 5.1】用 while 语句求 1+2+3+…+100 的和。

算法分析：整个程序分为 3 个部分。第一部分是要有一个保存结果的变量 sum，其初值为 0；第二部分是将 1 到 100 分别与变量 sum 相加的和仍保存在变量 sum 中；第三部分是输出变量 sum 的值。如何实现将 1 到 100 分别与变量 sum 相加的和仍保存在变量 sum 中是程序设计的关键。整个过程描述如下。

步骤 1：　　　sum=0；

步骤 2.1：　　sum=sum+1；

步骤 2.2：　　sum=sum+2；

步骤 2.3：　　sum=sum+3；

……

步骤 2.99：　 sum=sum+99；

步骤 2.100： sum=sum+100；

步骤 3：输出 sum。

在上述过程中发现，从步骤 2.1 到步骤 2.100 的 100 个步骤中，每步都在做相似的工作，其语句的结构相同，都是将变量 sum 加上某个常数后的结果仍然保存到变量 sum 中。每次与变量 sum 相加的数不同，但是，这个数又是非常有规律的，每步比上一步增加 1。如果用一个变量 i 来记录这个常数的值，并在每步使变量 i 增加 1，则对上述过程修改为如下过程。

步骤 1：　　　sum=0，i=1；

步骤 2.1：　　sum=sum+i；i++；

步骤 2.2：　　sum=sum+i；i++；

步骤 2.3：　　sum=sum+i；i++；

……

步骤 2.99：　 sum=sum+i；i++；

步骤 2.100： sum=sum+i；i++；

步骤 3：　　　输出 sum。

在这个过程中可以看出，从步骤 2.1 到步骤 2.100 中每步都是做相同的工作，共执行 100 次，我们可以通过控制次数的方式来简化重复的 100 次。这是一种从计算机的角度思考问题的方式，也是一种典型的程序设计方式，初学者必须掌握这种思维方式。将上述过程修改为如下。

步骤 1：　　定义 i=1 和 sum=0；

步骤 2.1：若 i<=100，做步骤 2.2，否则做步骤 3；

步骤 2.2：sum=sum+i，i++，转到步骤 2.1；

步骤 3：　　输出 sum 的值。

在这个过程中，从步骤 2.1 到步骤 2.2 构成了一个循环形式，并且是有条件的循环，这是程序设计中处理问题的典型方法，在 C 语言中，专门提供了循环结构 while 语句。将上述过程用流程图(如图 5.2 所示)和 N-S 图(如图 5.3 所示)描述，思路更清晰、直观。

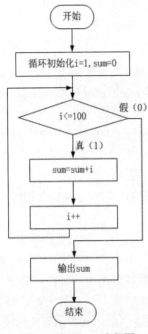

图 5.2　例题 5.1 流程图

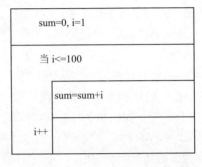

图 5.3　例题 5.1 的 N-S 流程图

程序代码：

```c
#include <stdio.h>
int main()
{
    int i=1,sum=0;              // 循环初始化
    while (i<=100)             // 设置循环控制条件
    {
     sum=sum+i;               //执行循环体
     i++;
    }
    printf("sum=%d\n",sum);    //输出累加和
    return 0;
}
```

程序运行的结果如图 5.4 所示。

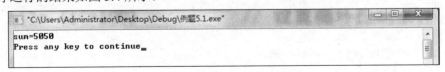

图 5.4　例题 5.1 运行结果

程序说明：

(1) 循环体是一条复合语句，复合语句是把多条语句用花括号"{ }"括起来在语法上构成一条语句。例题 5.1 的循环体是两条语句：sum=sum+i;、i++;，如果没有花括号，则 while 语句的范围只到 while 后面第一个分号处结束，循环体只有语句 sum=sum+i，如下所示：

```
while (i<=100)
    sum=sum+i;
  i++;
```

这段程序的执行过程是：当 i 小于或等于 100 时，将变量 i 与变量 sum 相加后的结果保存在变量 sum 中，因为在循环语句的任何地方都没有改变变量 i 的值，导致循环控制条件 i<=100 永远为真(1)，结果是无休止地循环，客观地造成了死循环。

(2) 在循环执行过程中应有使循环趋向于结束的控制。例题 5.1 循环结束的条件是 i>100，循环体中使用 i++的作用是使 i 趋向大于 100，如果没有此语句出现在循环体内，i 的值就不会改变，此循环语句永远不能结束。

(3) 在条件表达式后面圆括号后，不能有分号";"。若有，则表示循环体语句为空语句，即进入死循环。

(4) 在循环前要完成循环初始化。例题 5.1 中变量 i=0、sum=0，如果未初始化，则系统会给随机值，程序运行的结果也会是随机值。

通过上述分析，我们在进行循环结构程序设计时，必须解决好两个问题：一是做什么(反复执行的语句，即循环体)；二是在什么条件下做(循环控制，即循环什么时候开始，什么时候结束)。通常控制循环有两种情况：一是循环次数已知，完成规定的循环次数循环便结束；二是循环次数未知但循环条件已知，满足该条件便循环，否则结束。

【例题 5.2】求 1+3+5+…+99 的和。

算法分析：程序是求 1+3+5+…+99 的累加和，重复执行加法，每次加的结果都需保存到一个变量 sum 中，每次的加数是数列项用一个变量 i 表示，每项增 2。可借用例题 5.1 的算法，定义一个存放累加和的变量 sum，定义一个表示数列项的变量 i。程序要做：sum=sum+i 求累加和，i=i+2 修改数列每项 i 的值，当修改到 i>100 时程序不再求累加和，因此 i<100 是循环条件，sum=sum+i 是循环体。

程序代码：

```c
#include <stdio.h>
int main()
{
    int i=1,sum=0;              //循环初始化
    while (i<=99)               //设置循环控制条件
    {
    sum=sum+i;                 //执行循环体
    i=i+2;
    }
    printf("sum=%d\n",sum);     //输出累加和
return 0;
}
```

程序运行结果如图 5.5 所示。

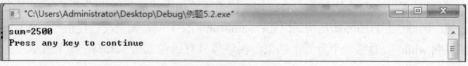

图 5.5　例题 5.2 运行结果

5.2　do-while 语句

1. do-while 语句的形式

do-while 语句用于实现直到型循环结构，其基本形式是：

```
do
{
    循环体
}while(表达式);
```

其中，do 是 C 语言的关键字，必须与 while 联合使用。do-while 循环由 do 开始，直到 while 结束；在 while 的表达式后面必须有分号，用于表示该语句的结束；"表达式"是循环条件，可以是任何类型，常用的是关系表达式或逻辑表达式；"循环体"语句为重复执行的程序段，可以是单个语句，也可以是复合语句，若是复合语句，则要用花括号"{ }"括起来。

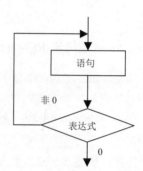

2. do-while 语句的执行过程

(1) 先执行循环体语句，然后判断表达式的值。

(2) 如果表达式的值为假，循环结束；如果表达式的值为真，重复执行循环体语句，再判断表达式的值。do-while 循环结构流程图如图 5.6 所示。

图 5.6　do-while 循环结构流程图

3. do-while 语句的应用

【例题 5.3】用 do-while 语句编程：求 1+2+3+…+100 的和。

算法分析：求解连加式，实质是重复执行加法运算，每次加的结果都保存在一个变量 sum 中，每次加的加数数列项用变量 i 表示，每做一次加法用 i++ 修改数列项，当修改到 i>100 时，结束求累加和。循环条件是 i<=100，循环体是求累加和 sum=sum+i。实现算法的流程图如图 5.7 所示。

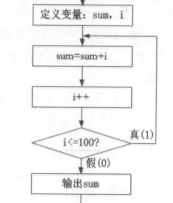

图 5.7　例题 5.3 流程图

程序代码：

```
#include <stdio.h>
int main()
{
    int i=1,sum=0;
```

```
do
{
  sum=sum+i;
i++;
}while(i<=100);
printf("sum=%d\n",sum);
return 0;
}
```

程序运行结果如图 5.8 所示。

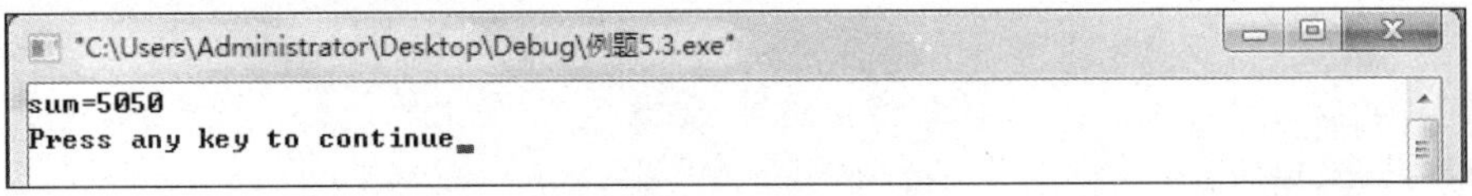

```
"C:\Users\Administrator\Desktop\Debug\例题5.3.exe"
sum=5050
Press any key to continue
```

图 5.8　例题 5.3 运行结果

4. while 语句与 do-while 语句的区别

通常 while 和 do-while 只是格式不同而已，都可以用来解决同一个问题。但只有一种情况下两者处理同一个问题时的结果不同。请读者思考一下什么情况下不同？

思考：将例题 5.1 和例题 5.3 中的 i 的初值都改成 101，问两道例题的结果相同吗？分别为多少。

答案：例题 5.1 的结果为：　0
　　　　例题 5.3 的结果为：101

while 和 do-while 语句的区别如下。

(1) 语法上的区别：while 语句中的表达式后面没有分号，而 do-while 语句中的表达式后有分号。

(2) 执行过程上的区别：while 语句是先判断表达式是否为真，为真才执行循环体，否则一次都不执行。而 do-while 语句首先执行一遍循环体，再判断表达式是否为真，为真就继续执行循环体，否则循环结束。

根据两者的区别，如果用它们来处理同一个问题，只有一种情况下结果不同，即循环变量的初值不满足循环进行的条件。对于 while 语句，循环体一遍都没有执行，而对于 do-while 语句，循环体已经执行了一遍。

5.3　for 语句

for 语句较好地体现了循环结构的循环变量、循环体和循环控制条件 3 个要素，其结构是比较完整、功能更强、使用更广泛的一种循环语句。只要是用 while 语句和 do-while 语句实现的循环，用 for 语句都可以实现。

1. for 语句的形式

for(表达式 1;表达式 2;表达式 3)

```
{
    循环体
}
```

for 语句形式中的"表达式 1"通常是用来给循环变量赋初值，常用赋值语句实现；"表达式 2"通常是循环条件，常用关系表达式或逻辑表达式；"表达式 3"是用来修改循环变量的值，常用赋值语句实现。在形式中的 3 个表达式用分号隔开且 3 个表达式均可省略，但分号不能省略。每一个表达式可由多个表达式组成，如用逗号表达式来表示每一个表达式。

2. for 语句的执行过程

for 语句的执行过程：首先求解表达式 1，其次判断表达式 2，若为真(1)，则执行循环体和表达式 3，然后判断表达式 2，若为真，则继续执行循环体和表达式 3，直到表达式 2 为假(0)，循环结束。

在整个 for 循环执行过程中，表达式 1 只执行一次，表达式 2 和表达式 3 及循环体可能执行多次，也可能一次都不执行。for 语句执行流程图如图 5.9 所示。

3. for 语句的应用

【例题 5.4】用 for 语句编程：求 1+2+3+…+100 的和。

算法分析：求解连加式，实质是重复执行加法运算，每次加的结果都保存在一个变量 sum 中，每次加的加数数列项用变量 i 表示，每做一次加法用 i++ 修改数列项即表达式 3，当修改到 i>100 时，结束求累加和。循环条件是 i<=100 即表达式 2，表达式 1 就是对变量 i 赋的初值 1，循环体是求累加和 sum=sum+i。实现算法的流程图如图 5.10 所示。

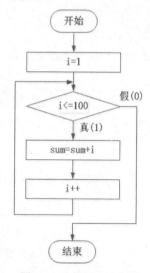

图 5.9　for 语句执行流程图　　　　图 5.10　例题 5.4 流程图

程序代码：

```
#include"stdio.h"
```

```
int main()
{
    int i,sum=0;     //初始化存放累加和变量 sum
    for(i=1;i<=100;i++)
        sum=sum+i;   //循环体
    printf("1+2+3+...+100=%d\n",sum);
    return 0;
}
```

程序的执行结果如图 5.11 所示。

图 5.11　例题 5.4 运行结果

程序说明：在 for(i=1;i<=100;i++)语句中，表达式 1 是 i=1，其作用是给控制循环变量 i 赋初值 1；表达式 2 是 i<=100，是循环条件，若其值为真(1)，则执行循环体 sum=sum+i；表达式 3 是 i++，用于改变循环变量的值，当 i 的值改变到 101 时，循环终止。

4. for 语句的变形

for 语句的格式书写非常灵活，可以有如下几种变形形式。

1) for 语句中的表达式可以省略

在例题 5.4 中，若将表达式 1 省略，则应写成如下形式：

```
sum=0; i=1;
for(; i<=100; i++)
sum=sum+i;
```

在例题 5.4 中，若将表达式 3 省略，则应写成如下形式：

```
sum=0;
for(i=1; i<=100; )
{sum=sum+i;
  i++;
}
```

在例题 5.4 中，若将表达式 1 和表达式 3 都省略，则应写成如下形式：

```
sum=0; i=1;
for(; i<=100; )
{sum=sum+i;
  i++;
}
```

这种形式等价于 while 语句。

在例题 5.4 中，若将表达式 1、表达式 2 和表达式 3 全都省略，则需要用一个条件控制语句与 break 语句配合使用跳出循环，否则是无限循环，其形式如下：

```
sum=0; i=1;
for(;; )              // 循环条件始终为真即无限循环
{sum=sum+i;
 i++;
if(i>100) break;   // 条件 i>100 成立，执行 break 语句，跳出本层 for 循环
}
```

注意：无论 for 语句形式中的表达式怎么省略，形式中的分号一定不能省略。

2) for 语句中的逗号表达式

逗号表达式的主要应用就是在 for 语句中。for 语句中的表达式 1 和表达式 3 可以是逗号表达式，例如，例题 5.4 中的表达式 1 可以写成如下形式：

```
for(sum=0, i=1; i<=100; i++)
sum=sum+i;
```

特别是在有两个循环变量参与循环控制的情况下，若表达式 1 和表达式 3 为逗号表达式，将使程序显得非常清晰。例如：

```
for(i=1, j=10 ; i<=j; i++, j--)
    printf("i=%d, j=%d\n" , i, j);
```

运行结果为：   i=1, j=10
              i=2, j=9
              i=3, j=8
              i=4, j=7
              i=5, j=6

3). 循环体为空语句

对于 for 语句，循环体为空语句的一般形式为：

```
for(表达式 1;表达式 2;表达式 3)
;
```

例如，例题 5.4 可以用如下循环语句完成：

```
for(sum=0, i=1; i<=100; sum+=i, i++)
 ;
```

由于 for 语句书写非常灵活，建议初学者开始应用一般形式编写程序，即 3 个表达式都是对同一个循环变量的控制。以后熟练了，可以写成 for 语句的变形形式。

5.4 for 语句与 while 语句和 do-while 语句比较

C 语言提供的 3 种循环控制语句形式不同，但都可以用来解决同一个问题，一般情况下它们可以互相代替。它们的功能和灵活程度不同，for 语句功能最强、最方便灵活、使用最多，任何循环都可以用 for 语句来实现。while 和 do-while 语句的区别在前面已经详细介绍过了，下面主要介绍 while 语句和 for 语句的区别。

while 语句和 for 语句都是先判断条件，然后决定是否执行循环体。用 while 语句时，循环变量的初始化一般应放在 while 语句之前完成，而 for 语句可以在表达式 1 中完成循环变量的初始化。

for 语句中的表达式 1 和表达式 3 可以是逗号表达式，这是 for 语句的一个重要特点。它扩充了 for 语句的作用范围，使它可以同时对若干个循环变量进行初始化和修改。

凡是用 while 语句能够写出来的循环语句，用 for 语句都可以写出来。用 while 语句同样可以将 for 语句中的 3 个表达式表述出来，如下：

```
for(表达式 1;表达式 2;表达式 3)
循环体;
```

等价于下面的形式：

```
表达式 1;
while(表达式 2)
{
循环体;
表达式 3;
}
```

5.5 break 语句和 continue 语句

循环程序通常会按照事先设定的循环条件正常地开始和结束，在实际中有时需要提前结束循环或是加快循环速度，也就是说要改变循环执行的状态。C 语言提供了 break 语句和 continue 语句实现控制转移。

5.5.1 break 语句

在第 4 章我们已经见到过 break 语句，在 switch 语句中利用 break 语句来使程序流程跳出 switch 语句，break 语句也可用于循环中。

1. break 语句的形式

```
break;
```

功能是退出当前循环或当前 switch 结构，提前结束本层循环或本层 switch 结构。

2. break 语句说明及注意事项

(1) 只能在循环结构内和 switch 结构内使用 break 语句，不得用于其他地方。

(2) 当 break 语句出现在循环或 switch 结构中时，其作用是跳出当前循环或 switch 结构。

3. break 语句应用

【例题 5.5】在全系 1000 名学生中，征集慈善募捐，当募捐款达到 10 万元时就停止募捐活动，统计此时捐款的人数，以及平均每人捐款的数目。

算法分析：学生捐款的过程是第 1 名学生的捐款数和后续学生的捐款数累加的过程，但当累加的捐款数达到了 10 万元则停止捐款。做累加可用循环结构实现，循环次数 (1 到 1000 之间)未知，但循环次数的最大值已知(1000)，循环结束的条件已知(累加和等于 10 万元)。每次重复做的事情是：输入学生捐款数、累加捐款数、判断累加捐款数三件事即循环不变式。当累加和达到 10 万元，提前结束循环。实现算法的流程图如图 5.12 所示。

程序代码：

```c
#include <stdio.h>
#define SUM 100000
int main()
{
float amount,aver,total;
int i;
   for (i=1,total=0;i<=1000;i++)
   {
    printf("please enter amount:");
    scanf("%f",&amount);
    total= total+amount;
if (total>=SUM) break;
}
    aver=total/i;
    printf("num=%d\naver=%10.2f\n",i,aver);
    return 0;
}
```

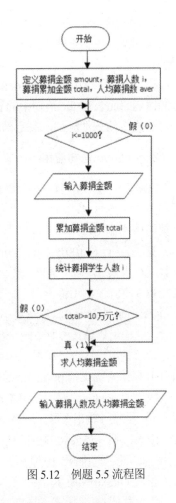

图 5.12　例题 5.5 流程图

程序的执行结果如图 5.13 所示。

图 5.13　例题 5.5 运行结果

5.5.2　continue 语句

1. continue 语句的形式

continue;

2. continue 语句使用说明

continue 语句作用是跳过循环体中剩余的语句而强行执行下一次循环。continue 语句在 for、while 和 do-while 循环体中，常与 if 语句一起使用，用来加速循环。

在 while 和 do-while 循环体中，continue 语句使得流程直接跳到循环控制条件的测试部分，然后决定循环是否继续进行。

在 for 循环体中，遇到 continue 后，跳过循环体中剩余的语句，而去对 for 语句中的表达式 3 求值，然后再进行表达式 2 的条件测试，决定循环是否继续进行。

3. continue 语句应用

【例题 5.6】 编写程序：求 100~200 之间的不能被 3 整除的数，并按每行 10 个数的格式输出。

算法分析：对 100~200 之间的每一个整数进行求余 3，判断结果是否为 0，若结果为 0，说明该数能被 3 整除，则不输出该数，而是取下一个数进行求余 3，判断结果是否为 0，若结果不为 0，说明该数不能被 3 整除，则输出该数，再取下一个数进行求余 3，判断结果，决定是否输出。这个过程显然是重复 200-100+1 次。对输出可用 C 语言提供的 printf()函数实现；对不输出则采用 C 语言提供的 continue 提前结束本次循环语句实现。用一个变量 i 记录统计输出个数，判断 i%10=0，则输出一个换行符。因此，循环体要做的事情是：判断、输不输出、统计输出个数，按每行输出 10 个后输出一个回车符。实现算法的流程图如图 5.14 所示。

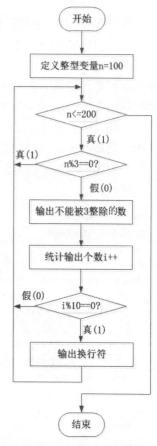

图 5.14　例题 5.6 流程图

程序代码：

```c
#include <stdio.h>
int main()
{
    int n,i=0;
   for (n=100;n<=200;n++)
   {
       if (n%3==0)
          continue;
      printf("%5d",n);
      i++;
      if(i%10==0)
       printf("\n");
   }
   printf("\n");
   return 0;
}
```

程序执行的结果如图 5.15 所示。

```
"C:\Users\Administrator\Desktop\Debug\例题5.6.exe"
100  101  103  104  106  107  109  110  112  113
115  116  118  119  121  122  124  125  127  128
130  131  133  134  136  137  139  140  142  143
145  146  148  149  151  152  154  155  157  158
160  161  163  164  166  167  169  170  172  173
175  176  178  179  181  182  184  185  187  188
190  191  193  194  196  197  199  200
Press any key to continue
```

图 5.15　例题 5.6 运行结果

5.5.3　break 语句和 continue 语句的区别

continue 语句只结束本次循环，而不是终止整个循环的执行；而 break 语句结束当前循环过程，不再判断当前循环的条件是否成立。

1. 在循环结构中使用 break 语句的一般形式

```
while(表达式 1)
{
    语句组 1;
    if(表达式 2)
    …break;
    语句组 2;…
}
```

break 语句的流程图如图 5.16 所示。

2. 在循环结构中使用 continue 语句的一般形式

```
while(表达式 1)
{
    语句组 1;
    if(表达式 2)
        continue;
        语句组 2;
}
```

continue 语句的流程图如图 5.17 所示。

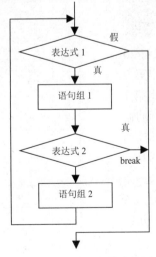

图 5.16　break 语句的流程图

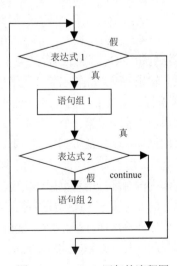

图 5.17　continue 语句的流程图

5.6 循环的嵌套结构

在循环体语句中又包含有另一个完整的循环结构的形式，称为循环的嵌套。嵌套在循环体内的循环体称为内层循环，外面的循环体称为外层循环。如果循环体内又有嵌套的循环语句，则构成多重循环。在使用循环嵌套时，被嵌套的一定是一个完整的循环结构，两个循环结构不允许交叉。

while、do-while 和 for 三种循环可以相互嵌套。例如，以下几种都是合法的形式。

```
1. while( )                2. do                    3. for(;;)
   {…                         {…                       {
      while( )                   do                        for(;;)
         {…}                        {… }                      {… }
   }                             while( );                 }
                              }while();

4. while( )                5. for(;;)                6. do
   {…                         {…                       {…
      do{…}                      while( )                  for(;;){ }
      while( );                  {   }                     …
   ……                                                   }while( );
   }
```

5.6.1 双重循环的嵌套

双重循环即只有两层循环：内循环和外循环。双重循环的执行过程是：先从外层循环开始执行，外层循环每执行一次，暂停，转去执行内层循环，内层循环要将所有规定的循环次数全部执行完毕，返回外层循环，外层循环才能开始下一次循环，以此类推。

1. 外层循环变量与内层循环变量相互独立

【例题 5.7】编写程序：输出以下 4×5 的矩阵。

1	2	3	4	5
2	4	6	8	10
3	6	9	12	15
4	8	12	16	20

算法分析：4×5 矩阵的含义是 4 表示行，5 表示列，共有 20 个元素。输出方法是先输出第 1 行的 5 个元素后，才能输出第 2 行、第 3 行、第 4 行。每行 5 个元素的输出方法也是先输出第 1 个元素后，才能输出第 2 个、第 3 个、第 4 个、第 5 个。对行的输出可采用循环控制即从 1 到 4；对列元素的输出也可采用循环控制即从 1 到 5，由于先输出行后再输出列，因此行循环作为外循环，列循环作为内循环，用双重循环实现。外循环要做两件事：第一，输出每行的 5 个元素值(这也是内循环要做的)；第二，输出完成 5 个元素值后要输出换行符。4×5 矩阵各元素值的关系是每个元素所在行与所在列的乘积。实现算法的流程图如图 5.18 所示。

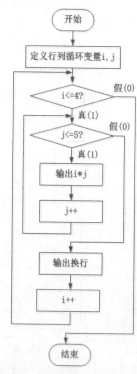

图 5.18 例题 5.7 流程图

程序代码：

```
#include <stdio.h>
int main()
{
    int i,j;
    for (i=1;i<=4;i++)
    {
        for (j=1;j<=5;j++)
            printf ("%d\t",i*j);    //\t 含义是输出制表位
        printf("\n");
    }
    return 0;
}
```

程序执行的结果如图 5.19 所示。

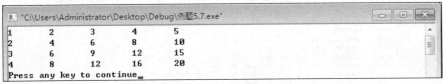

图 5.19　例题 5.7 运行结果

2. 外层循环变量与内层循环变量间存在依存关系

【例题 5.8】编写程序：输出如下所示的九九乘法表。

```
1*1=1
1*2=2    2*2=4
1*3=3    2*3=6    3*3=9
1*4=4    2*4=8    3*4=12   4*4=16
1*5=5    2*5=10   3*5=15   4*5=20   5*5=25
1*6=6    2*6=12   3*6=18   4*6=24   5*6=30   6*6=36
1*7=7    2*7=14   3*7=21   4*7=28   5*7=35   6*7=42   7*7=49
1*8=8    2*8=16   3*8=24   4*8=32   5*8=40   6*8=48   7*8=56   8*8=64
1*9=9    2*9=18   3*9=27   4*9=36   5*9=45   6*9=54   7*9=63   8*9=72   9*9=81
```

算法分析：乘法表共 9 行，每行的式子数都很有规律，即第几行就有几个式子。如果用变量 i 来控制行的输出，一共要输出 9 行；如果用变量 j 来控制列的输出，则 j 应随 i 的变化而变化。当行控制变量 i=9 时，要求输出 9 个列式子，变量 j 的变化范围是从 1 开始到 9 结束。

我们可以先看输出其中一行的情况，写出内层循环语句。假设要输出的是第 i 行，我们知道 i 行共有 i 个式子，可用如下程序段实现：

```
for (j=1;j<=i;j++)
    printf ("%d*%d=%-3d",j,i,i*j);
```

给上述程序段加一个外循环，使 i 从 1 取到 9，每执行一次内循环，就输出乘法表中的相应一行式子，然后再输出一个换行符。所有的多层循环程序都可以采用这种分析方式，便于理解和书写代码。

程序代码:

```
#include <stdio.h>
int main()
{
 int i,j;
 for (i=1;i<=9;i++)
 {
    for (j=1;j<=i;j++)
  printf ("%d*%d=%-3d",j,i,i*j);
    printf("\n");
 }
  return 0;
}
```

程序执行的结果如图 5.20 所示。

```
"C:\Users\Administrator\Desktop\Debug\例题5.8.exe"
1*1=1
1*2=2    2*2=4
1*3=3    2*3=6    3*3=9
1*4=4    2*4=8    3*4=12   4*4=16
1*5=5    2*5=10   3*5=15   4*5=20   5*5=25
1*6=6    2*6=12   3*6=18   4*6=24   5*6=30   6*6=36
1*7=7    2*7=14   3*7=21   4*7=28   5*7=35   6*7=42   7*7=49
1*8=8    2*8=16   3*8=24   4*8=32   5*8=40   6*8=48   7*8=56   8*8=64
1*9=9    2*9=18   3*9=27   4*9=36   5*9=45   6*9=54   7*9=63   8*9=72   9*9=81
Press any key to continue
```

图 5.20　例题 5.8 运行结果

5.6.2　多重循环的嵌套

多重循环包含两层及两层以上的循环。

【例题 5.9】有 1、2、3、4 四个数字，能组成多少个互不相同且无重复数字的三位数？按每行 10 个输出。

算法分析：可填在百位、十位、个位的数字都是 1、2、3、4，可定义 3 个变量，i 表示百位，j 表示十位，k 表示个位，它们的取值分别从 1 到 4。通过循环列出所有可能的解后再去掉不满足条件的排列。这种算法称试探法。

程序代码:

```
#include"stdio.h"
int main()
{
 int i,j,k,n=0;
 for(i=1;i<=4;i++)                //百位数 i 从 1 取到 4
    for(j=1;j<=4;j++)             //十位数 j 从 1 取到 4
      for(k=1;k<=4;k++)          //个位数 k 从 1 取到 4
        if(i!=j&&i!=k&&j!=k)      //百、十、个上数字互不相同
        {
          printf("%d%d%d ",i,j,k);  //输出组合数
          n++;                     //统计输出个数
          if(n%10==0)              //按一行输出 10 个数
            printf("\n");
        }
 printf("\n");
```

```
    return 0;
}
```

程序运行结果如图 5.21 所示。

"C:\Users\Administrator\Desktop\Debug\例题5.9.exe"
```
123 124 132 134 142 143 213 214 231 234
241 243 312 314 321 324 341 342 412 413
421 423 431 432
Press any key to continue
```

图 5.21　例题 5.9 运行结果

5.7　程序设计举例

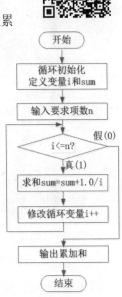

【例题 5.10】编写程序：求 $1+\dfrac{1}{2}+\dfrac{1}{3}+\dfrac{1}{4}+\dfrac{1}{5}+\cdots+\dfrac{1}{n}$ 的和。

算法分析：从整体上看是求从 1 加到 $\dfrac{1}{n}$ 的和，从局部上看每一次的加数是用分数表示，分子是 1，分母后一项是前一项加 1。因此，定义一个存放累加和的变量 sum，定义一个代表数列的每一项的变量 i。其中，n 是用户输入的要求多少项累加和的基数。实现算法的流程图如图 5.22 所示。

程序代码：

```
#include"stdio.h"
int main()
{
    float sum=0;
    int i,n;
        printf("input n:\n");
    scanf("%d",&n);
    for(i=1;i<=n;i++)
        sum=sum+1.0/i;
    printf("sum=%f\n",sum);
    return 0;
}
```

当用户输入 n 的值为 10 时，则程序运行结果如图 5.23 所示。

图 5.22　例题 5.10 流程图

"C:\Users\Administrator\Desktop\Debug\例题5.10.exe"
```
input n:
10
sum=2.928968
Press any key to continue
```

图 5.23　例题 5.10 运行结果

【例题 5.11】用 $\dfrac{\pi}{4}\approx1-\dfrac{1}{3}+\dfrac{1}{5}-\dfrac{1}{7}+\cdots$ 公式求 π 的近似值，直到发现某一项的绝对值小于 1e-8 为止(该项不累计加)。

算法分析：等号右边的多项式可变形为 $1+(-1)*\dfrac{1}{3}+\dfrac{1}{5}+(-1)*\dfrac{1}{7}+\cdots$，因此

可看成一个累加多项式。

多项式的每一项由分数组成，其分子均为1，分母的后一项为前一项的分母加2，由前一项可以递推得到后一项，每一项的正负号交替。对正负号交替在程序设计上常设一个标志去实现，即flag=-flag。在程序中定义一个存放多项式的某项变量term，按递推法得到term，并判断term项的绝对值是否大于1e-8，若大则继续递推下一项，一直推到比1e-8小时停止。显然这个过程是一个循环过程，只是循环次数是未知的，但循环进行的条件是|term|≥1e-8。

程序中定义的变量说明如下。

- pi：存放每一次循环累加后的值。
- term：多项式某一项的值。
- n：多项式某一项的分母。
- flag：正负标志，初值为1。

程序代码：

```c
#include <stdio.h>
#include<math.h>
int main()
{
  int flag=1;                    // flag 用来表示某项的正负标志
  double pi=0.0,n=1.0,term=1.0;  // pi 代表 π，n 代表分母，term 代表当前项的值
  while(fabs(term)>=1e-8)        //检查当前项 term 的绝对值是否大于或等于10 的(-8)次方
  {
   pi=pi+term;                   //把当前项 term 累加到 pi 中
   n=n+2;                        // n+2 是下一项的分母
flag=-flag;                      // flag 表示某项的正负号变反
   term=flag/n;                  //推出多项式的下一项 term
  }
  pi=pi*4;                       //多项式的和 pi 乘以 4，才是 π 的近似值
  printf("pi=%10.8f\n",pi);      //输出 π 的近似值
  return 0;
}
```

程序运行结果：

pi=3.14159263

【例题 5.12】编写程序：通过键盘输入任意一个整数，要求反序输出该整数。

算法分析：如果输入一个12345，则要求反序输出54321，可采用下列方法实现。

第 1 步：12345%10=5   12345/10=1234
第 2 步：1234%10 = 4   1234/10=123
第 3 步：123%10 =3   123/10=12
第 4 步：12%10 =2   12/10=1
第 5 步：1%10 =1   1/10=0

通过5步就可以将一个5位数拆分开来，并且每一步所做的操作相同，即先求余10，然后再整除10，这就是循环不变式，到第5步整除10结果为0时，所有的数拆分完，说明循环能

进行的条件是被 10 整除的数不为 0。实现算法的流程图如图 5.24 所示。

程序代码：

```
#include"stdio.h"
int main()
{
    int num,digit,i=0;
    printf("input num:\n");
    scanf("%d",&num);
    while(num!=0)
    {
        digit=num%10;
        num=num/10;
        if(i==0&&digit==0)
            continue;
        printf("%d",digit);
        i++;
    }
    printf("\n");
    return 0;
}
```

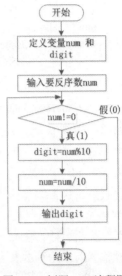

图 5.24　例题 5.12 流程图

程序运行结果如图 5.25 所示。

图 5.25　例题 5.12 运行结果

【例题 5.13】编写程序：　求 $S=\sum\limits_{i=1}^{20}i!=1!$ $+2!+3!+4!+\cdots+19!+20!$ 。

算法分析：从多项式上看是求从 1 到 20 的累加和，用循环可实现；从多项式的某一项上看是阶乘，也是用循环实现。外循环是求累加和，范围由 1 变到 20，内循环是分别求 1 到 20 的阶乘并受外循环的控制，因此用双层循环来实现。实现算法的流程图如图 5.26 所示。

程序代码：

```
#include<stdio.h>
int main()
{
    int i,j;
    float t,s;
    s=0;
    for(i=1;i<=20;i++)
    {
        t=1;
```

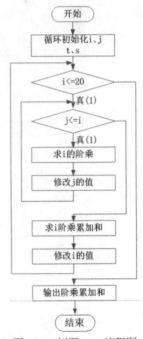

图 5.26　例题 5.13 流程图

```
        for(j=1;j<=i;j++)
          t=t*j;
        s+=t;
      }
    printf("s=%f\n",s);
    return 0;
}
```

程序运行结果：

s=2561327455189073900.000000

对这一问题不一定非要用双层循环来实现，也可以一层循环完成。用递推的方法找多项式中每一项之间的规律，用 t_i 表示每一项，得到递推公式：$t_i=t_{i-1}*i(i=2,3,4,\cdots,20)$。找到规律后对每一项求和即可。程序请同学们自己完成。

【例题 5.14】编写程序：输入若干个算术表达式并计算该表达式的值，当输入 N 或 n 时停止计算。

算法分析：对于输入一个算术表达式的处理方法在第 4 章用 case 语句实现过，现输入若干个算术表达式，则采用循环结构实现。解决本问题时的特点是，循环次数未知，循环条件永远为真，只是判断输入过程中输入的字符，若输入字符是 N 或 n，则结束循环，可用 break 语句实现。

程序代码：

```c
#include"stdio.h"
int main()
{
  int number1,number2,result;
  char ch;
  while(1)
  {
    printf("输入一个算术表达式:\n");
    scanf("%d%c%d",&number1,&ch,&number2);
    getchar();
    switch(ch)
    {
    case '+':
      result=number1+number2;
      break;
    case '-':
result=number1-number2;
      break;
    case '*':
result=number1*number2;
      break;
    case '/':
result=number1/number2;
      break;
    default:
      printf("input error!\n");
```

```
            break;
        }
        printf("%d%c%d=%d\n",number1,ch,number2,result);
        printf("退出请输入 N 或 n.");
        ch=getchar();
        if(ch=='N'||ch=='n')
            break;
    }
    return 0;
}
```

上机运行程序时，发现所输入的式子都呈现在屏幕上，现要求输入完成一个算术式并输出计算结果，在输入下一个算术表达式时将上述信息擦除，如何修改程序，请同学们自己完成。

【例题 5.15】编写程序：输入一个大于 3 的整数 n，判定它是否为素数(prime，又称质数)。

算法分析：首先要根据数学定理中的描述了解素数的概念，再用计算机语言将其描述出来。判断 n 是否为素数，方法是让 n 被 i 除(i 的值从 2 到 n-1)，如果在这个区间内有一个数被整除了，则表示 n 不是素数，不必再继续被后面的数整除，因此可以提前结束整个循环。否则，在这个区间内没有任何一个数能够被整除，直到 i 的值等于 n，循环正常结束，表明 n 是素数。实现算法的流程图如图 5.27 所示。

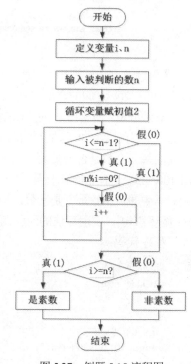

图 5.27　例题 5.15 流程图

程序代码：

```
#include <stdio.h>
int main()
{
    int n,i;
    printf("input n:\n");
    scanf("%d",&n);
    for (i=2;i<=n-1;i++)
        if(n%i==0)
            break;
    if(i>=n)
        printf("%d is a prime\n",n);
    else
        printf("%d is not a prime\n",n);
    return 0;
}
```

程序运行结果如图 5.28 所示。

```
"C:\Users\Administrator\Desktop\Debug\例题5.15.exe"
input n:
19
19 is a prime
 input n:
236
236 is not a prime
Press any key to continue_
```

图 5.28　例题 5.15 运行结果

【例题 5.16】编写程序：按每行 10 个 输出 100～200 之间的全部素数。

算法分析：例 5.15 中的算法是判断一个数是否为素数，本题是判断 100～200 之间的每一个数是否为素数。因此先用一个外层循环先后对 100～200 之间的全部整数一一进行判定，然后用内循环判断其中的一个数是不是素数，即用双层循环实现(一般用 for 循环语句)。实现算法的流程图如图 5.29 所示。

程序代码：

```c
#include <stdio.h>
#include<math.h>
int main()
{
    int n,m=0,k,i;
    for(n=101;n<=200;n=n+2)
    {
        k=sqrt(n);
        for (i=2;i<=k;i++)
            if (n%i==0) break;
        if (i>=k+1)
        {
            printf("%d ",n);
            m=m+1;
        }
        if(m%10==0)
            printf("\n");
    }
    printf("\n");
    return 0;
}
```

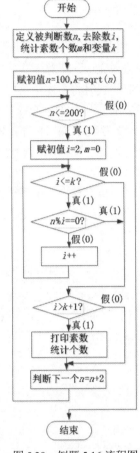

图 5.29　例题 5.16 流程图

程序运行结果如图 5.30 所示。

```
"C:\Users\Administrator\Desktop\Debug\例题5.16.exe"
101 103 107 109 113 127 131 137 139 149
151 157 163 167 173 179 181 191 193 197
199
Press any key to continue
```

图 5.30　例题 5.16 运行结果

【**例题 5.17**】编写程序：统计某学院某系学生参加 C 语言考试各成绩等级人数。统计标准是：成绩在 90~100 分为等级 A；成绩在 80~89 分为等级 B；成绩在 70~79 分为等级 C；成绩在 60~69 分为等级 D；59 分以下的为等级 E。当输入某学生成绩为－1 时，结束统计。

算法分析：在例题 4.7 中用 switch 语句对一个学生的成绩进行过等级判断。本题是对若干名学生成绩按等级进行分类统计，表明要用循环实现。按题目要求可知：循环结束的条件是输入－1；循环要做的是，输入一个学生成绩，按等级分类统计。

程序代码：

```
#include"stdio.h"
int main()
{
    int gradA=0,gradB=0,gradC=0,gradD=0,gradE=0;
    float score;
    printf("input score:\n");
    scanf("%f",&score);
    while(score>0)
    {
        switch((int)score/10)
        {
        case 10:
        case 9:
            gradA++;
            break;
        case 8:
            gradB++;
            break;
        case 7:
            gradC++;
            break;
        case 6:
            gradD++;
            break;
        default :gradE++;
        }
        scanf("%f",&score);
    }
    printf("gradA:%d\n",gradA);
    printf("gradB:%d\n",gradB);
    printf("gradC:%d\n",gradC);
    printf("gradD:%d\n",gradD);
    printf("gradE:%d\n",gradE);
    return 0;
}
```

程序测试示例：分别输入学生成绩是 98、96、85、82、71、76、65、56、42、－1，然后按 Enter 键。

程序测试结果如图 5.31 所示。

图 5.31　例题 5.17 运行结果

【例题 5.18】编写程序：译密码，已知电文加密规律是，将字母变成其后面的第 4 个字母，其他字符保持不变。例如，a→e、A→E、W→A、w→e 即字母组成一个封闭的环。要求输入任意的一行字符，将其转换成密码电文。

算法分析：输入字符 ch，如果 ch 是字母，则进行加密处理，即 ch=ch+4；判断加密后 ch 是否超出字母的范围，若超出，则 ch=ch-26；循环控制条件 ch!= '\n'。实现算法的流程图如图 5.32 所示。

程序代码：

```
#include"stdio.h"
int main()
{
    char ch;
    printf("请输入原电文：\n");
    while((ch=getchar())!='\n')
    {
        if((ch>='a' && ch<='z')||(ch>='A' && ch<='Z'))
        {
            ch=ch+4;
            if((ch>'Z '&& ch<'a')||(ch>'z'))
                ch=ch-26;
        }
        putchar(ch);
    }
    putchar('\n');
    return 0;
}
```

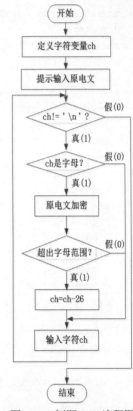

图 5.32　例题 5.18 流程图

程序测试示例：December 2013。

程序的执行结果如图 5.33 所示。

图 5.33　例题 5.18 运行结果

本章小结

循环程序是一种重复性结构，其特点是反复执行曾经执行过的语句序列。

C 语言提供 3 种基本的循环控制语句，分别是 while 语句、do-while 语句和 for 语句。这三种语句的语法格式不同，但都可以用来处理同一个问题。其中 for 语句使用最为频繁，因为它的书写格式非常灵活，所有能用 while 语句、do-while 语句写出来的都可以用 for 语句写出来。while 语句是先判断表达式，再执行循环体语句；do-while 语句是先执行一遍循环体语句，再判断表达式。

循环程序应该按照事先指定的循环条件正常地开始和结束，读者应当注意避免出现死循环。如果想提前结束循环则需要用 break 语句和 continue 语句。break 语句结束本层整个循环过程，不再判断执行循环的条件是否成立；而 continue 语句只结束本次循环，还要判断下次循环的条件是否成立，如果成立还要完成下一次的循环。

在循环体内又包含有另一个完整的循环结构就构成了循环的嵌套。根据循环层次的不同，分为单重循环和多重循环。通常，循环的层次越多，问题越复杂。当循环的层次较多时，一定要注意各层循环的执行过程，以免出错。

编写循环程序有两个关键的着眼点：循环体是什么？即每次重复执行的语句有哪些。循环应该怎样控制？即循环次数已知，完成规定的循环次数就结束，还是循环次数未知但循环条件已知，符合循环结束的条件就结束，避免出现死循环。

要想顺利地设计出循环程序，读者首先要熟练掌握 3 种循环控制语句的语法格式，另外还要多看程序、多分析、多实践、多积累，在循环程序的算法上下功夫。

习题 5

1. 选择题

(1) while 循环语句中，while 后一对圆括号中表达式的值决定了循环体是否进行，因此，进入 while 循环后，一定有能使此表达式的值变为(　　)的操作，否则，循环将会无限制地进行下去。

　　A. 0　　　　　　　　B. 1　　　　　　　　C. 成立　　　　　　　　D. 2

(2) 在 do-while 循环中，循环从 do 开始，到 while 结束。必须注意的是，在 while 表达式后面的(　　)不能丢，它表示 do-while 语句的结束。

　　A. 0　　　　　　　　B. 1　　　　　　　　C. ;　　　　　　　　D. ,

(3) for 语句中的表达式可以部分或全部省略，但两个(　　)不可省略。但当 3 个表达式均省略后，因缺少条件判断，循环会无限制地执行下去，形成死循环。

　　A. 0　　　　　　　　B. 1　　　　　　　　C. ;　　　　　　　　D. ,

(4) 与语句 while(!e)等价的语句是(　　)。

　　A. while(e==0)　　　B. while(e!=0)　　　C. while(e!=1)　　　D. while(e==1)

(5) 程序段如下：

```
int k=1;
while(!k= =0)     {k=k+1;printf("%d\n",k);}
```

说法正确的是(   )。

      A. while 循环执行两次   B. 循环是无限循环

      C. 循环体语句一次也不执行   D. 循环体语句执行一次

(6) 程序段如下：

```
int k= - 20;
while(k=0)    k=k+1;
```

则以下说法中正确的是(   )。

      A. while 循环执行 20 次   B. 循环是无限循环

      C. 循环体语句一次也不执行   D. 循环体语句执行一次

(7) 在下列程序中，while 循环的循环次数是(   )。

```
#include<stdio.h>
int main( )
{ int   i=0;
 while(i<10)
   {if(i<1)   continue;
    if(i= =5)   break;
     i++;
   }
......
}
```

      A. 1   B. 10   C. 6   D. 死循环，不能确定次数

(8) 以下程序的输出结果为(   )。

```
#include<stdio.h>
int main()
{
   int x=3;
   do
   {
   printf("%3d",x-=2);
   }while(--x);
   return 0;
}
```

      A. 1   B. 31   C. 1 - 2   D. 死循环

(9) 当输入为"quert?"时，下列程序的执行结果是(   )。

```
#include<stdio.h>
int main()
{
   char c;
   c=getchar();
   while((c=getchar())!='?')    putchar(++c);
```

```
  return 0;
}
```

A. Quert　　　　　B. vfsu　　　　　C. quert?　　　　　D. rvfsu?

(10) 以下程序的功能是，按顺序读入 10 名学生的 4 门课程的成绩，计算出每位学生的平均分并输出，程序如下：

```
#include<stdio.h>
int main()
{
  int n,k;
  float score,sum,ave;
  sum=0.0;
  for(n=1;n<=10;n++)
  {
    for(k=1;k<=4;k++)
    {
      scanf("%f",&score);
      sum+=score;
    }
    ave=sum/4.0;
    printf("NO%d:%f\n",n,ave);
  }
  return 0;
}
```

上述程序有一条语句出现在程序的位置不正确，该条语句是(　　)。

A. sum=0.0;　　　　　　　　　　B. scanf("%f",&score);

C. sum+=score;　　　　　　　　　D. ave=sum/4.0;

2. 填空题

(1) 若 for 循环用以下形式表示：for(表达式 1；表达式 2；表达式 3)循环体语句;，则执行语句 for(i=0;i<3;i++) printf("*");时，表达式 1 执行_____次，表达式 3 执行_____次，该语句的运行结果为_____。

(2) 在循环中，continue 语句与 break 语句的区别是：continue 语句是_____；break 语句是_____。

(3) 设有以下程序：

```
#include<stdio.h>
int main()
{
  int n1,n2;
  scanf("%d",&n2);
  while(n2!=0)
  {
    n1=n2%10;
    n2=n2/10;
    printf("%d",n1);
  }
  return 0;
}
```

程序运行后，如果从键盘上输入 1298，则输出结果为_____。

(4) 下列程序运行的结果是_____。

```c
#include<stdio.h>
int main( )
{
    int i,j;
    for(i=1;i<=4;i++)
    {
        for(j=1;j<=i;j++)
            printf("*");
        printf("\n");
    }
    return 0;
}
```

(5) 有鸡和兔共 30 只，它们共有 90 只脚，根据下列程序段计算鸡和兔各有多少只。

```c
for(x=1;x<=29;x++)
{
    y=30-x;
    if()printf("%d,%d\n",x,y);
}
```

(6) 阅读下列程序，分析执行结果。

```c
#include"stdio.h"
int main()
{ char ch='A';
    if('0'<=ch<='9')
        printf("YES");
    else
    printf("NO");
    return 0;
}
```

(7) 输入变量 a=1;b=2；分析程序执行结果。

```c
#include"stdio.h"
int main()
{
    int a,b,t=0;
    scanf("%d%d",&a,&b);
    if(a=2)t=a,a=b,b=t;
    printf("%d;%d",a,b);
    return 0;
}
```

(8) 分析下列程序的运行结果。

```c
#include"stdio.h"
int main()
{   int a=10,b=5,c=5,d=5;
    int  i=0,j=0,k=0;
    for(;a>b;++b)
```

```
      i++;
  while(a>++c)
    j++;
  do
   k++;
  while(a>d++);
    printf("%d;%d;%d\n",i,j,k);
    return 0;
}
```

(9) 当输入字符 A 时，分析下列程序的运行结果。

```
#include"stdio.h"
int main()
{ char ch;
 ch=getchar();
 switch(ch)
 { case 65: printf("%c",ch);
    case 66: printf("%c",ch);
    default :printf("%s\n",other);
 }
 return 0;
}
```

(10) 分析下列程序的运行结果。

```
#include"stdio.h"
int main()
{ int i,j;
 for(i=0,j=10;i<j;i+=2,j--)
   printf("%d;%d\n",i,j);
 return 0;
}
```

(11) 分析下列程序的运行结果。

```
#include"stdio.h"
int main()
{ int i=0,j=0,k=0,m;
  for(m=0;m<4;m++)
   switch(m)
  { case 0:i=m++;
     case 1:j=m++;
   case 2:k=m++;
   case 3:m++;
   }
printf("%d",m);
   return 0;
}
```

(12) 分析下列程序的执行结果。

```
#include"stdio.h"
int main()
```

```
{int k,j,m;
  for(k=5;k>=1;k--)
  {m=0;
   for(j=k;j<=5;j++)
     m=m+k*j;
  }
printf("%d\n",m);
return 0;
}
```

(13) 分析下列程序的执行结果。

```
#include"stdio.h"
int main()
{ int k=1;char ch='A';
do{
   switch(ch++)
   { case 'A':k++;break;
     case 'B':k--;
     case 'C':k+=2;break;
     case 'D':k=k%2;continue;
     case 'E':k=k*2;break;
     default:k=k/3;
        }
   k++;
}while(ch<'F');
   printf("k=%d\n",k);
   return 0;
}
```

(14) 输入 2473 并按 Enter 键后，分析程序的执行结果。

```
#include"stdio.h"
int main()
{ int s;
   while((s=getchar())!='\n')
   { switch(s-'2')
     { case 0:
        case 1: putchar(s+4);
        case 2: putchar(s+4);break;
        case 3:putchar(s+3);
        default:putchar(s+2);break;
     }
   }
   printf("\n");
   return 0;
}
```

3. 改错题

下面程序功能：读取 7 个数(1~50)的整数值，每读取一个值，程序打印出该值个数的*，程序中有 3 处错误，请指出并修改。

```
1  #include"stdio.h"
2  int main()
3  {
4      int i,a,n=1;
5      while(n<7)
6      {
7          do
8          {
9              scanf("%d",&a);
10         }while(a<1&&a>50);
11         for(i=0;i<=a;i++)
12             printf("*");
13         printf("\n");
14         n++;
15     }
16     return 0;
17 }
```

4. 代码设计题

(1) 输入 n 个数，求其中的最大值。

(2) 输入 n 个整数，求这 n 个数之中的偶数的平均值，并输出。

(3) 输入一行字符，分别统计出其中的英文字母、空格、数字和其他字符的个数。

(4) 编程输出如下图形。

$$1$$
$$123$$
$$12345$$
$$1234567$$
$$123456789$$

(5) 计算斐波那契分数数列的前 n 项之和(斐波那契分数数列为 2 + 3/2 + 5/3 + 8/5 + 13/8 + 21/13 +…)。

(6) 一个球从 100 米高度自由落下，每次落地后反弹回原高度的一半，再落下，再反弹。求它在第 10 次落地时，共经过多少米？第 10 次反弹了多高？

(7) 求 Sn=a+aa+aaa+…+aa…a 的值。其中，a 是用户通过键盘输入的一个具体值，n 代表的是 a 的位数。

(8) 输出所有的"水仙花数"。所谓"水仙花数"是指一个三位数的各位数字立方和等于该数本身。例如，153 是一个水仙花数，因为 $153=1^3+5^3+3^3$。

(9) 编写一个程序，将 2000 年到 3000 年中的所有闰年年份输出并统计出闰年的总年数，要求每 10 个闰年放在一行输出。

(10) 中国古代数学家张丘建提出的"百鸡问题"：一只大公鸡值五个钱，一只母鸡值三个钱，三个小鸡值一个钱。现在有 100 个钱，要买 100 只鸡，是否可以？若可以，给出一个解，要求三种鸡都有。请写出求解该问题的程序。

(11) 将一个正整数分解成质因数。例如：输入 90=2*3*3*5。

(12) 一个数如果恰好等于它所有因子之和，则称这个数为"完数"。例如：6=1+2+3，编写程序找出 1000 以内的所有完数。

(13) 任意一个正整数的立方都可以写成一串连续的奇数和。例如：$13 \times 13 \times 13 = 2197 =$ 157+159+⋯+177+179+181。

【实验5】循环结构程序设计

1. 实验目的

(1) 掌握 while 语句、do-while 语句和 for 语句实现循环的语法、结构及程序的执行过程。

(2) 掌握在程序设计过程中用循环结构实现的一般常规算法。

(3) 进一步掌握程序的编写、调试及运行的基本方法。

2. 实验预备

(1) while 语句的语法、流程图及执行过程。

(2) do-while 语句的语法、流程图及执行过程。

(3) for 语句的语法、流程图及执行过程。

3. 实验内容

(1) 编写程序 1：输入一行字符，分别统计出其中的英文字母、空格、数字和其他字符的个数。

(2) 编写程序 2：编程输出如下图形。

$$1$$
$$123$$
$$12345$$
$$1234567$$
$$123456789$$

(3) 编写程序 3：求 sn=a+aa+aaa+⋯+aa⋯a 的值。其中，a 是用户通过键盘输入的一个具体值，n 代表的是 a 的位数。

(4) 输入任意数量学生的单科成绩，求出其中的最高分、最低分和平均分。

4. 实验提示

(1) 启动 Visual C++ 6.0，在 D 盘下建立分别以"学号姓名实验 5"为工程名和文件名的文件。

(2) 在"学号姓名实验 5"文件中编辑本实验要求的 C 语言源程序。

(3) 编辑完一个 C 源程序后，对其编译、连接和运行并分析结果是否符合要求。

(4) 当一个 C 源程序经编译、连接和运行正确后，对其加上注释，在"学号姓名实验 5"文件下再编辑下一题，以此类推。

程序 1 代码：

```c
#include <stdio.h>
int main ()
{
    int n1=0,n2=0,n3=0,n4=0;
    char c;
    printf ("请输入一行字符:\n");
    while ((c=getchar())!='\n')
    {
        if((c>='a'&&c<='z')||(c>='A'&&c<='Z'))
            n1++;
```

```
        else if(c= =' ')
             n2++ ;
        else if(c>='0'&&c<='9')
                n3++;
        else n4++;
    }
    printf("英文字母个数为%d\n，空格个数为%d\n，数字个数为%d\n，其他字符的个数为%d\n",n1,n2,n3,n4);
    return 0;
}
```

根据编译、连接和运行程序回答下列问题。

①　本题的循环进行条件是什么？终止条件是什么？循环体做什么？

②　对循环体的语句加上注释。

③　绘制程序的流程图或 N-S 图。

程序 2 代码：

```
#include"stdio.h"
int main ()
{
    int i,j;
    for(i=1;i<=5;i++)
      for(j=1;j<=9;j++)
        {
          if(j<=5-i||j>=5+i)
             printf(" ");
          else
             printf("%d",i- (5-j));
          if(j==9) printf("\n");
        }
    return 0;
}
```

根据编译、连接和运行程序回答下列问题。

①　本题是双重循环，用到循环变量 i、j，其中，它们谁控制行？谁控制列？是如何控制的？

②　程序中的 if-else 语句在循环体中起什么作用？

③　将程序中的 if(j==9) printf("\n");语句去掉，重新编译、连接、运行程序，观察程序结果并同源程序结果比较有何不同？若不同请分析原因及说明该语句在程序中的作用。

程序 3 代码：

方法 1：

```
#include<stdio.h>
#include<math.h>
int main()
{
int i,j,a,n,s=0;
printf("请输入 a n\n");
scanf("%d%d",&a,&n);
    for(j=1;j<=n;j++)
      for(i=0;i<j;i++)
```

```
        {
            s+=a*pow(10,i);
        }
            printf("s=%d\n",s);
            return 0;
        }
```

方法2：

```
#include <stdio.h>
int main()
{
int a,s,n,i,t;
    printf("请输入 a 和 n 的值\n");
scanf("%d%d",&a,&n);
    s=a;
t=a;
for( i=2;i<=n;i++)
    {
t=t*10+a;
        s+=t;
    }
printf("s=%d\n",s);
return 0;
    }
```

根据编译、连接和运行程序回答下列问题。

① 比较方法1和方法2的算法区别。

② 方法1的表达式s+=a*pow(10,i)中的pow()是什么函数？调用此函数时去掉#include<math.h>头文件，再去编译、连接和运行程序，观察出现什么情况？

③ 解决本题的核心算法是什么？

程序4代码：

```
#include<stdio.h>
int main()
{
    int n,score,max,min,aver;
    aver=0;
    n=0;
    max=100;min=0;
    printf("\n score=?");
    while(1)
    {
        scanf("&d",&score);
        if(score<0) break;
        aver+=score;
        n++;
        if(score>max) max=score;
        if(score<min) min=score;
    }
    aver=aver/n;
    printf("\n n=%d",n);
    printf("\n max=%d",max);
        printf("\n min=%d",min);
    printf("\n aver=%d",aver);
    return 0;
}
```

根据编译、连接和运行程序回答下列问题。

① 输入并运行程序。输入数据如下：92、85、64、78、53、98、−1。其中，前 6 个是学科分数，最后输入的一个负数做结束标志。分析结果是否正确，如果不正确，则找出错误的原因，修改后重新运行，直到结果正确为止。

② 程序中，if(score<0) break;语句起什么作用？

③ 程序中，当循环个数不确定时是如何处理的？是如何求最高分、最低分的？这种算法有什么特别之处？

5．实验报告

(1) 将上述 C 程序文件放在一个"学号姓名实验 5"的文件名下，并以该文件名的电子档提交给教师。

(2) 按实验报告的格式完成每题后的要求。

第6章

数　组

【学习目标】

1. 理解和掌握一维数组的定义、存储、引用与初始化。
2. 理解和掌握二维数组的定义、存储、引用与初始化。
3. 理解和掌握字符数组的定义、存储、引用与初始化。
4. 理解和掌握数组输入/输出的基本方法。
5. 理解和掌握字符串处理函数的基本用法。

在前几章我们学习了对普通变量进行输入、处理和输出的基本操作，处理的对象一般都是有限的，如对 4 个数按从小到大的顺序输出，其处理的方法是：定义 4 个变量 a、b、c、d，采用枚举法进行一一比较，使 a 变量的值在 4 个变量中是最小的，b 变量在剩下的 3 个变量中是最小的，c 变量在剩下的 2 个变量中是最小的，则 d 是 4 个中最大的，最后按 a、b、c、d 的顺序输出即可实现。采用此方法也可处理更多个变量的从小到大的排序问题，但编写的程序没有体现出 C 语言的特征，如何运用 C 语言来处理批量数据的问题，这就需要学习 C 语言的另一种数据类型——数组。

【例题 6.1】程序功能：求 10 个学生的平均成绩及高于平均成绩的人数。

算法分析：对 10 个学生的成绩求累加，除以 10 则得到平均成绩；将每个学生的成绩与平均成绩做比较，若大，则统计 1 次，比较结束得到高于平均成绩的人数。

程序代码：

```c
#include"stdio.h"
int main()
{
    float x1,x2,x3,x4,x5,x6,x7,x8,x9,x10;
    float sum,avg;
    int num=0;
    printf("输入每一名学生的成绩:\n");
    scanf("%f%f%f%f%f",&x1,&x2,&x3,&x4,&x5);
    scanf("%f%f%f%f%f",&x6,&x7,&x8,&x9,&x10);
    sum=x1+x2+x3+x4+x5+x6+x7+x8+x9+x10;
    avg=sum/10;
    printf("10 名学生的平均成绩:%.2f\n",avg);
```

```
    if(x1>=avg)
      num++;
    if(x2>=avg)
      num++;
    if(x3>=avg)
      num++;
    if(x4>=avg)
      num++;
    if(x5>=avg)
      num++;
    if(x6>=avg)
      num++;
    if(x7>=avg)
      num++;
    if(x8>=avg)
      num++;
    if(x9>=avg)
      num++;
    if(x10>=avg)
      num++;
    printf("高于平均成绩的学生人数:%d\n",num);
    return 0;
}
```

程序运行结果如图 6.1 所示。

图 6.1　例题 6.1 程序运行结果

从程序实现代码上看，输入语句实现了 10 名学生成绩的输入过程，10 个 if 语句分别实现了学生成绩与平均分的比较，可以联想到是否能采用循环结构来压缩程序中比较相似的代码，仔细分析后发现存在一定的困难。因为循环处理的是同一变量，而问题要处理的是 10 个不同的变量，并且如果求 100 个学生的平均成绩及高于平均成绩的人数，则需要 100 个变量存放 100 个学生的成绩，这显然是不符合实际的，所以需要借助于另外一个新的数据类型——数组。

【例题 6.2】程序功能：用数组类型处理求 10 个学生的平均成绩及高于平均成绩的人数。

算法分析：对 10 个学生的成绩求累加，除以 10 则得到平均成绩；将每个学生成绩与平均成绩做比较，若大，则统计 1 次，比较结束得到高于平均成绩的人数。

程序代码：

```
#include"stdio.h"
int main()
{
    float score[10],avg,sum=0;
    int num=0,i;
    printf("输入每名学生的成绩:\n");
```

```
for(i=0;i<10;i++)
{
    scanf("%f",&score[i]);
    sum=sum+score[i];
}
avg=sum/10;
printf("10 名学生的平均成绩：%.2f\n",avg);
    for(i=0;i<10;i++)
    if(score[i]>avg)
        num++;
printf("高于平均成绩学生人数：%d\n",num);
    return 0;
}
```

程序运行结果如图 6.2 所示。

图 6.2 例题 6.2 程序运行结果

例题 6.1 中要定义 10 个相似的学生成绩变量，然后将这些变量逐个地相加及比较判断，程序的源代码长且可读性差；例题 6.2 中用一个构造数据类型即数组来存储 10 个学生的成绩，运用结构化程序设计思想——循环结构，增强了程序的可读性，如果求 100 个学生的平均成绩及高于平均成绩的人数，只需改变数组的长度即可，增强了程序的通用性。

数组是一种包含若干变量的数据结构，这些变量具有相同的数据类型且有序排列，因此数组属于构造数据类型。

在 C 语言中，数组用一个数组名和下标来唯一确定数组中的元素。每个数组元素通过数组名及其在数组中的位置(下标)来确定。一个数组可以分解成多个数组元素，这些元素可以是基本数据类型(整型、实型和字符型)，也可以是构造类型。因此按数组元素的类型不同，数组又可分为数值数组、字符数组、指针数组、结构数组等各种类别。本章主要讲述数值数组和字符数组，其余内容在后面章节中介绍。

6.1 一维数组

按照数组元素的类型可以把数组分为整型数组、实型数组、字符型数组和指针型数组；按照数组下标的个数又可以把数组分为一维数组、二维数组和多维数组。

一维数组是数组名后只有一对方括号(也称一个下标)的数组。

6.1.1 一维数组的定义

在 C 语言中使用数组同变量一样必须遵循先定义后使用、先赋值后引用的原则。一维数组的定义同普通变量的定义相似，其定义格式如下：

数据类型　数组名[常量表达式];

例如:

int a[10];

该语句定义了一个由 10 个元素组成的一维数组,数组名为 a,每个数组元素的数据类型为整型。这 10 个元素分别是 a[0]、a[1]、a[2]、…、a[9],其中,0~9 为数组的下标。

1. 数组定义说明

(1) 数据类型可以是任何一种基本数据类型或构造类型,用来指明数组元素的数据类型。

(2) 数组名是用户定义数组时使用的标识符,只要符合 C 语言的标识符命名规则即可,做到见名识义。

(3) 方括号[ ]称为下标运算符,常量表达式表示数组元素的个数,也称数组的长度,但不允许是变量。

2. 数组定义注意事项

(1) 常量表达式可以是整型常量、符号常量,也可以是整型表达式,但绝不能含有变量,C 语言不允许对数组进行动态定义,表达式的值在编译时可以计算出来。例如:

```
#define N 5
    int main()
    {
    int b[N];
    :
    }
```

上述程序段是合法的,但下面程序段是对数组进行动态定义,即是非法的。

```
int main()
{
int n=5;
int a[n];
:
}
```

(2) 常量表达式的值必须大于或等于 1。数组元素的下标从 0 开始编号。因此对于定义 int a[10];,其第 1 个元素是 a[0]而不是 a[1],其最后一个元素是 a[9]而不是 a[10]。引用数组元素时不能越界,对于越界引用数组元素,VC++编译系统是检查不出语法错误的,因此编程时需要各位同学小心谨慎。

(3) 在同一程序中,数组名不能与其他变量名同名。例如,下面的代码段是错误的。

```
int main()
{
    int a;
    float a[10];
    :
    return 0;
}
```

(4) 允许在同一个类型定义中同时定义数组和变量,各个变量和数组名之间用逗号分隔。例如:

```
int i,j,a[10];
```

6.1.2 一维数组的引用

数组元素与普通变量的使用方式相似。可以对任意的数组元素进行输入、计算和处理、输出。在 C 语言中不能对数组整体进行操作,只能对数组元素进行操作。数组的引用形式为:

```
数组名[下标];
```

其中,下标可以是整型常量表达式,也可以是含变量的整型表达式,下标的取值范围是 0 到该数组的长度-1。例如:

```
int a[10]={1,2,3,4,5,6,7,8,9,10};
int i;
for(i=0;i<10;i++)
    printf("%d ",a[i]);
printf("\n");
```

程序段功能:定义数组 a 有 10 个元素,分别赋不同的值,采用循环输出数组 a 中各元素的值。其中,语句 printf("%d ",a[i]);的输出列表项 a[i] 是数组引用,i 是变量。需要注意的是,数组引用与数组定义要有严格的区别。

引用数组元素注意事项有以下几点。

(1) 数组元素的下标不能越界,包括下越界和上越界。例如,有数组 a 定义如下:

```
int a[5];
```

则引用数组元素 a[-1] 和 a[5] 都是非法的。在使用过程中如果出现了下标越界的问题系统是不会报错的,因此编程时需要格外小心谨慎。

例如:

```
int a[10];
int i;
for(i=0;i<=10;i++)
    a[i]=i;
```

当 i=10 时,执行了 a[10]=10;而 a[10]就是最典型的数组元素的下标越界。

(2) 不能对数组整体引用,只能引用数组元素。

例如,输出数组 a 各元素的值。

```
for(i=0; i<10; i++)
    printf("%d",a[i]);
```

上述引用是合法的,下面引用是非法的。

```
int a[10],b[10];
int i;
for(i=0;i<=10;i++)
    a[i]=i;
b=a;   //是非法的
```

对定义数组和引用数组元素的格式要严格区分。定义数组的格式为:数据类型 数组名[数组长度]；引用数组元素的格式为：数组名[下标]。对数组下标在引用时不要越界。

【例题 6.3】对数组 a 的 10 个元素赋 0 到 9 的值，并按反向输出。

算法分析：对数组 a[0]赋值 0，a[1]赋值 1，…，a[9]赋值 9，说明数组元素下标与数组元素值相同，即 a[i]=i，可采用循环实现。按数组元素在内存中的存储特性，从 a[9]到 a[0]的顺序输出即可实现反序。

程序代码：

```
#include<stdio.h>
int main()
{
    int i,a[10];
    for(i=0;i<=9;i++)
        a[i]=i;
    for(i=9;i>=0;i--)
        printf("%d ",a[i]);
    printf("\n");
    return 0;
}
```

程序运行结果如图 6.3 所示。

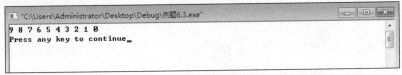

图 6.3　例题 6.3 程序运行结果

说明：对 a[i]=i 语句也可采用 scanf("%d",&a[i]);语句来实现，只是要通过键盘输入 0～9 的数值。

6.1.3　一维数组赋初值

数组定义后，编译系统为数组在内存中开辟了一片连续的存储单元，其首地址由数组名标识，数组的各元素按顺序依次存放。未赋值时，这些存储单元是一个不确定的值。对数组元素的使用，在很多的情况下需要对数组元素赋初值，赋初值的方法主要有以下几种。

1. 在数组定义时对数组元素赋初值

数组的初始化是指在定义数组的同时对数组元素赋值，在数组定义时初始化是在系统编译时进行的。其一般形式如下：

数据类型　数组名[常量表达式]={值 1,值 2,…,值 n};

其中：

(1) 花括号"{ }"中的值为各元素的初始值，用逗号分隔。例如：

int a[10]={ 0,1,2,3,4,5,6,7,8,9 };

那么各数组元素的初始值分别为：a[0]=0，a[1]=1，a[2]=2，a[3]=3，…，a[9]=9。

(2) 如果花括号中的值的个数小于常量表达式的值，则多余的数组元素的初始值为 0。例如：

int a[10]={5,6,7,8,9 };

那么各数组元素的初始值分别为：a[0]=5，a[1]=6，a[2]=7，a[3]=8，a[4]=9，而 a[5]～a[9]

中各元素的值是 0。

(3) 在数组定义时，可省略方括号中元素的个数，而用花括号中默认的元素个数来决定数组元素的长度。例如：

```
int a[ ]={ 0,1,2,3,4,5,6,7,8,9 };
```

等价于：

```
int a[10]={ 0,1,2,3,4,5,6,7,8,9 };
```

2. 用赋值语句对数组元素赋初值

用赋值语句对数组元素赋初值是在程序执行过程中实现的。例如：

```
int a[3];
a[0]=1;
a[1]=2;
a[2]=3;
```

那么首先定义数组 a 有 3 个元素，然后分别采用赋值语句对这 3 个元素进行赋值。但要注意的是，对所有元素赋相同的值，也只能逐个元素进行赋值，不能对数组进行整体赋值。例如：

```
int a[3];
a[0]=1;
a[1]=1;
a[2]=1;
```

这是合法的，若写成 int a[3]=1 则是非法的。

3. 利用输入语句对数组元素赋初值

通过循环控制数组元素的赋值。例如：

```
int a[10],i;
for(i=0;i<10;i++)
    scanf("%d",&a[i]);
```

那么数组 a 的元素 a[0]～a[9]值是用户通过键盘输入的任意的整型值。

当一维数组定义后，编译系统为所定义的数组元素类型在内存中分配一片连续的存储单元。按数组元素的顺序进行线性方式存储，首地址为数组名或下标为 0 的元素的地址，每个元素需要多大空间(即字节数)由数组元素类型决定，如基本整型 int 在 VC++环境下需要 4 个字节；单精度实型 float 需要 4 个字节；字符型 char 需要 1 个字节。例如：

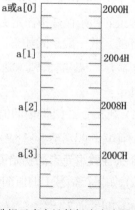

```
int a[4];
a[0]=1;
a[1]=2;
a[2]=3;
a[3]=4;
```

数组元素在计算机内存中的存放形式如图 6.4 所示。

数组 a 共有 4 个元素，数组元素类型是整型，操作系统为每个元素分配 4 个字节的存储单元。假设分配的

图 6.4　数组元素在计算机内存中的存放形式

首地址为 2000H，则 a[0]元素的地址是 2000H，a[1]元素的地址是 2004H，a[2]元素的地址是 2008H，a[3]元素的地址是 200CH。

6.1.4　一维数组的应用

【例题 6.4】程序功能：通过键盘输入 5 名学生的成绩，求 5 名学生的平均成绩。

算法分析：采用循环输入 5 名学生的成绩存放到数组中，再通过循环求出 5 名学生的成绩之和，最后计算平均成绩并输出。

程序代码：

```c
#include"stdio.h"
#define N 5
int main()
{
    float score[N],sum=0;
    int i;
    printf("输入 5 名学生的成绩：\n");
    for(i=0;i<N;i++)
        scanf("%f",&score[i]);
    for(i=0;i<N;i++)
        sum=sum+score[i];
    printf("5 名学生的平均成绩：%.2f\n",sum/N);
    return 0;
}
```

程序运行结果如图 6.5 所示。

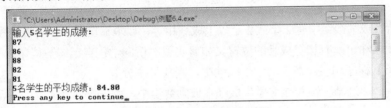

图 6.5　例题 6.4 程序运行结果

说明：因为学生的成绩是相同的类型，所以选用数组存放学生的成绩，可以很方便地对数组中的元素进行操作。数组法为对学生成绩的查询、修改提供了保证。

【例题 6.5】程序功能：在输入的 5 名学生成绩中查找是否有输入的一指定成绩，若有则输出相应的位置，否则输出 Not fund 信息。

算法分析：在例题 6.4 的基础上，输入成绩 score1，将成绩 score1 与 5 名学生成绩一一比较，若相等，则记录下标值并跳出循环，此时找到的是第 1 个相等的。

程序代码：

```c
#include"stdio.h"
#define N 5
int main()
```

```
{
    float score[N],score1;
    int i;
    printf("输入 5 名学生的成绩: \n");
    for(i=0;i<N;i++)
        scanf("%f",&score[i]);
    printf("输入一指定的成绩: \n");
    scanf("%f",&score1);
    for(i=0;i<N;i++)
        if(score[i]==score1)
        {
            printf("%d\n",i);
            break;
        }
        if(i>=N)
            printf("Not found\n");
    return 0;
}
```

程序运行结果如图 6.6 所示。

图 6.6   例题 6.5 程序运行结果

思考: 若在成绩数组中有 2 个或 2 个以上成绩相等, 要求输出最后一个相等成绩的位置, 如何实现? 要求输出所有相等成绩的位置又如何实现? 请同学们自己编写程序。

【例题 6.6】程序功能: 在 5 名学生成绩中, 查找最高分。

算法分析: 通过循环输入 5 名学生成绩存放到数组中, 用 index 记录最高分对应的下标, 对成绩一一比较, 若成绩高, 则交换下标的值, 最后输出 index 下标对应的成绩即可。

程序代码:

```
#define N 5
int main()
{
    float score[N];
    int i,index;
    printf("输入 5 名学生的成绩: \n");
    for(i=0;i<N;i++)
        scanf("%f",&score[i]);
    index=0;
    for(i=0;i<N;i++)
        if(score[i]>score[index])
            index=i;
```

```
    printf("5 名学生中最高分是:%0.2f\n",score[index]);
    return 0;
}
```

程序运行结果如图 6.7 所示。

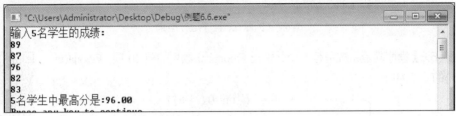

图 6.7　例题 6.6 程序运行结果

说明：本例题查找的是最高分所在的位置(下标)，还可以采用直接查找最高分来实现，其算法是将 score[0]送入 max 中，然后将剩下的成绩与 max 一一比较，若此时比较的成绩比 max 大，则将成绩值转换为 max 的值，比较结束，输出 max 的值。同学们自己编写程序。注意，在处理数组时关键是下标，而不是数组的元素。

【例题 6.7】程序功能：将 5 名学生成绩中的最高分所在位置与第 1 个位置的成绩交换，即将成绩最高分排在最前面。

算法分析：通过循环输入 5 名学生成绩存放到数组中，用 index 记录最高分对应的下标，找到最高分后与第 1 个元素交换。

程序代码：

```
#include"stdio.h"
#define N 5
int main()
{
    float score[N],temp;
    int i,index;
    printf("输入 5 名学生的成绩：\n");
    for(i=0;i<N;i++)
        scanf("%f",&score[i]);
    index=0;
    for(i=1;i<N;i++)
        if(score[i]>score[index])
            index=i;
    temp=score[0];
    score[0]=score[index];
    score[index]=temp;
    printf("输出最后交换的结果：\n");
    for(i=0;i<N;i++)
        printf("%.2f ",score[i]);
    printf("\n");
    return 0;
}
```

程序运行结果如图 6.8 所示。

图 6.8　例题 6.7 程序运行结果

【例题 6.8】程序功能：按每行 5 个数输出 Fibonacci 数列的前 20 项。Fibonacci 数列 F(n)的定义如下：

$$fib(n)=\begin{cases}1 & \text{（当 n=0、1 时）}\\ fib(n-1)+fib(n-2) & \text{（当 n≥2 时）}\end{cases}$$

算法分析：定义 fib[20]的数组存放 Fibonacci 数列中每项的值，由 Fibonacci 定义可知，fib[0]=1，fib[1]=1，fib[2]=fib[1]+fib[0]=2,…,fib[n]=fib[n-1]+fib[n-2]。从 fib[2]开始的每项值通过循环来实现，最后按每输出 5 项后输出一个换行符。

程序代码：

```c
#include"stdio.h"
#define N 20
int main()
{
    int fib[N],i;
    fib[0]=1;
    fib[1]=1;
    for(i=2;i<N;i++)
        fib[i]=fib[i-1]+fib[i-2];
    for(i=0;i<N;i++)
    {
        if(i%5==0)
            printf("\n");
        printf("%6d",fib[i]);
    }
    printf("\n");
    return 0;
}
```

程序运行结果如图 6.9 所示。

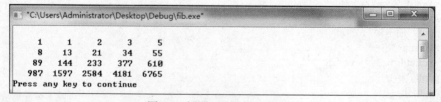

图 6.9　例题 6.8 程序运行结果

【例题 6.9】程序功能：用筛法求 1000 以内的全部素数，并统计出素数的个数。

算法分析：求 2～20 的素数。用筛法的具体步骤如下。

(1) 将数字 2～20 一字排开(^表示正在处理数据的开始位置)。

^2 3 4 5 6 7 8 9 10 11 12 13 14 15 16 17 18 19 20

(2) 取出数组中最小的数 2(2 是质数)，保留下来，将后面的所有 2 的倍数全部删掉。剩余的数为：

2 ^3 5 7 9 11 13 15 17 19

(3) 取出除 2 外最小的数 3，再删掉 3 的所有倍数。剩下的数为：

2 3 ^5 7 11 13 17 19

以此类推，直到结束，则剩下的数都是素数。

程序代码：

```c
#include"stdio.h"
#define N 1000
int main()
{
  int a[N],i,j,num;
  for(i=2;i<N;i++)              //所有元素置 1，删除元素置 0，剩余元素保持为 1
     a[i]=1;
  for(i=2;i<=100;i++)          //2 到 100 的所有数
     for(j=i+i;j<N;j=j+i)      //i 的所有倍数
         a[j]=0;               //加删除标志
  num=0;
  for(i=2;i<N;i++)             //从 2 开始遍历所有元素
     if(a[i])                  //判断是否为素数
     {
        num++;                 //是素数计数器加 1
        printf("%6d",i);
        if(num%10==0)          //每行输出 10 个素数
          printf("\n");
     }
  printf("\n 总共有素数%d 个 \n",num);
  return 0;
}
```

程序运行结果如图 6.10 所示。

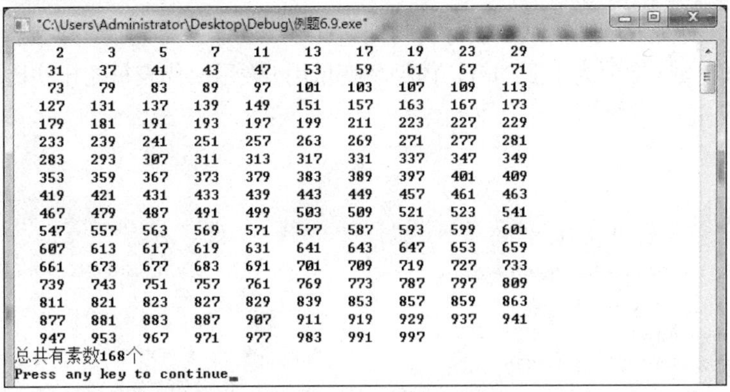

图 6.10　例题 6.9 程序运行结果

【例题 6.10】程序功能：用冒泡法对 10 个整数按从小到大排序输出。

排序是程序设计中经常遇到的问题，其中冒泡排序法是一种行之有效的方法。冒泡排序的思路：首先对 n 个数的每相邻两个数进行比较，小的数放在前面，大的数放在后面，经过第一轮比较后，数列中的最后一个数是最大数，接下来对 n-1 个数进行同样的比较，将次大的数放在数列中的倒数第二个位置上，依次类推，直到排序结束，在整个排序过程中，大的数不断往下沉，小的数不断往上冒，因此称冒泡法。设数组中有 5 个元素 a[1]，…，a[5]，要求经排序后，a[1]，…，a[5]是从小到大的顺序排列的。

算法分析：将数组中两相邻元素 a[i]，a[i+1]进行比较，将小的元素放到 a[i]中，大的元素放到 a[i+1]中，当所有元素都比较完后，最大的元素将成为数组中的最后一个元素 a[5]，然后再将前面a[1]，…，a[4]两两进行比较，按同样的道理，得到 a[4]为 4 个元素中最大的元素，依次得到 a[3]，a[2]，a[1]，排序完成。以上过程如下：

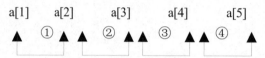

第 1 轮排序：两两比较，如 a[1]>a[2]，a[1]和 a[2]交换，共进行 4 次比较或交换。得到 a[5]为最大值。

第 2 轮排序：同第 1 次循环一样，得到最大元素放入 a[4]，共进行 3 次比较。

第 3 轮排序：同样将 a[1]、a[2]、a[3]中最大元素放入 a[3]，共进行 2 次比较。

第 4 轮排序：将 a[1]和 a[2]比较，大的数放入 a[2]，小的数放入 a[1]，共进行 1 次比较。到现在，排序完成，最小数最后"冒出来"。

这是一个双重循环的问题，从上面分析得知，如果数组有 N 个元素，外循环变量用 j 表示，代表排序的轮次，则 j 取值为 1 到 N-1，内循环变量用 i 表示，代表每轮排序比较的次数，则 i 的取值为 1 到 N-j。

程序代码：

```
#include"stdio.h"
#define N 10
int main()
{
    int i,j,temp,num[N];
    printf("输入要排序的 10 个整数：\n");
    for(i=0;i<N;i++)
```

```
        scanf("%d",&num[i]);
    printf("\n");
    for(j=1;j<N;j++)              //比较 9 轮
        for(i=1;i<=N-j;i++)      //第 j 轮次比较 N-j 次
            if(num[i-1]>num[i])  //比较相邻两数大小
            {
                temp=num[i];
                num[i]=num[i-1];
                num[i-1]=temp;
            }
    printf("输出排序好的数：\n");
    for(i=0;i<N;i++)
        printf("%d    ",num[i]);
    printf("\n");
    return 0;
}
```

程序运行结果如图 6.11 所示。

图 6.11　例题 6.10 程序运行结果

【例题 6.11】程序功能：要求输出例题 6.10 冒泡法排序中每轮排序的结果，使排序更加明显。

算法分析：在例题 6.10 算法基础上，设置一个计数器来记录每轮的排序，采用双重循环将每轮排序结果打印出来。

程序代码：

```
#include"stdio.h"
#define N 10
int main()
{
    int i,j,temp,num[N];
    int count=0;                //计数器，记录是第几轮排序
    printf("输入任意的 10 个数：\n");
    for(i=0;i<N;i++)
        scanf("%d",&num[i]);
    printf("\n");
    printf("每轮的排序结果:\n");
    for(j=1;j<N;j++)
    {
        count++;                //每排序一轮，计数器加 1
        for(i=1;i<=N-j;i++)
            if(num[i-1]>num[i])
            {
                temp=num[i];
```

```
            num[i]=num[i-1];
            num[i-1]=temp;
        }
        printf("%3d:",count); //打印是第几轮排序
        for(i=0;i<N;i++)
            printf("%d ",num[i]);//打印本轮排序结果
        printf("\n");
    }
    printf"输出最终排序的结果：\n");
    for(i=0;i<N;i++)
        printf("%d ",num[i]);
    printf("\n");
    return 0;
}
```

程序运行结果如图 6.12 所示。

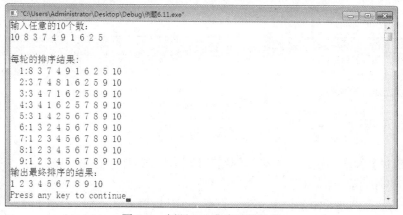

图 6.12　例题 6.11 程序运行结果

说明：从每轮排序的结果发现，进行到第 7 轮时就已经排序完毕。但实际上程序并没有就此结束，而是一直运行到循环结束，第 8、第 9 轮排序是空比较，浪费程序运行时间。为了节省这部分时间，我们可以设置一个标志，一旦发现在某轮没有数据交换，就提前跳出循环，终止排序过程。请同学们自己改写程序。

【例题 6.12】程序功能：用选择法对任意的 10 个整数进行从小到大的排序，并输出排序结果。

算法分析：选择法的基本思想是，假设有 n 个元素要排序，首先选择最小的元素与第 1 个元素交换，然后再对剩下的 n-1 个元素进行类似的处理，这样重复 n-1 次后即可将 n 个数由小到大的顺序排序。

本题算法是先把第 1 个元素作为最小，与后面的 9 个元素比较，如果第 1 个元素大，则与其交换(保证第 1 个元素总是最小的)，直到与最后一个元素比较完，第一遍就找出了最小元素，并保存在第 1 个元素位置。再以第 2 个元素(剩余元素中的第 1 个)作为剩余元素的最小，与后面的元素一一比较，若后面元素小，则与第 2 个元素交换，直到最后一个元素比较完，第二遍找出了次小的元素，并保存在数组的第 2 个元素中。以此类推，经过 9 遍处理后就完成了要求的排序。

程序代码:

```
#include"stdio.h"
#define N 10
int main()
{
    int i,j,temp,index;
    int num[N];
    printf("输入要排序的 10 个整数:\n");
    for(i=0;i<N;i++)
       scanf("%d",&num[i]);
    printf("\n");
    for(i=0;i<N-1;i++)      // 10 个元素选择 9 遍
    {
       index=i;             //本遍排序中第 1 个元素下标保存在 index 中
       for(j=i+1;j<N;j++)
          if(num[index]>num[j])
             index=j; //记录新的小元素的下标
          if(index!=i)
          { temp=num[i]; num[i]=num[index]; num[index]=temp;}
    }
    printf("输出排序好的结果: \n");
    for(i=0;i<N;i++)
       printf("%d ",num[i]);
    printf("\n");
    return 0;
}
```

程序运行结果如图 6.13 所示。

图 6.13 例题 6.12 程序运行结果

6.2 二维数组

数组名后有两对方括号的数组称为二维数组。二维数组可被看作是一种特殊的一维数组，它的元素也是一个一维数组。

6.2.1 二维数组的定义和注意事项

1. 二维数组的定义

二维数组的定义形式如下:

数据类型 数组名[常量表达式 1][常量表达式 2];

说明：

(1) 数据类型可以是任何一种基本数据类型或构造类型，用来指明数组元素的数据类型。

(2) 数组名是用户定义数组时使用的标识符，只要符合 C 语言的标识符命名规则即可，做到见名识义。

(3) 方括号[ ]称下标运算符，有行下标和列下标。常量表达式 1 表示数组行元素的个数或行长度，常量表达式 2 表示数组列元素的个数或列长度，但都不允许是变量。

例如：

```
int a[3][4];
```

定义了一个 3 行 4 列，共有 12 个元素的整型数组 a。数组元素的表示方法：行长度为 3，与一维数组一样，分别是 0 行、1 行、2 行；列长度为 4，与一维数组一样，分别是 0 列、1 列、2 列、3 列。由 0 行分别与 0 列、1 列、2 列、3 列构成二维数组元素；由 1 行分别与 0 列、1 列、2 列、3 列构成二维数组元素；由 2 行分别与 0 列、1 列、2 列、3 列构成二维数组元素。构成的 12 个二维数组元素为：

```
a[0][0] a[0][1] a[0][2] a[0][3]
a[1][0] a[1][1] a[1][2] a[1][3]
a[2][0] a[2][1] a[2][2] a[2][3]
```

2. 定义二维数组注意事项

(1) 常量表达式 1 和常量表达式 2 不能写在一个方括号内，不能是圆括号、花括号。例如，下面定义的二维数组是非法的。

```
int a[3,4];
int a(3,4);
int a{3}{4};
```

正确的定义如下：

```
int a[3][4];
```

(2) 用一维数组来解释二维数组。二维数组可以看成是一种特殊的一维数组，其特殊之处就在于它的元素又是一个一维数组。例如，二维数组 a[3][4]可以理解为：它有 3 个元素 a[0]、a[1]、a[2]，每一个元素却又是一个包含 4 个元素的一维数组，用一维数组解释二维数组如表 6.1 所示。

表 6.1 用一维数组解释二维数组

二维数组名	一维数组名	数组元素			
	a[0]	a[0][0]	a[0][1]	a[0][2]	a[0][3]
a	a[1]	a[1][0]	a[1][1]	a[1][2]	a[1][3]
	a[2]	a[2][0]	a[2][1]	a[2][2]	a[2][3]

(3) 定义二维数组后，操作系统为数组元素分配一片连续的存储单元，与一维数组一样按线性方式进行存储。二维数组元素在内存中的存放形式如图 6.14 所示。

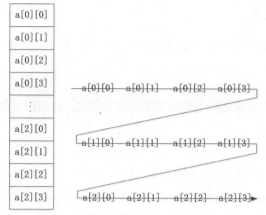

图 6.14 二维数组元素在内存中的存放形式

从二维数组中各元素在内存中的排列顺序可计算出数组元素在数组中的排列位置。对于一个 m 行 n 列(m×n)的二维数组 a, 其中 i 行、j 列元素 a[i][j] 在数组中的排列位置为(第 1 个数组元素是 a[0][0]): i×n+j+1。

6.2.2 二维数组的引用

二维数组只能对具体的元素进行引用, 不能对数组进行整体引用。二维数组元素的引用是通过数组名和行下标、列下标来进行的。引用的形式为:

数组名[行下标表达式][列下标表达式];

例如:

int a[3][4];

定义了 3 行 4 列, 共有 12 个元素的整型数组, 其数组名为 a, 数组元素分别是 a[0][0]、a[0][1]、…、a[2][2]、a[2][3]。只对这 12 个元素中的一个或多个进行引用。例如:

a[0][0]=1;
a[0][1]=2;
a[2][2]=a[0][0]+a[0][1];

在引用数组元素时需要注意以下几点。

(1) 行下标、列下标可以是整型常量或整型表达式, 也可以是变量, 行下标的取值范围为 0 到行的长度-1, 列下标的取值范围为 0 到列的长度-1, 引用时不要越界, 在使用时要加以注意。

(2) 对基本数据类型的变量所能进行的操作, 同样适合二维数组元素的操作, 如数组元素的算术运算、关系运算等。

(3) 若要引用二维数组的全部元素, 则需要遍历二维数组。通常采用双层嵌套 for 循环来实现。一般把二维数组的行下标作为外层循环的控制变量, 把列下标作为内层循环的控制变量。

(4) 数组元素引用和定义数组在形式中有些相似, 但两者具有完全不同的含义。定义数组的方括号中给出的是某一维的长度, 即该数组元素的个数; 而数组元素中的下标是该元素在数组中的位置标识。数组元素引用中的方括号内可以是常量、常量表达式和变量; 定义数组中的方括号内只能是常量、常量表达式, 指明行、列的长度。

6.2.3　二维数组的赋值

对二维数组元素的赋值可通过初始化、赋值语句和输入语句来实现。

1. 初始化赋值

数组的初始化是指在定义数组的同时对数组元素赋值，在数组定义时初始化是在系统编译时进行的。

(1) 初值按行的顺序依次排列，每行用花括号括起来，各行之间用逗号隔开。例如：

```
int a[2][3]={ {1,2,3},{4,5,6} };
```

第1个花括号内的数据依次赋给第1行的元素，第2个花括号内的数据依次赋给第2行的元素，依次类推。

(2) 不分行地初始化。将所有元素的初值写在花括号内，按数组排列的顺序依次对各元素赋初值。例如：

```
int a[2][3]={1,2,3,4,5,6};
```

如果初始化列表中元素的个数小于数组中元素的个数，则剩余元素赋 0；若多于数组中元素的个数，则在编译过程中提示错误。

(3) 按行对二维数组中的部分元素初始化，未赋值的元素自动取 0。

```
int a[2][3]={{1,2},{3,4}};
```

等价于：

```
int a[2][3]={{1,2,0},{3,4,0}};
```

其中，{1,2}是对第 1 行的第 1、2 列元素分别赋 1、2 值，第 3 列自动取 0；{3,4}是对第 2 行的第 1、2 列赋 3、4 值，第 3 列自动取 0。若按矩阵格式表示如下：

```
1   2   0
3   4   0
```

(4) 对二维数组全部元素都初始化，可省略行下标，但不能省略列下标。程序会自动计算初始化元素个数，并用元素个数除以二维数组的列数来求出该数组的行数。例如，下面两条语句是等价的。

```
int a[ ][3]={1,2,3,4,5,6};
int a[2][3]={1,2,3,4,5,6};
```

(5) 若只对部分数组元素赋初值，又省略了行下标，则必须分行赋初值。若某行没有对应的初值，还必须保留对应该行的花括号。例如：

```
int a[][3]={{1,2},{    },{4,5}};
```

2. 赋值语句赋值

用赋值语句初始化是在程序执行过程中实现的。例如：

```
int a[2][3];
a[0][0]=1;
a[0][1]=2;
```

```
a[0][2]=3;
```

3. 用输入语句对数组元素进行动态赋值

采用双重循环实现。例如：

```
int a[2][3];
    for(i=0;i<2;i++)
        for(j=0;j<3;j++)
            scanf("%d",&a[i][j]);
```

6.2.4　二维数组的应用

【例题 6.13】程序功能：定义一个 4×4 的二维数组 array，数组元素的值由
表达式 array[i][j]=i+j 得到，按矩阵形式输出 array。

算法分析：二维数组元素的遍历是通过二层嵌套循环实现的，由表达式
array[i][j]=i+j 可知，i 是行下标，j 是列下标，它们的取值范围分别是：0≤i<4；
0≤j<4。按矩阵形式输出 array 时，外循环控制行要做两件事：一是输出一行中所有列的元素；
二是输出完一列后要输出一个换行符。内循环是输出列的所有元素。

程序代码：

```
#include"stdio.h"
int main()
{
    int array[4][4];
    int i,j;
    for(i=0;i<4;i++)         //按表达式对二维数组元素赋值
        for(j=0;j<4;j++)
            array[i][j]=i+j;
    for(i=0;i<4;i++)     //按矩阵形式输出二维数组元素
    {
        for(j=0;j<4;j++)
            printf("%d ",array[i][j]);
            printf("\n");
    }
    return 0;
}
```

程序运行结果如图 6.15 所示。

图 6.15　例题 6.13 程序运行结果

【例题 6.14】程序功能：求 4×4 矩阵中的最大值，以及最大值所在行和列
的位置。

算法分析：采用双重循环遍历二维数组，赋值采用格式输入函数实现。定

义记录数组行下标 row，列下标 col，初值都为 0，将行下标为 row 列下标为 col 的数组元素与每个数组元素比较，若小，则记录新的行下标和列下标，比较结束后，输出行下标 row 和列下标 col 及其元素值。

程序代码：

```
#include"stdio.h"
int main()
{
    int array[4][4];
    int i,j,row,col;
    printf("请输入二维数组元素值:\n");
    for(i=0;i<4;i++)        //对二维数组元素赋值
        for(j=0;j<4;j++)
            scanf("%d",&array[i][j]);
    printf("按矩阵输出二维数组：\n");
    for(i=0;i<4;i++)        //按矩阵形式输出数组
    {
        for(j=0;j<4;j++)
            printf("%d ",array[i][j]);
        printf("\n");
    }
    row=0;
    col=0;
    for(i=0;i<4;i++)
        for(j=0;j<4;j++)
            if(array[row][col]<array[i][j])
            {
            row=i;
            col=j;
            }

    printf("最大元素 array[%d][%d]=%d\n",row,col,array[row][col]);
    return 0;
}
```

程序运行结果如图 6.16 所示。

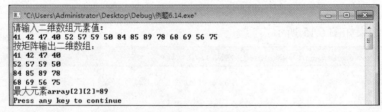

图 6.16   例题 6.14 程序运行结果

【例题 6.15】程序功能：求 4×4 矩阵主对角线上元素的和。

算法分析：矩阵的对角线由数组的行下标与列下标相等的数组元素构成。采用双重循环遍历二维数组，判断数组元素的行下标与列下标是否相等，若相等，则累加，最后输出累加和。

程序代码:

```
#include"stdio.h"
int main()
{
    int array[4][4];
    int i,j,sum=0;
    printf("请输入二维数组元素值: \n");
    for(i=0;i<4;i++)        //对二维数组元素赋值
        for(j=0;j<4;j++)
            scanf("%d",&array[i][j]);
    printf("按矩阵输出二维数组: \n");
    for(i=0;i<4;i++)        //按矩阵形式输出数组
    {
        for(j=0;j<4;j++)
            printf("%d ",array[i][j]);
        printf("\n");
    }
    for(i=0;i<4;i++)
        for(j=0;j<4;j++)
            if(i==j)
                sum+=array[i][j];
    printf("主对角线元素和: %d\n",sum);
    return 0;
}
```

程序运行结果如图 6.17 所示。

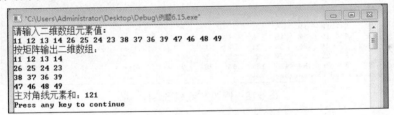

图 6.17 例题 6.15 程序运行结果

【例题 6.16】程序功能: 输出以下的杨辉三角形(要求输出 10 行)。

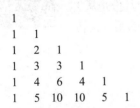

```
1
1  1
1  2  1
1  3  3  1
1  4  6  4  1
1  5  10 10  5  1
```

算法分析: 杨辉三角形可看成 N×N 方阵的下三角。其中第 0 列和对角线元素值均为 1, 其余各元素值是上一行同列和上一行前一列的两个元素值之和。

程序代码:

```
#include"stdio.h"
#define N 10
int main()
```

```
{
    int i,j,array[N][N];
    for(i=0;i<N;i++)    //对第 0 列和主对角线元素赋值 1
    {
        array[i][i]=1;
        array[i][0]=1;
    }
    for(i=2;i<N;i++) //对第 0 列和对角线以外的元素赋值
    {
        for(j=1;j<i;j++)
            array[i][j]=array[i-1][j-1]+array[i-1][j];
    }
    printf("输出杨辉三角形:\n");
    for(i=0;i<N;i++)
    {
        for(j=0;j<=i;j++)
            printf("%5d",array[i][j]);
        printf("\n");
    }
    return 0;
}
```

程序运行结果如图 6.18 所示。

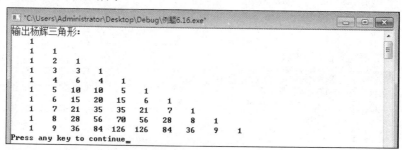

图 6.18 例题 6.16 程序运行结果

【例题 6.17】程序功能：输入某年某月某日，输出该日是该年的第几天。

算法分析：判断输入的年份是否为闰年，定义一个二维数组 2 行 13 列，第 0 行存放非闰年每个月的天数；第 1 行存放闰年每个月的天数，由于月份是从 1 开始，数组下标又是从 0 开始，因此增加了 0 月份，这样将求该年的第几天转变成求数组元素的累加。

程序代码：

```
#include"stdio.h"
int main()
{
    int monthtab[2][13]=
    { {0,31,28,31,30,31,30,31,31,30,31,30,31},
      {0,31,29,31,30,31,30,31,31,30,31,30,31}};
    int year,month,day;
    int yearday,leap,i;
    printf("输入年月日:\n");
```

```
scanf("%d%d%d",&year,&month,&day);
  //leap 为 1 是闰年，为 0 是非闰年
leap=((year%4==0)&&(year%100!=0||year%400==0));
yearday=day;
for(i=1;i<month;i++)
    yearday+=monthtab[leap][i];
printf("yearday=%d\n",yearday);
return 0;
}
```

程序运行结果如图 6.19 所示。

图 6.19　例题 6.17 程序运行结果

在程序中，关键用了一个判断闰年的算法，这是一种程序设计思想，通过学习应该掌握程序设计的思想和方法。因计算机程序设计语言是一种工具，是用来解决一定的问题，所以对于具体的数学、物理或实际问题，关键在于算法或模型的建立，再通过基于特定算法或模型的计算加以实现和求解。

【例题 6.18】程序功能：有 5 名学生，每名学生有 3 门课程(分别是高等数学、大学英语、C 语言)的考试成绩，求每门课的总分和平均分。学生成绩表如表 6.2 所示。

表 6.2　学生成绩表

学生	高等数学	大学英语	C 语言
学生 1	85	82	96
学生 2	82	87	92
学生 3	78	89	85
学生 4	83	56	87
学生 5	86	77	88

算法分析：根据学生成绩表 5 行 3 列可定义一个二维数组 score[5][3]，存放 5 名学生 3 门课程成绩。再定义两个一维数组 sum[3] 和 ave[3] 分别存放 3 门课程的总分和平均分。

程序代码：

```
#include"stdio.h"
int main()
{
    int score[5][3];        //存放 5 个学生的 3 门课程成绩
    int sum[3]={0,0,0};     //存放 3 门课程的总分
    float ave[3]={0,0,0};   //存放 3 门课程的平均分
    int i,j;
    for(i=0;i<5;i++)
    {
```

```
        printf("请输入第%d 个学生的 3 门课程成绩: ",i+1);
        for(j=0;j<3;j++)
            scanf("%d",&score[i][j]);
    }
    for(j=0;j<3;j++)                    //j 为列数,控制课程门数
    {
        for(i=0;i<5;i++)                //i 为和,控制学生人数
            sum[j]+=score[i][j]; //计算每门课总分
        ave[j]=(float)sum[j]/5.0;//计算每门课平均分
    }
    for(j=0;j<3;j++)
        printf("课程的总分为%d,平均分为%.2f\n",sum[j],ave[j]);
    return 0;
}
```

程序运行结果如图 6.20 所示。

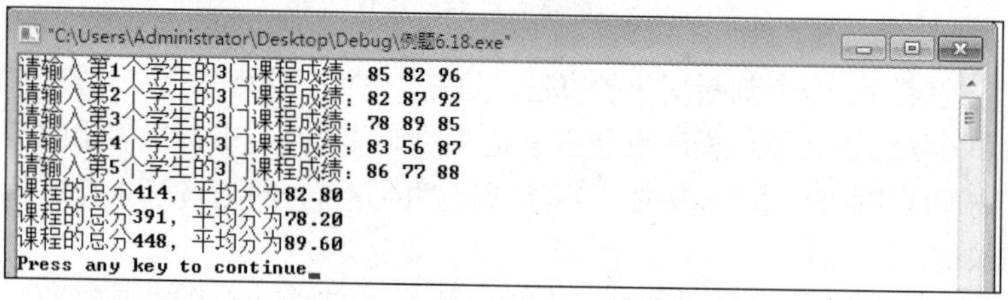

图 6.20　例题 6.18 程序运行结果

6.3 字符数组

字符数组是指数组元素的数据类型是字符型,字符数组有一维字符数组、二维字符数组和多维字符数组,C 语言没有字符串变量,是通过字符数组存储和处理字符串。

6.3.1 字符数组的定义

字符数组同一维数组、二维数组的定义相同,只是数据类型是字符型,关键字用 char。一维字符数组的定义形式为:

char 数组名[常量表达式];

其中,常量表达式指明了一维字符数组元素的个数。例如:

char ch[10];

定义了一个一维字符数组,数组名为 ch,每一个数组元素存放一个字符,在内存中占用一个字节大小。

二维字符数组的定义形式如下:

char 数组名[常量表达式 1][常量表达式 2];

其中,常量表达式 1 指明了二维字符数组的行数;常量表达式 2 指明了二维字符数组的列数。

例如：

```
char ch[5][10];
```

定义了一个二维字符数组，数组名为 ch，有 5 行，每行有 10 个字符。也可理解为有 5 个一维字符数组，每个一维字符数组又有 10 个元素，每个元素存放一个字符。

6.3.2　字符数组初始化

字符数组初始化是指在定义字符数组时，对字符数组元素进行赋初值。通常有用字符初始化和用字符串初始化。

1. 用字符初始化

在定义字符数组时，在花括号中依次列出各个字符，字符之间用逗号分隔且字符用单引号括起来。

例如：

```
char ch[10]={'C',' ','p','r','o','g','r','a','m'};
```

赋值后各字符数组元素的值为：

```
ch[0]的值为'C'
ch[1]的值为' '
ch[2]的值为'p'
ch[3]的值为'r'
ch[4]的值为'o'
ch[5]的值为'g'
ch[6]的值为'r'
ch[7]的值为'a'
ch[8]的值为'm'
```

一维字符数组 ch 共有 10 个数组元素，但只赋了 9 个值，ch[9]元素的值由系统自动加上'\0'。

当花括号中提供的初值个数小于一维字符数组的长度时，则只将这些字符赋给字符数组中前面对应的元素，其余元素由系统自动加上'\0'；当花括号中提供的初值个数大于一维字符数组的长度时，则出现编译时语法错误提示。

当对全部元素赋初值时也可以省去字符数组的常量表达式。

例如：

```
char ch[]={'c',' ', 'p', 'r', 'o', 'g', 'r', 'a', 'm'};
```

字符数组 ch[ ]的大小由系统根据初值的个数来确定，此时 ch[ ]的元素个数是 9。

2. 用字符串初始化

字符串是指用一对双引号括起来的单个或多个字符，字符串的结束标志是'\0'。用字符串对数元素初始化时，系统会在字符串常量后自动添加一个字符串结束符'\0'。

例如：

```
char ch[10]="C　program";
```

等价于：

```
char ch[10]={"C program"};
```

一维字符数组在内存中的存放形式如图 6.21 所示。

ch[0] ch[1] ch[2] ch[3] ch[4] ch[5] ch[6] ch[7]ch[8] ch[9]

| C | | p | r | o | g | r | a | m | \0 |

图 6.21　一维字符数组在内存中的存放形式

用字符串初始化字符数组是最常用的方法，与字符初始化相比，其表达简洁，可读性强。另外，系统在字符串常量后面自动添加字符结束符'\0'，也为字符串的处理设置了明确的边界。

在对字符数组初始化时，不能用字符串常量对字符数组整体赋值。例如，下面的用法是错误的。

```
char ch[10];
ch="C program";
```

对二维字符数组的初始化可借用二维数值数组的方法。

例如：

```
char ch[2][10]={"C program","VC++ 6.0"};
```

注意：赋值后的一对花括号不能省略。

【例题 6.19】程序功能：按行输出 C program、VC++ 6.0、Data structure 字符串。

算法分析：定义二维字符数组 str[3][20]来存放指定的字符串，通过双重循环输出。

程序代码：

```
#include"stdio.h"
int main()
{
    char str[3][20]={"C program","VC++6.0","Data structure"};
    int i,j;
    for(i=0;i<3;i++)
    {
        for(j=0;j<20;j++)
            printf("%c",str[i][j]);
        printf("\n");
    }
    return 0;
}
```

程序运行结果如图 6.22 所示。

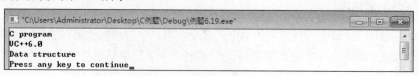

图 6.22　例题 6.19 程序运行结果

6.3.3 字符数组输入输出

字符数组在内存中的存放表现为字符串的形式，因此输入输出字符数组元素常有逐个字符输入输出和整个字符串输入输出两种方法。

1. 逐个字符输入输出

用字符输入输出函数 getchar()和 putchar()或标准输入输出函数 scanf()和 printf()的格式符%c，结合循环，实现逐个字符输入输出。

(1) 用 getchar()或 scanf()函数的%c 格式对数组元素逐个输入值。

① 使用 getchar()函数对字符数组元素赋值。

例如：

```
char str[20];
int i;
for(i=0;i<19;i++)
    str[i]=getchar();
```

② 使用 scanf()函数对字符数组元素赋值。

例如：

```
char str[20];
  int i;
  for(i=0;i<19;i++)
    scanf("%c",&str[i]);
```

程序说明：采用 getchar()和 scanf()函数赋值，一次只接收一个字符，都不是以回车符为结束，而是以循环次数为结束，当输入的字符个数大于循环次数时，则只取满足循环次数的字符存入字符数组中。

(2) 用 putchar()或 printf()函数的%c 格式对数组元素逐个输出值。

① 使用 putchar()函数的%c 格式输出值。

例如：

```
char str[20];
int i;
    :
    :
for(i=0;i<20;i++)
    putchar(str[i]);
```

② 使用 printf()函数的%c 格式输出值。

例如：

```
char str[20];
int i;
    :
    :
for(i=0;i<20;i++)
    printf("%c",str[i]);
```

2. 整个字符串的输入输出

(1) 用 scanf()函数的%s 格式对字符数组元素整体输入。

① 使用字符数组的首元素地址实现输入。

例如：

```
char str[20];
scanf("%s",&str[0]);
```

② 使用字符数组名实现输入。

例如：

```
char str[20];
    scanf("%s",str);
```

程序说明：%s 格式要求操作数是地址，数组名 str 代表了数组的首地址，数组首元素 str[0]取地址运算后也代表了数组的首地址。在使用 scanf()函数输入时，以回车或空格作为字符串的结束标志。

例如：

```
char str[20];
scanf("%s",str);
puts(str);
```

当输入 thisisaprogram 时，输出的结果是 thisisaprogram；当输入 this is a program 时，输出的结果是 this，即空格后的字符没有输出。同学们自己可编写程序验证。

(2) 使用 printf()函数的%s 格式对字符数组元素整体输出，要求输出列表项是字符数组名，字符数组一定是以'\0'结尾。

例如：

```
char str[20]={"program"};
printf("%s",str);
```

C 语言还提供了专用的字符串输入函数 gets()和字符串输出函数 puts()实现对字符数组的整体输入输出(放到字符串处理函数中讲)。

【例题 6.20】程序功能：将任意的两个字符串中的字符拼接起来并输出拼接后的字符串。

算法分析：定义 str1[80]、str2[20]两个字符数组，通过键盘输入第 1 个字符串并存放到 str1 字符数组中，输入第 2 个字符串并存放到 str0 字符数组中。先按顺序搜索第 1 个字符串，找到结尾时停止，再将第 2 个字符串中的字符从此位置开始逐一复制到第 1 个字符串的后面直到第 2 个字符串结束。

程序代码：

```
#include "stdio.h"
int main()
{
    char str1[80],str2[20];
    int i,j;
    printf("输入第 1 个字符串：\n");
```

```
    scanf("%s",str1);
    printf("输入第 2 个字符串：\n");
    scanf("%s",str2);
    for(i=0;str1[i]!='\0';i++)    //搜索到第 1 个字符串的结尾处
        ;
    for(j=0;str2[j]!='\0';j++)    //将第 2 个字符串中的字符复制到第 1 个字符串
    {
        str1[i]=str2[j];
        i++;
    }
    str1[i]='\0';              //加字符串结束标志
    printf("%s",str1);
    printf("\n");
    return 0;
}
```

程序运行结果如图 6.23 所示。

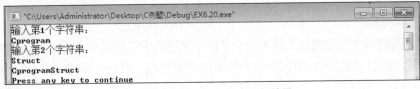

图 6.23　例题 6.20 程序运行结果

程序说明：本例题还可采用 getchar()函数和 putchar()函数，结合循环来实现，请同学们编写程序。

6.3.4　字符串处理函数

C 语言提供了丰富的字符串处理函数，可分为字符串的输入、输出、连接、比较、转换、复制、搜索几类，使用这些函数可大大减轻编程的负担。注意，用于输入输出的字符串函数，在使用前应包含头文件 stdio.h，使用其他字符串函数则应包含头文件 string.h。

1. 字符串输出函数 puts()

格式：

puts (字符数组名);

功能：把字符数组中的字符串输出到显示器，即在屏幕上显示该字符串。必须以'\0'作为结束标志。

【例题 6.21】程序功能：对字符数组赋指定的字符串，采用字符串输出函数输出数组元素。

程序代码：

```
#include<stdio.h>
int main()
{
    char ch[]="C program !\nVC++ 6.0";
```

```
    puts(ch);
    return 0;
}
```

程序运行结果如图 6.24 所示。

```
■ "C:\Users\Administrator\Desktop\C例题\Debug\EX6.21.exe"      ─ □ ✕
C program !
UC++6.0
Press any key to continue
```

图 6.24 例题 6.21 程序运行结果

从程序运行结果可以看出，puts()函数中可以使用转义字符\n 输出结果为两行。puts()函数完全可以由 printf()函数取代，当需要按一定格式输出时，通常使用 printf()函数。

2. 字符串输入函数 gets()

格式：

```
gets (字符数组名);
```

功能：从标准输入设备键盘上输入一个字符串存放到字符数组中，直到遇到换行符，换行符本身不被接收而是被转换成'\0'，作为字符串的结束标志。用 gets()函数输入的字符串中可以含有空格。

【例题 6.22】程序功能：采用 gets()和 puts()函数输入输出整个字符串。

程序代码：

```
#include<stdio.h>
int main()
{
    char str[15];
    printf("input string:\n");
    gets(str);
    puts(str);
    return 0;
}
```

程序运行结果如图 6.25 所示。

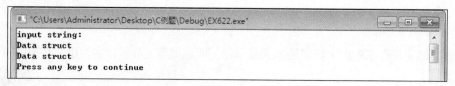

```
■ "C:\Users\Administrator\Desktop\C例题\Debug\EX622.exe"      ─ □ ✕
input string:
Data struct
Data struct
Press any key to continue
```

图 6.25 例题 6.22 程序运行结果

从程序运行结果可以看出，当输入的字符串中含有空格时，输出仍为全部字符串。说明 gets()函数并不以空格作为字符串输入结束的标志，而只以回车作为输入结束标志，这是与 scanf()函数不同的。

3. 字符串连接函数 strcat()

格式:

strcat (字符数组名 1,字符数组名 2);

功能: 把字符数组 2 中的字符串连接到字符数组 1 中字符串的后面, 并删去字符串 1 后的串标志\0。函数调用后得到的函数值是字符数组 1 的地址。

【例题 6.23】程序功能: 将字符数组 st2 连接到字符数组 st1 的后面, 并输出连接后的结果。

程序代码:

```
#include<string.h>
int main()
{
    static char st1[30]="My name is ";
    int st2[10];
    printf("input your name:\n");
    gets(st2);
    strcat(st1,st2);
    puts(st1);
    return 0;
}
```

本程序把初始化赋值的字符数组与动态赋值的字符串连接起来。需要注意的是, 字符数组 1 应定义足够的长度, 否则不能全部装入被连接的字符串。

4. 字符串拷贝函数 strcpy()

格式:

strcpy(字符数组名 1,字符数组名 2);

功能: 把字符数组 2 中的字符串复制到字符数组 1 中, 串结束标志\0 也一同复制。当字符数组名 2 是一个字符串常量时, 相当于把一个字符串赋予一个字符数组。

【例题 6.24】程序功能: 将字符串数组 st2 复制到 st1 中并输出。

程序代码:

```
#include"string.h"
int main()
{
    char st1[15],st2[]="C Language";
    strcpy(st1,st2);
    puts(st1);printf("\n");
    return 0;
}
```

注意: 该函数要求字符数组 1 应有足够的长度, 否则不能全部装入所复制的字符串; 字符串的复制必须使用 strcpy()函数, 而不能使用赋值运算符=; 如果只把字符数组 2 的部分复制到字符数组 1 中, 则在复制时指定其长度, 格式为 strcpy (字符数组名 1, 字符数组名 2, 长度 n)。

5. 字符串比较函数 strcmp()

格式:

strcmp(字符数组名 1,字符数组名 2)

功能:将两个字符数组中的字符串按 ASCII 码值从左至右逐个字符进行比较,直到出现不同的字符或遇到'\0'为止,比较结果是该函数的返回值。

- 字符串 1=字符串 2,返回值=0;
- 字符串 1>字符串 2,返回值>0;
- 字符串 1<字符串 2,返回值<0。

本函数也可用于比较两个字符串常量或比较字符数组和字符串常量。

【例题 6.25】程序功能:比较两个字符串的大小。

程序代码:

```c
#include"string.h"
int main()
{
    int k;
    char st1[15],st2[]="C Language";
    printf("input a string:\n");
    gets(st1);
    k=strcmp(st1,st2);
    if(k==0) printf("st1=st2\n");
    if(k>0) printf("st1>st2\n");
    if(k<0) printf("st1<st2\n");
    return 0;
}
```

本程序中把输入的字符串与数组 st2 中的字符串比较,比较结果返回到 k 中,根据 k 值再输出结果提示串。当输入 dbase 时,由 ASCII 码可知,dBASE 大于 C Language,故 k>0,输出结果为 st1>st2。

6. 测字符串长度函数 strlen()

格式:

strlen(字符数组名);

功能:测字符串的实际长度(不含字符串结束标志'\0')并作为函数返回值。

【例题 6.26】程序功能:测试字符串的长度并输出长度。

程序代码:

```c
#include"string.h"
int main()
{
    int k;
    char st[]="C language";
    k=strlen(st);
    printf("The lenth of the string is %d\n",k);
```

```
        return 0
    }
```

该函数还可直接测试字符串的长度，如 strlen("VC++ 6.0");。

【例题 6.27】程序功能：从键盘输入一串英文字母(不含空格与其他字符)，统计每个字母的个数并输出字母及相应的个数。

算法分析：定义一个字符数组 str 存放输入的一串大小写字母，根据大写字母的序号 str[i]-'A'和小写字母的序号 str[i]-'a'+26 统计字母个数，统计字母的结果分别按序号 str[i]-'A'与 str[i]-'a'+26 存放数组 num 中，即对扫描到的大写字母做 num[str[i]-'A']++运算，小写字母做 num[str[i]-'a'+26]++运算。最后按行分别输出大小写字母的统计结果。

程序代码：

```c
#include"stdio.h"
int main()
{
    int i=0,num[52]={0};
    char str[80];
    printf("输入一串字母：\n");
    gets(str);
    while(str[i])
    {
        if(str[i]>='A'&&str[i]<='Z')
            num[str[i]-'A']++;
        if(str[i]>='a'&&str[i]<='z')
            num[str[i]-'a'+26]++;
        i++;
    }
    printf("输出统计大写字母及个数：\n");
    for(i=0;i<26;i++)
        if(num[i])
        {
            if(i%10==0)
                putchar('\n');
            printf("%c:%d ",i+'A',num[i]);
        }
    printf("\n 输出统计小写字母及个数：\n");
    for(i=0;i<26;i++)
        if(num[i+26])
        {
            if(i%10==0)
                        putchar('\n');
            printf("%c:%d ",i+'a',num[i+26]);
        }
    printf("\n");
    return 0;
}
```

程序运行结果如图 6.26 所示。

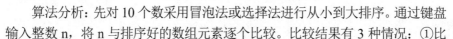

图 6.26　例题 6.27 程序运行结果

6.4　程序举例

【例题 6.28】程序功能：通过键盘输入任一整数 n，将其插入有 10 个整数元素的数组中并使其有序，要求按从小到大的顺序输出。

算法分析：先对 10 个数采用冒泡法或选择法进行从小到大排序。通过键盘输入整数 n，将 n 与排序好的数组元素逐个比较。比较结果有 3 种情况：①比第 1 个元素小，将 n 插入第 1 个元素前面；②比最后一个元素大，将 n 插入最后元素后面；③比第 1 个元素大且比最后一个元素小即在中间，需找出其所在位置插入其后。最后输出数组元素。

程序代码：

```c
#include<stdio.h>
int main()
{
    int i,j,num[11],temp,n,index;
    printf("输入任意的 10 个数：\n");
    for(i=0;i<10;i++)
    scanf("%d",&num[i]);
    for(i=1;i<10;i++)          //对 10 个数进行排序
    for(j=0;j<10-i;j++)
      if(num[j]>num[j+1])
        {
          temp=num[j];
          num[j]=num[j+1];
          num[j+1]=temp;
        }
    printf("输出排序好的结果：\n");
    for(i=0;i<10;i++)
    printf("%d ",num[i]);
    printf("\n 输入一个整数：\n");
    scanf("%d",&n);
    if(n<num[0])               //判断比第 1 个元素小
    {
      for(i=10;i>0;i--)        //所有元素后移一个位置
        num[i]=num[i-1];
      num[0]=n;                //整数插入第 1 个元素的位置
    }
    if(n>num[9])               //判断比最后元素大
      num[10]=n;              //整数插入最后元素的后面
```

```
        if(n>num[0]&&n<num[9])        //在首尾元素中间
        {
        for(i=0;i<10;i++)
            if(n>num[i])
                index=i;
        for(i=10;i>index;i--)
            num[i]=num[i-1];
        num[index+1]=n;                //插入 index+1 的位置
        }
        printf("输出插入好的结果：\n");
        for(i=0;i<11;i++)
            printf("%d ",num[i]);
        return 0;
}
```

程序运行结果如图 6.27 所示。

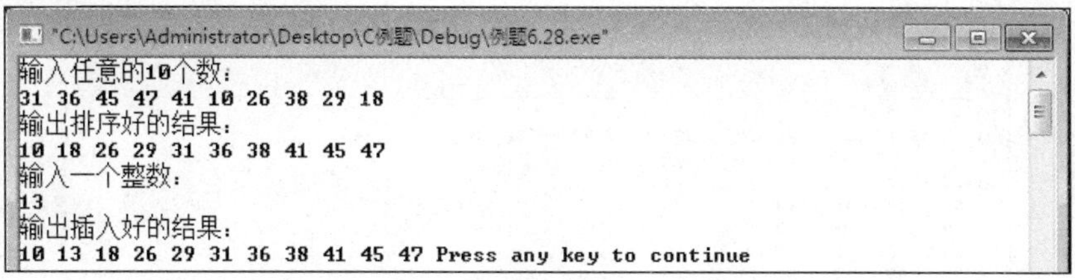

图 6.27　例题 6.28 程序运行结果

程序说明：需分别从 3 种情况进行程序结果的测试，从给出的测试数据上看，要求输入比 10 小的数进行测试，输出比 47 大的数进行测试，观察结果是否符合要求。只有这样才能说明程序是符合要求的。

【例题 6.29】程序功能：在一个二维数组 a[4][4]中，找出各行最大的元素构成一个一维数组 b 并输出。

算法分析：在数组 a[4][4]的每一行中找最大值元素，找到之后把该值存入数组 b 中，然后输出数组 b。

程序代码：

```
#include<stdio.h>
int main()
{
        int a[4][4];
        int b[4],i,j,max;
        printf("请输入 4 行 4 列共 16 个元素：\n");
        for(i=0;i<4;i++)
            for(j=0;j<4;j++)
                scanf("%d",&a[i][j]);
        for(i=0;i<4;i++)
        {
        max=a[i][0];              //假设每行的 0 列元素为最大
            for(j=1;j<4;j++)
                if(a[i][j]>max)       //在同一行中找最大元素
                max=a[i][j];
```

```
            b[i]=max;           //找到后存放到数组 b 中
        }
    printf("\narray a:\n");
    for(i=0;i<4;i++)
        {
        for(j=0;j<4;j++)
                printf("%5d",a[i][j]);
            printf("\n");           //输出一行后换行
        }
    printf("\narray b:\n");
    for(i=0;i<4;i++)
        printf("%5d",b[i]);
    printf("\n");
    return 0;
}
```

程序运行结果如图 6.28 所示。

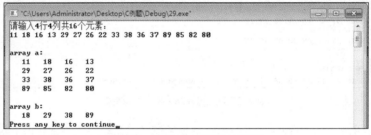

图 6.28　例题 6.29 程序运行结果

【例题 6.30】程序功能：有 N*N 的矩阵，根据给定的 m 值，将每行元素中的值均向右移动 m 个位置，左位置补 0。

算法分析：由给出的 m 求出每行从第 N-m-1 列开始向右移，并将此列元素值替换 N-1 列元素的值，再移下一列元素，直到移完，左边空出元素赋上值 0。最后输出 N*N 矩阵。

程序代码：

```
#include"stdio.h"
#define N 4
int main()
{
    int array[N][N];
    int i,j,m;
    printf("输入数组元素的值：\n");
    for(i=0;i<N;i++)
        for(j=0;j<N;j++)
            scanf("%d",&array[i][j]);
    printf("输出原数组数据：\n");
    for(i=0;i<N;i++)
    {
        for(j=0;j<N;j++)
            printf("%4d",array[i][j]);
```

```
        printf("\n");
    }
    printf("input m:");
    scanf("%d",&m);
    for(i=0;i<N;i++)
    {
        for(j=N-1-m;j>=0;j--)
            array[i][j+m]=array[i][j];        //同一行左边元素替换右边元素
        for(j=0;j<m;j++)
            array[i][j]=0;                     //左边空出的元素赋值 0
    }
    printf("输出新数组数据：\n");
    for(i=0;i<N;i++)
    {
        for(j=0;j<N;j++)
            printf("%4d",array[i][j]);
        printf("\n");
    }
    return 0;
}
```

程序运行结果如图 6.29 所示。

```
"C:\Users\Administrator\Desktop\C例题\Debug\30.exe"
输入数组元素的值:
10 11 12 13 14 15 16 17 18 19 20 21 22 23 24 25
输出原数组数据:
   10  11  12  13
   14  15  16  17
   18  19  20  21
   22  23  24  25
input m:2
输出新数组数据:
    0   0  10  11
    0   0  14  15
    0   0  18  19
    0   0  22  23
Press any key to continue
```

图 6.29　例题 6.30 程序运行结果

【例题 6.31】程序功能：输入 5 个国家的名称并按字母顺序排列输出。

算法分析：定义一个二维字符数组 cs[5][20]，每行存放一个字符串代表一个国家名字；采用字符串输入函数 gets() 输入一个国家的名字，用字符串比较函数对字符串进行比较、排序，最后运用 puts() 函数输出。

程序代码：

```
#include<stdio.h>
#include"string.h"
int main()
{
    char st[20],cs[5][20];
    int i,j,p;
    printf("input country name:\n");
    for(i=0;i<5;i++)        //输入 5 个国家名字分别存放到二维字符数组中
        gets(cs[i]);
    printf("\n");
    for(i=0;i<5;i++)
```

```
                {
                p=i;
                strcpy(st,cs[i]);
                for(j=i+1;j<5;j++)
                  if(strcmp(cs[j],st)<0)     //比较字符串大小
                    {
                    p=j;                      //若后一个字符串小，则记录其下标
                    strcpy(st,cs[j]);         //字符串交换
                    }
                if(p!=i)                      //判断字符串比较完没有
                    {
                    strcpy(st,cs[i]);         //字符串交换排序
                    strcpy(cs[i],cs[p]);
                    strcpy(cs[p],st);
                    }
                puts(cs[i]);
                }
        printf("\n");
        return 0;
    }
```

程序运行结果如图 6.30 所示。

图 6.30　例题 6.31 程序运行结果

程序说明：本程序的第一个 for 语句中，用 gets() 函数输入 5 个国家名的字符串。因为 C 语言允许把一个二维数组按多个一维数组处理，本程序 cs[5][20] 为二维字符数组，可分为 5 个一维数组 cs[0]、cs[1]、cs[2]、cs[3]、cs[4]，所以用 gets() 函数输入 5 个国家名字分别存放到这 5 个一维数组中。在第二个 for 语句中又嵌套了一个 for 语句组成双重循环，完成按字母顺序排序的工作。在外层循环中把字符数组 cs[i] 中的国家名字符串复制到数组 st 中，并把下标 i 赋予 p。进入内层循环后，把 st 与 cs[i] 以后的各字符串做比较，若比 st 小则把该字符串复制到 st 中，并把其下标赋给 p。内循环完成后，如果 p 不等于 i，则说明有比 cs[i] 更小的字符串出现，因此交换 cs[i] 和 st 的内容。至此已确定了数组 cs 的第 i 号元素的排序值，然后输出该字符串。在外循环全部完成后即完成全部排序和输出。

本章小结

数组是程序设计中最常用的数组结构。本章主要介绍了一维数组、二维数组和字符数组的定义、初始化和引用方法。

(1) 数组是具有相同属性(数据类型)且按一定特性排列的数据集合。依据数组定义时下标的个数不同，数组分一维数组、二维数组和多维数组。数组必须先定义后使用，引用时只能是数组元素，不能是数组名。

(2) 数组元素用数组的下标来指定。在 C 语言中，规定下标从 0 开始，最大下标为数组定义时规定的长度减 1。使用数组时，不要越界。

(3) 数组元素在计算机内存中按线性方式存储。一维数组元素按下标递增的顺序连续存储，二维数组元素按行存储。

(4) 数组名是数组在计算机内存中的首地址，是一个不能改变的量，又称地址常量，地址常量是不能对其赋值的。

(5) 对数组元素赋值，可以在定义时给数组元素赋初值，也可在程序运行期间通过循环方式运行赋值语句或输入语句对数组元素赋初值。

(6) 存放字符数据的数组称为字符数组。当字符数组中存放的字符数据末尾处有自动结束标志'\0'时，又称这种字符数组为字符串。字符串操作有其特殊性，在程序中，字符串可以被当成一个整体进行引用。C 语言对字符串的处理提供了大量的字符串处理函数，这些函数要用头文件把 string.h 包含到程序文件中。

(7) 字符串数组可以整体引用，也可单个数组元素引用，而数值型数组只能对数组元素进行引用，不能对数组进行整体引用。

易错提示

1. 在定义数组时，类型说明符是指明数组元素的数据类型，数组名后是方括号，而不能是圆括号或花括号及其他符号。常量表达式不能是变量，但可以是定义的符号常量。

2. 在引用数组元素时，只能逐个引用数组元素，而不能引用整个数组。引用数组的下标不能超出数组的长度即下标越界，C 语言对下标越界不做语法检查，此时越界数组元素的值是随机值。

3. 对一维数组的输入输出是通过一重循环来实现的，对二维数组的输入输出是通过二重循环来实现的，特别是输出矩阵时更要控制好行列。

4. 在 C 语言中，矩阵的对角线只有一条即从左上至右下，这一点要与数学中的图形对角线区分开来。因此在求以对角线为中心轴转置时，要注意上三角和下三角概念及转换过程的替换现象。

5. 要理解冒泡法的基本思想同选择法的区别。

6. 字符数组的结束标志是\0，当在输出字符数组元素时遇到\0 就结束而不管其后是否还有更多的字符。

7. 要注意字符数组中几个常用函数的用法。体会格式符%s 和%c 的区别。注意用数组名做实参时要求形参一定是数组名或指针而不能是普通的变量。

习题 6

1. 选择题

(1) 在下列数组定义、初始化或赋值语句中，正确的是(　　)。

  A. int a[8]; a[8]=100;　　　　　　　　B. int x[5]={1,2,3,4,5,6};

  C. int x[ ]={1,2,3,4,5,6};　　　　　　D. int n=8; int score[n];

(2) 在 C 语言中，引用数组元素时，其数值下标的数据类型允许的是(　　)。

  A. 整型常量　　　　　　　　　　　　B. 整型表达式

  C. 整型常量或整型表达式　　　　　　D. 任何类型的表达式

(3) 在 C 语言中，若有定义语句：int a[5];，则对 a 数组元素引用正确的是(　　)。

  A. a[5]　　　　　B. a[5.0/2]　　　　C. a(5)　　　　D. a[1+2]

(4) 若已有定义：int i, a[100];，则下列语句中，不正确的是(　　)。

  A. for (i=0; i<100; i++)　　a[i]=i;

  B. for (i=0; i<100; i++)　　scanf ("%d", &a[i]);

  C. scanf ("%d", &a);

  D. for (i=0; i<100; i++)　　scanf ("%d", a+i);

(5) 若数组定义：char array[]="123456789";，则数组 array 在内存中需要(　　)个字节。

  A. 7　　　　　　B. 8　　　　　　C. 9　　　　　　D. 10

(6) 以下叙述中错误的是(　　)。

  A. 对于 double 类型的数组，不可以直接用数组名对数组进行整体输入或输出

  B. 数组名代表的是数组所占存储单元的首地址，其值不可改变

  C. 当程序执行时，数组元素的下标超出所定义的下标范围时，系统将给出"下标越界"的出错信息

  D. 可以通过赋初值的方式确定数组元素的个数。

(7) 若定义：a[ ][3]={0,1,2,3,4,5,6,7};，则 a 数组中行的大小是(　　)。

  A. 2　　　　　　B. 3　　　　　　C. 4　　　　　D. 无确定值

(8) 以下关于 C 语言中数组的描述正确的是(　　)。

  A. 数组的大小是固定的，但可以有不同的数据类型

  B. 数组的大小是固定的，所有数组元素的类型必须相同

  C. 数组的大小是可变的，但所有数组元素的类型必须是相同的

  D. 数组的大小不是可变的，可以有不同类型的数组元素

(9) 若有定义：char str[10],str="abcd";，则执行 printf("%s\n",str);的输出结果是(　　)。

  A. 输出 abcd　　B. 输出 a　　　C. 输出 ab cd　　D. 编译不通过

(10) 当用户输入含有空格的字符串时，应使用(　　)函数。

  A. scanf()　　　　B. gets()　　　　C. getchar()　　　D. getc()

(11) 若二维数组 a 有 m 列，则在 a[i][j]前面的元素个数是(   )。

    A. j*m+i   B. i*m+j   C. i*m+j-1   D. i*m+j+1

(12) 设有 char str[10]，则下列语句正确的是(   )。

    A. scanf("%s",&str);   B. printf("%c",str);

    C. printf("%s",str[0]);   D. printf("%s",str);

(13) 若执行以下程序段，其运行结果是(   )。

```
char c[ ]={'a', 'b', '\0', 'c', '\0'};
printf ( "%s\n", c );
```

    A. ab c   B. 'a' 'b'   C. abc   D. ab

(14) 执行下面的程序段后，变量 k 中的值为(   )。

```
int k=3, s[2]={1};
s[0]=k;
k=s[1]*10;
```

    A. 不定值   B. 33   C. 30   D. 0

(15) 若定义：int a[5][4];，则对 a 的引用正确的是(   )。

    A. a[2][4]   B. a[5][0]   C. a[0][0]   D. a[0,0]

(16) 下列程序的输出结果是(   )。

```
#include"stdio.h"
int main()
{
    char p[]={'a','b','c'},q[]="abc";
    printf("%d %d\n",sizeof(p),sizeof(q));
    return 0;
}
```

    A. 4 4   B. 3 3   C. 3 4   D. 4 3

(17) 下列程序的输出结果是(   )。

```
#include"stdio.h"
int main()
{
  int a[3][3]={1,2,3,4,5,6,7,8,9};
  int i;
  for(i=0;i<3;i++)
    printf("%d   ",a[i][2-i]);
  printf("\n");
   return 0;
}
```

    A. 3 5 7   B. 3 6 9   C. 1 5 9   D. 1 4 7

(18) 下列程序的输出结果是(   )。

```
#include"stdio.h"
int main()
{
  int a[]={1,2,3,4,5,6,7,8,9,10};
```

```
  int i,j=3;
  for(i=0;i<5;i++)
    a[i]=i*(i+1);
  for(i=0;i<4;i++)
    j=j+a[i]*3;
  printf("%d\n",j);
    return 0;
}
```

A. 33　　　　　　　B. 48　　　　　　　C. 123　　　　　　　D. 63

2. 填空题

(1) 以下程序用来检查二维数组是否对称(即对所有 i、j 都有 a[i][j]=a[j][i])。

```
#include <stdio.h>
int main ( )
{ int a[4][4]={1,2,3,4, 2,2,5,6, 3,5,3,7, 8,6,7,4};
  int i, j, found=0;
  for ( j=0; j<4; j++ )
  { for (i=0; i<4; i++ )
       if  ( _____ )
       {
          found= _____ ;
          break;
          }
      if (found)   break;
  }
  if (found)  printf ("不对称\n");
  else   printf("对称\n");
      return 0;
}
```

(2) 给定一个 3×4 的矩阵，求出其中的最大元素值及其所在的行列号。

```
#include<stdio.h>
int main()
{ int i,j,row=0,colum=0,max;
  int a[3][4]={{1,2,3,4},{9,8,7,6},{10,－10,－4,4}};
  _____;
  for(i=0;i<=2;i++)
    for(j=0;j<=3;j++)
       if(a[i][j]>max)
       {
          _____;
          _____;
          _____;
          }
  printf("%d%d",row,colum);
  return 0;
}
```

(3) 以下程序的功能是从键盘上输入若干个字符(以回车键作为结束)组成一个字符数组，然后输出该字符数组中的字符串。

```
#include<stdio.h>
int main()
{ char   str[81];
  int   i;
  for ( i=0; i<80; i++ )
  { str[i]=getchar();
    if (str[i]= ='\n')    break;
  }
  str[i]=' \0';
  _____;
  while ( str[i]!=' \0' )
    putchar(_____);
  return 0;
}
```

(4) 下面程序中的数组 a 中有 10 个整数，从 a 中第 2 个元素起，分别将后项减前项之差存入数组 b 中，并按每行 5 个元素输出数组 b。

```
#include"stdio.h"
int main()
{
    int a[10],b[10],i;
    for(i=0;i<10;i++)
      scanf("%d",_____);
    for(i=1;_____;i++)
      b[i]=a[i]-a[i-1];
    for(i=0;i<10;i++)
    {
      printf("%3d",b[i]);
      if(_____)
         printf("\n");
    }
    return 0;
}
```

(5) 下面程序的功能是：对键盘输入的两个字符串进行比较，然后输出两个字符串中第 1 个不相同字符的 ASCII 码之差。例如，若输出的两个字符串分别是 abcdefg 和 abceefg，则输出 −1。

```
#include"stdio.h"
#include"string.h"
int main()
{
    char str1[100],str2[100],ch;
    int i,str;
    printf("\n 输入字符串 1：");
    gets(str1);
    printf("\n 输入字符串 2：");
    gets(str2);
    i=0;
    while(ch=(str1[i]==str2[i]&&str1!=_____))
        i++;
    str=_____;
```

```
        printf("%d\n",str);
        return 0;
    }
```

(6) 下面程序的功能是：从键盘输入若干学生的成绩，统计计算平均成绩并输出低于平均分的学生成绩，用输入负数结束输入。

```
#include"stdio.h"
int main()
{
    float x[200],sum=0.0,aver,a;
    int n=0,i;
    printf("输入学生成绩：\n");
    scanf("%f",&a);
    while(a>=0.0&&n<1000)
    {
        sum=_____;
        x[n]=_____;
        n++;
        scanf("%f",&a);
    }
    aver=sum/n;
    printf("平均分=%.2f\n",aver);
    for(i=0;i<n;i++)
        if(_____)
            printf("低于平均分的成绩：%.2f\n",x[i]);
    return 0;
}
```

(7) 下面程序的功能是：把一个整数插入由小到大排列的数列中，插入后仍然保持由小到大的顺序。

```
#include"stdio.h"
int main()
{
    int a[11],number,i,j;
    printf("输入由小到大的数组：\n");
    for(i=0;i<10;i++)
        scanf("%d",&a[i]);
    printf("输入要插入的数据：\n");
    scanf("%d",&number);
    if(number>a[9])
        a[10]= _____;
    else
        for(i=0;i<10;i++)
            if(_____)
            {
                for(j=10;j>=i;j--)
                    _____;
                a[i]=number;
                _____;
            }
```

```
    for(i=0;i<11;i++)
        printf("%3d",a[i]);
    printf("\n");
    return 0;
}
```

(8) 下面程序的功能是：将二维数组 a 中每个元素向右移一列，最后一列换到最左一列，最后的数组存到另一数组 b 中，并按矩阵形式输出 a 和 b。例如：

array a	array b
1 2 3	3 1 2
4 5 6	6 4 5

```
#include"stdio.h"
int main()
{
    int a[2][3]={1,2,3,4,5,6};
    int b[2][3],i,j;
    printf("输出数组 a：\n");
    for(i=0;i<2;i++)
    {
        for(j=0;j<3;j++)
        {
            printf("%4d",a[i][j]);
            _____;
        }
        printf("\n");
    }
    for(_____)
        b[i][0]=a[i][2];
    printf("输出数组 b：\n");
    for(i=0;i<2;i++)
    {
        for(j=0;j<3;j++)
            printf("%4d",b[i][j]);
            _____;
    }
    return 0;
}
```

3．阅读程序并写出运行结果

(1) 下面程序的输出结果是_____。

```
#include <stdio.h>
int main( )
{
    static int a[4][5]={{1,2,3,4,0},{2,2,0,0,0},{3,4,5,0,0},{6,0,0,0,0}};
    int j,k;
    for (j=0;j<4;j++)
    {
        for(k=0;k<5;k++)
        {
```

```
                if(a[j][k]= =0)   break;
                printf(" %d",a[j][k]);
            }
        }
    printf("\n");
    return 0;
}
```

(2) 下面程序的输出结果是_____。

```
#include <stdio.h>
int main ( )
{
    int   a[6][6],i,j;
    for (i=1 ;i<6 ; i++)
    for ( j=1;j<6;j++)
        a[i][j]= i*j;
    for (i=1 ;i<6 ; i++)
    {
        for ( j=1;j<6;j++)
            printf( " %-4d " ,a[i][j] ) ;
        printf("\n");
    }
  return 0;
}
```

(3) 下面程序的输出结果是_____。

```
#include"stdio.h"
#include"string.h"
int main()
{
    char a[80]="AB",b[40]="LMNP";
    int i=0;
    strcat(a,b);
    while(a[i++]!='\0')
       b[i]=a[i];
    puts(b);
    return 0;
}
```

(4) 下面程序的输出结果是_____。

```
#include"stdio.h"
int main()
{
    char str[]="2473",ch,i;
    for(i=0;ch=str[i];i++)
       switch(ch-'0')
       {
          case 2:
          case 3:putchar(ch+4);continue;
          case 4:putchar(ch+4);break;
```

```
            case 5:putchar(ch+3);
            default:putchar(ch+2);
        }
    putchar('\n');
    return 0;
}
```

4. 编程题

(1) 输入 10 个整数并存放到数组 a 中，求这 10 个整数的和、平均值、最大值和最小值及最值所对应的下标。

(2) 输入 10 个整数，去掉其中最大的 2 个数和最小的 2 个数，求剩余数的平均值。

(3) 将 n 阶方阵的对角线元素置 1，其余的置为 0。

(4) 从键盘输入一个字符串，统计其中的英文字母字符、数字字符出现的次数和。

(5) 编写一个程序，实现两个字符串的连接(不用 strcat()函数)。

(6) 若有说明：int a[3][4]＝{ { 1, 2, 3, 4 }, {5, 6, 7, 8 }, {9, 10, 11, 12 } }；现要将 a 的行和列元素互换后存到另一个二维数组 b 中。试编程。

(7) 有一个 N*N 的矩阵，以主对角线为对称，对称元素相加并将结果存放在左下三角元素中，右三角元素为 0。

(8) 有一个 N*N 的矩阵，将矩阵的外围元素进行顺时针旋转。操作顺序是：首先将第 1 行元素的值存入临时数组 r 中，然后使第 1 列成为第 1 行，最后一行成为第 1 列，最后一列成为最后一行，在临时数组中的元素成为最后一列。

输入样例：若 N=3，则有下列矩阵：

　　1 2 3
　　4 5 6
　　7 8 9

输出样例：

　　7 4 1
　　8 5 2
　　9 6 3

(9) n 皇后问题：在 n×n 的方阵棋盘上，试放 n 个皇后，每放一个皇后，必须满足该皇后与其他皇后互不攻击(即不在同一行、同一列、同一对角线上)，求出所有可能解。

(10) 背包问题：有一个背包，能装入的物品总重量为 S，设有 N 件物品，其重量分别为 W1、W2、…、WN。希望从 N 件物品中选择若干件物品，所选物品的重量之和恰能放入该背包，即所选物品的重量之和等于 S。试编程求解。

【实验 6】数组的应用

1. 实验目的

(1) 掌握数组的定义及其元素的引用方法。

(2) 掌握字符数组和字符串函数的使用。

(3) 掌握数组作为数据结构时的程序设计方法。

(4) 掌握利用数组实现常用算法的基本技巧。

2．预习内容

一维数组、二维数组和字符型数组的定义、引用、初始化及输入输出的基本方法。

3．实验内容

(1) 用循环移位法将数组 num 中的最后一个数移到最前面，其余数依次往后移一个位置。某同学设计的程序代码如下：

```c
#include<stdio.h>
int main()
{
  int i,tem,num[10]={0,1,2,3,4,5,6,7,8,9};
  tem=num[9];
  for(i=1;i<=10;i++)
    num[i]=num[i-1];
  num[0]=tem;
  printf("\n");
  for(i=0;i<10;i++)
    printf("%d",num[i]);
  return 0;
}
```

① 上机编辑、编译、连接和运行程序，观察程序的运行结果是否符合要求。

② 用动态跟踪法查找错误原因，并观察数组 num 值的变化情况，分析错误的原因。

③ 修改程序，直到符合题目要求为止。

(2) 用选择法对 10 个整数排序。10 个整数用 scanf()函数输入。

算法分析：选择法的基本思想是，设有 10 个元素 a[1]~a[10]，将 a[1]与 a[2]~a[10]比较，若 a[1]比 a[2]~a[10]都小，则不进行交换，即无任何操作。若 a[2]~a[10]中有一个以上比 a[1]小，则将其中最小的一个(假设为 a[i])与 a[1]交换，此时 a[1]中存放了 10 个数中最小的数。第二轮将 a[2]与 a[3]~a[10]比较，将剩下 9 个数中的最小者 a[i]与 a[2]对换，此时 a[2]中存放的是 10 个中第 2 小的数。以此类推，共进行 9 轮比较，a[1]到 a[10]就已按由小到大顺序存放。程序的第一个 for 语句是完成输入操作，第二个 for 语句是将该数组输出，第三个 for 语句进行排序。

程序代码：

```c
#include<stdio.h>
int main()
{
  int i,j,min,temp,a[11];
  printf("enter data:\n");
  for(i=1;i<=10;i++)
  {
    printf("a[%d]",i);
    scanf("%d",&a[i]);
  }
  printf("\n");
  printf("The original numbers:\n");
  for(i=1;i<=10;i++)
    printf("%5d",a[i]);
  printf("\n");
```

```
    for(i=1;i<=9;i++)
    {
        min=i;
        for(j=i+1;j<=10;j++)
            if(a[min]>a[j]) min=j;
        temp=a[i];
        a[i]=a[min];
        a[min]=temp;
    }
    printf("\nThe sorted numbers:\n");
    for(i=1;i<=10;i++)
        printf("%5d",a[i]);
    printf("\n");
    return 0;
}
```

① 上机编辑、编译、连接和运行程序，体会输入数据时的提示信息及该语句的格式设计。

② 比较选择法与冒泡法的区别是什么？请用动态跟踪法观察选择法排序算法的实现过程。

(3) 以下是方阵转置的程序代码。方阵转置如图 6.31 所示。

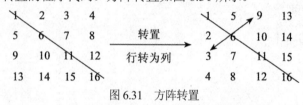

图 6.31 方阵转置

算法分析：转置是 a[i][j]=a[j][i]；主对角线为行下标 i=列下标 j；上三角为行下标 i<=列下标 j；下三角为行下标 i>=列下标 j。因此要控制好行列下标，防止第 1 次已转换，第 2 次又被转换过来的现象发生。

程序代码：

```
#include<stdio.h>
int main()
{
        int i,j,tem,num[4][4];
    printf("\n Input num:");
    for(i=0;i<4;i++)
        for(j=0;j<4;j++)
                scanf("%d",&num[i][j]);
    for(i=0;i<4;i++)
    for(j=0;j<4;j++)
    {
        tem=num[i][j];
        num[i][j]=num[j][i];
        num[j][i]=tem;
    }
    for(i=0;i<4;i++)
    {
```

```
        printf("\n");
        for(j=0;j<4;j++)
            printf("%5d",num[i][j]);
    }
    return 0;
}
```

① 上机运行程序，查看结果是否符合要求，若不符合，请找出原因，改正后重新运行，直到结果正确为止。

② 上述实现的是行列相等的正矩阵转置，若要实现行列不相等的矩阵转置操作，则程序中的数据结构及算法如何实现？

(4) 将两个字符串连接起来，但不要使用 strcat()函数。

算法分析：首先查找字符串 1 的结束标志\0，然后用字符串 2 的值一一填充到字符串 1 从\0开始及其以后的位置上，最后再在字符串 1 的最后加上结束标志\0。

程序代码：

```
#include<stdio.h>
int main()
{
    char s1[80],s2[40];
    int i=0,j=0;
    printf("\ninput string1:");
    scanf("%s",s1);
    printf("\ninput string2:");
    scanf("%s",s2);
    while(s1[i]!='\0')
        i++;
    while(s2[j]!='\0')
        s1[i++]=s2[j++];
    s1[i]='\0';
    printf("The new string is: %s\n",s1);
        return 0;
}
```

(5) 代码设计。

① 将一整数数列按奇数在前、偶数在后的顺序重新排列，并要求奇偶两部分分别有序。

② 在一个已排序的整型数组中插入一个数，使这仍然有序。

③ 山顶上有 10 个洞，一只兔子和一只狐狸分别住在洞里，并且狐狸总想吃掉兔子。一天兔子对狐狸说：你想吃掉我有一个条件，先把洞顺序编号，你从第 1 个洞出发，第 1 次先到第 1 个洞找我，第 2 次隔 1 个洞找我，第 3 次隔 2 个洞找我，第 4 次隔 3 个洞找我，依次类推，寻找次数不限，我躲在一个洞里不动，只要你找到我就可饱餐一顿，但在找到我之前你不能停。狐狸一想，只有 10 个洞，次数又不限，哪有找不到的道理，于是马上就答应了条件，但结果却怎么也找不到兔子。请问兔子躲在了哪个洞里？程序可以假设狐狸跑了 100 次。

第7章

函数与编译预处理

【学习目标】

1. 理解和掌握"自顶向下，逐步求精"的模块化程序设计方法。

2. 正确理解函数在程序设计中的作用和地位。

3. 掌握函数的定义、调用及函数参数的传递方式；掌握函数的基本应用。

4. 理解和使用变量的作用域及存储类型。

5. 掌握函数的嵌套调用和递归调用的基本方法。

6. 理解编译预处理命令的作用和特点，掌握宏定义和文件包含处理方法。

函数是 C 语言程序的基本单位，是程序设计的重要手段；C 语言程序是一系列函数的集合，每个函数都实现相对独立的单一功能。在前面各章中用到的 printf()、scanf()和 main()都是函数，只不过这些函数是 C 语言系统提供的并实现了特定功能。除系统提供外，用户也可编写实现特定功能的函数，当程序需要实现某特定的功能时，可通过调用用户编写的函数来实现。

【例题 7.1】程序功能：编写求 1+2+3+…+100 的和的程序。

算法分析：在"第 5 章　循环结构程序设计"中具体介绍了其算法及程序代码。现要求用户编写一函数 funsum()，实现求 1 到 100 的和，其求和采用循环结构实现，主函数只输出求和的结果。

程序代码：

```
#include"stdio.h"
int funsum(int n,int m)
{
    int i,sum=0;
    for(i=n;i<=m;i++)
       sum=sum+i;
    return(sum);
}
int main()
{
    printf("1+2+…+100=%d\n",funsum(1,100));
    return 0;
}
```

程序说明：该程序由主函数 main()和用户功能函数 funsum()组成。main()函数只是输出结果，输出列表项是函数 funsum()的执行结果，这个结果由主函数提供的两个值 1 和 100 决定。如果主函数要求 1 到 50 的和，则只需要修改输出列表项为 funsum(1,50)即可，不需要修改程序代码，这样增强了程序的通用性、可读性。用户功能函数 funsum()则是实现求和功能，例如，求从 n 到 m 的连续自然数的累加和，其中 n 和 m 的值由主函数 main()提供。这种程序设计思想更加体现了 C 语言的结构化程序设计。

7.1 模块化程序设计

随着结构化程序设计方法的发展和广泛应用，模块化程序设计方法逐步成为结构化程序设计的主体之一。

模块化设计方法的思想是将整个软件系统分解成功能相对独立且可单独命名、单独设计、单独编程和调试的程序单元，这些程序单元称为模块。C 语言的函数是实现模块化程序设计的重要机制，是通过设计函数和调用函数来实现的。

【例题 7.2】程序功能：用 C 语言开发一个简单的 ATM 机自动取款系统。系统要求有余额查询、客户取款、密码修改和退出系统四大功能。按模块化程序设计思想构建的框图如图 7.1 所示。

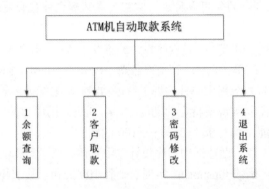

图 7.1　按模块化程序设计思想构建的框图

算法分析：编写主函数分别调用界面显示函数(实现用户功能选择)和清屏函数(实现屏幕信息擦除)。用户根据界面函数显示信息，根据需要输入 1～4 分别实现不同的功能：输入 1 则调用余额查询函数实现余额显示；输入 2 则调用用户取款函数实现取款功能；输入 3 则调用修改密码函数实现密码修改；输入 4 则调用退出系统函数实现退出功能。

程序代码：

```
#include"stdio.h"
#include"conio.h"
#include"stdlib.h"   //清屏函数 cls 的头文件
void Menu()
{
    printf("\n\n");
    printf("\t\t|-----------------------------|\n");
    printf("\t\t|    ATM 机自动取款系统  |\n");
```

```
        printf("\t\t|--------------------------|\n");
        printf("\t\t|       1.余额查询         |\n");
        printf("\t\t|       2.用户取款         |\n");
        printf("\t\t|       3.修改密码         |\n");
        printf("\t\t|       4.退出系统         |\n");
        printf("\t\t|--------------------------|\n");
}
void showme()
{
        printf("显示客户账户余额：\n");
}
void fetchmoney()
{
        printf("完成用户取款：\n");

}
void changpassword()
{
        printf("实现用户修改密码：\n");
}
void exitsystem()
{
        ;
}
int main()
{
        struct customer;    //定义客户记录结构体
        int cus_number=0; //定义客户数
        int choose,flag=1;
        while(flag)
        {
           Menu();        //显示系统主菜单
           scanf("%d",&choose);
           system("cls");//清屏
           switch(choose)
           {
              case 1:showme();break;       //调用查询余额函数
              case 2:fetchmoney();break;       //调用用户取款函数
              case 3:changpassword();break;    //调用修改密码函数
              case 4:exitsystem();break;       //调用退出系统函数
              case 0:flag=0;
           }
        }
        return 0;
}
```

程序说明：本程序只是搭建了 ATM 机自动取款系统的基本框架，并且只显示了系统的主菜单界面，而对于用户输入 1～4 的功能号，也只完成了 4 号功能退出系统，其他的功能还需进一步补充完善。

当用户通过键盘输入 1 回车后，程序运行结果如图 7.2 所示。

图 7.2　例题 7.2 程序运行结果

将 ATM 机自动取款系统分解成几个相对独立的问题，而每一个问题用一个用户编写的函数实现其功能，这种自顶向下、逐步细化、问题相对独立的过程称为程序的模块化，这种程序设计思想称为模块化程序设计。

模块化程序设计使解决问题更方便、简洁，使程序结构更加清晰、程序功能更加明确，也更加便于用户阅读和维护。在今后的学习过程中，要逐步建立起模块化程序设计新思想和新思维。

C 语言是支持模块化程序设计的语言，一个 C 语言的源程序由一个或若干个函数组成。其中必须有一个主函数，而且只能有一个主函数，但可以有任意多个其他函数(也可没有其他函数)，程序执行总是从主函数开始，在主函数的执行过程中调用其他函数并将计算机的执行控制权交给其他函数，执行完其他函数再返回到主函数，直到主函数执行结束，才能结束整个程序的执行过程。

主函数可以调用其他函数，其他函数也可以相互调用，同一个函数可以被一个函数调用或者多个函数(包括自己)调用任意次数，但主函数不能被其他函数调用。C 程序可以根据需要选择适当的函数组成一个或多个源程序文件，分别编译成目标程序，最后连接和组装成一个可执行的程序。

7.2　定义函数

在 C 语言中，函数的含义不是数学学科的函数关系或者表达式，而是一个处理问题的程序代码。它可以完成数值运算、信息处理、控制决策等功能。函数结束时可以返回处理结果，也可以不返回处理结果。从用户使用的角度来看，函数分为标准库函数和用户自定义函数两种。从函数定义形式的角度来看，函数又可以分为有参函数、无参函数和空函数三大类。

7.2.1　标准库函数

C 语言的编译系统提供了几百个标准库函数。库函数按照功能可以分为类型转换函数、字符判别与转换函数、字符串处理函数、标准 I/O 函数、文件管理函数和数学运算函数。这些函数执行效率高，用户需要时可在程序中直接调用。

C 语言库函数所用到的常量、外部变量、函数类型及参数说明，都在相应头文件(扩展名为.h)中声明，这些文件通常存放在系统目录 VC98\include 中。但必须用编译预处理命令 include 把相应的头文件包含到程序中。

1. stdio.h 头文件

标准输入输出函数所用到的常量、结构、宏定义、函数类型及参数的个数与类型的描述，如输出函数 printf()、输入函数 scanf()。

2. string.h 头文件

字符串操作函数的常量、结构及相应的函数类型和参数的描述，如字符串输入函数 gets()、字符串输出函数 puts()。

3. math.h 头文件

与数学函数有关的常量、结构及相应的函数类型和参数描述，如求绝对值函数 fabs()、求对数函数 log()、求平方根函数 sqrt()。

4. stdlib.h 头文件

与存储分配、转换、随机数产生等有关的常量、结构及相应的函数类型和参数描述，如动态内存分配函数 malloc()、清屏函数 cls()。

调用库函数时，在程序的开头用#include 预处理命令将相应的头文件体包含到程序中，要遵循函数的调用格式即函数名(函数参数)，否则会出现函数调用的语法错误提示。例如，printf("格式控制"，输出列表项)；其中 printf 是输出函数名，格式控制和输出列表项是函数参数，实现输出的格式及对应的值。

7.2.2　函数的定义

C 语言的标准库函数只实现了最基本、通用的一些功能，而在解决实际问题时是远远不够的。这就需要自己编写解决问题的程序代码并将其封装成函数，这个过程称为函数定义。函数定义通常分为有参函数、无参函数和空函数 3 种，如图 7.3 所示。

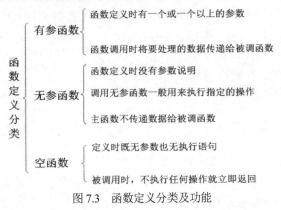

图 7.3　函数定义分类及功能

函数定义的基本形式是：

```
[存储类型] [函数返回值的数据类型] 函数名[(形式参数列表)]
{
    局部变量说明语句
```

```
    执行语句序列
}
```

函数定义说明：

(1) 函数定义从整体上分成两部分，函数头部和函数体。函数头部是指[存储类型] [函数返回值的数据类型] 函数名[(形式参数列表)]，该部分定义了函数的基本特征，是函数使用者必须遵循的标准，称为接口；函数体是最外层花括号的说明语句和执行语句集合，实现一定功能。

(2) 函数的存储类型只能是 extern 型和 static 型。因为函数的定义对于其他函数来说都是外部型的。

① 定义为 extern 型的函数统称"外部函数"，外部函数具有全局生成周期，它在定义该函数的源文件以外的其他函数中都是可见的。目前所调用的标准库函数都是 extern 型函数，如果默认存储类型，则编译系统自动将其定义为 extern 型。

② 定义为 static 型的函数称为静态函数，静态函数仅在定义该函数的源文件内是可见的，它不能被其他源文件中的函数调用。用户定义的函数一般来说是静态函数，只是这个关键字省略了，如例题 7.1 中的 funsum()函数是静态函数。

(3) 函数返回值的数据类型是函数执行完后带给主调函数值的类型。它可以是整型 int、实型 float 和字符型 char，也可以无返回函数值，此时用 void 来说明，即空函数。

(4) 函数名由用户命名，用以识别不同的函数，其命名规则与变量相同，是编译系统识别的依据。

(5) 圆括号内形式参数列表由 0 个或多个形式参数组成，对每个参数要进行类型说明，当参数个数是两个或两个以上时，它们中间用逗号隔开。当形式参数列表为 0 个参数时，称该函数为无参数函数；当形式参数列表为 1 个或 1 个以上参数时，称该函数为有参函数。

(6) 函数定义中的方括号表示该项可以省略，函数名后必须是一对圆括号。

(7) 函数至少有一对花括号，根据程序所实现的功能需求，也可以有多对花括号，最外层的所有代码构成函数体。函数体的开始一般是函数内部变量说明语句，然后是实现功能的执行语句，函数体的最后一个语句是 return 语句，即返回语句。返回值的数据类型与定义函数时的数据类型一致。例题 7.1 中的求从 n 开始到 m 结束的自然数的累加和函数 funsum()如下：

```
int funsum(int n,int m)
{
    int i,sum=0;
    for(i=n;i<=m;i++)
        sum=sum+i;
    return(sum);
}
```

其中：函数名是 funsum，函数的返回值是整型，形式参数有两个，分别是 n、m 且类型是整型，其值由主调函数传递，函数体中的 i、sum 是函数局部变量声明，函数功能是求累加和，函数执行完后返回主调函数 sum 值。

【例题 7.3】程序功能：编写一个求两数中最大值的函数。

算法分析：按函数定义格式可知，这两个数是该函数的形式参数，由主调函数传递。求两数最大值要通过对两数进行比较，将大值返回给主调函数。

程序代码：

```
int funmax(int a,int b)
{
    int max;
    if(a>b)
        max=a;
    else
        max=b;
    return max;
}
```

程序说明：编写的 funmax()函数是静态函数，可单独编译，但必须和 C 源程序文件一起连接。用户也可将其加载到编译系统的库函数中。该函数是有参函数。

例题 7.2 中的 Menu()函数是一个无参函数，其功能是显示 ATM 机自动取款系统的主菜单，函数类型为 void。

【例题 7.4】程序功能：编写一个求 n 的阶层的函数。

算法分析：n 是函数的形式参数，由主调函数传递，采用循环结构实现求阶层，求得的结果返回主调函数。

程序代码：

```
int funfac(int n)
{
    int k,fac=1;
    for(k=1;k<=n;k++)
        fac=fac*k;
    return fac;
}
```

7.3　函数的调用

7.3.1　函数调用形式

C 语言中，函数之间是通过调用实现特定功能的。使用已经定义函数的过程称为函数调用。函数调用分有参函数调用和无参函数调用。

1. 有参函数调用

格式：

函数名(实际参数列表);

函数名可以是系统预定义的库函数名或者是用户自定义函数的名字。实际参数列表提供了函数调用时所需的数据信息。实际参数又称为实参，可以是常量、变量或者表达式及地址。多个实参之间用逗号间隔。

2. 无参函数调用

格式:

函数名();

在调用无参函数时,只需要使用函数名并在其后加上一对圆括号即可。

7.3.2 函数调用方式

按照被调函数出现在主调函数中的表现形式,可以将函数调用的方式分为函数语句调用、函数表达式调用和函数参数调用 3 种方式。

1. 函数语句

将函数调用作为一个独立的语句。此时函数没有返回值,只需完成相应的操作。

【例题 7.5】程序功能:编写函数求 1+2+3+⋯+100 的和。

算法分析:主函数提供两个实参 1 和 100,调用求累加和用户定义函数 funsum(),用户函数采用 for 循环结构求累加和。

程序代码:

```c
#include"stdio.h"
void funsum(int n,int m)
{
    int i,sum;
    sum=0;
    for(i=n;i<=m;i++)
        sum=sum+i;
    printf("1+2+...+100=%d\n",sum);
}
int main()
{
    int n=1,m=100;
    funsum(n,m);
    return 0;
}
```

程序说明:用户定义函数 funsum()的返回值是空,表明不返回函数计算结果,调用语句 funsum(n,m)作为主函数的一条独立语句使用。函数调用的实参与形参可以同名也可以不同名。主调函数的实参必须是一个确定的值。

程序运行结果如图 7.4 所示。

图 7.4　例题 7.5 程序运行结果

2. 函数表达式

函数表达式是指被调用函数作为一个表达式出现。此时要求函数返回一个确定的值参加表达式的运算。

【例题 7.6】 程序功能：编写函数求 1+2+3+…+100 的和。

算法分析：主函数提供两个实参 1 和 100，调用求累加和用户定义函数 funsum()，用户函数采用 for 循环结构求累加和。

程序代码：

```
#include"stdio.h"
int funsum(int n,int m)
{
    int i,sum=0;
    for(i=n;i<=m;i++)
        sum=sum+i;
    return sum;
}
int main()
{
    int sum,n,m;
    n=1;
    m=100;
    sum=funsum(n,m);
    printf("1+2+3+…+100=%d\n",sum);
    return 0;
}
```

程序说明：主调函数 sum=funsum(n,m);中的被调用函数 funsum(n,m)视为表达式，要求有一个具体的值赋给左边变量 sum。主函数和用户函数中都定义了 sum 变量，虽然都是局部变量，但作用范围不同。

注意：函数名不能与本程序中的变量同名。

程序运行结果如图 7.5 所示。

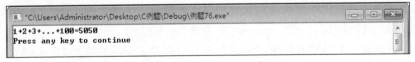

图 7.5 例题 7.6 程序运行结果

3. 函数参数

函数参数是指被调函数调用作为另一个函数的实参。

【例题 7.7】 程序功能：编写函数求 1+2+3+…+100 的和。

算法分析：主函数提供两个实参 1 和 100，调用求累加和用户定义函数 funsum()，用户函数采用 for 循环结构求累加和。

程序代码：

```
#include"stdio.h"
```

```
int funsum(int n,int m)
{
    int i,sum=0;
    for(i=n;i<=m;i++)
        sum=sum+i;
    return sum;
}
int main()
{
    int n,m;
    n=1;
    m=100;
    printf("1+2+3+...+100=%d\n",funsum(n,m));
    return 0;
}
```

程序说明：被调函数 funsum()作为输出函数的输出项，该函数调用称为函数的嵌套调用。程序的执行结果如图 7.6 所示。

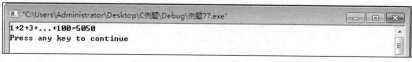

图 7.6　例题 7.7 程序运行结果

读者要认真细致地体会例题 7.5、例题 7.6 和例题 7.7，虽然它们都是解决同一个问题，但调用 funsum()函数的方式是不同的。

4. 函数调用说明

在 C 语言中，凡是能引用变量或表达式的地方，均可引用函数。在引用函数时应该注意以下几点。

(1) 实参与形参在个数、类型、顺序上要一致。

(2) 实参可以是常量、变量名、数组名、数组元素或表达式，即必须是具有确定的值。

(3) 为了保证函数引用的正确性，在引用前应清楚被引用函数的功能、输入参数、返回值等，然后再对其进行引用。

(4) 若被调函数在主函数的前面，则主调函数不必对被调函数做说明；若被调函数在主函数的后面，则主调函数必须对被调函数做说明。

【例题 7.8】程序功能：求任意 3 个整数中的最大数。

算法分析：首先求两个数中的较大数，然后将这个较大数与剩下的数相比再求较大数，实现这个过程是通过定义函数 funmax()完成的。主函数调用 funmax()函数传递两个实参(即 a、b 两个数)，然后再一次调用 funmax()函数传递两个实参(一个是返回值 max，另一个是剩下的一个数 c)。

程序代码：

```
#include"stdio.h"
int main()
{
```

```
        int a,b,c,max;
        int funmax(int x,int y);//被调用函数说明
        printf("输入 3 个整数：\n");
        scanf("%d%d%d",&a,&b,&c);
        max=funmax(a,b);
        max=funmax(max,c);
        printf("3 个数中的最大数是：%d\n",max);
        return 0;
    }
    int funmax(int x,int y)    //函数定义
    {
        if(x>y)
            return x;
        else
            return y;
    }
```

程序说明：被调用函数 funmax()在主函数 main()的后面，因此主函数在调用用户函数时必须做说明(int funmax(int x,int y)即函数的声明)。函数调用可采用表达式方式，用的是两条语句，其目的是让读者更加清楚函数的调用，也可采用被调函数作为函数参数和表达式组合的方式进行调用，即 max=funmax(funmax(a,b),c)。这其实就是一种嵌套调用。

程序执行结果如图 7.7 所示。

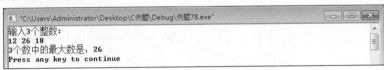

图 7.7 例题 7.8 程序运行结果

7.3.3 函数调用过程

一个 C 程序可以包含多个函数，但必须包含且只能包含一个 main()函数。程序的执行从 main()函数开始，到 main()函数结束。程序中的其他函数必须通过 main()函数直接或间接地调用才能执行。

注意：main()函数可以调用其他函数，但不允许被其他函数调用。main()函数是由系统自动调用的。被调用函数放到调用函数的后面，必须在调用函数中对被调用函数进行说明，否则会出现符号未定义的错误，但被调用函数放在调用函数的前面时，在调用函数中可以不进行说明，这也是开发软件常采用的方法。

【例题 7.9】程序功能：用函数法编写求两个数中的较大数。

算法分析：本题的算法在选择结构程序设计时做了介绍，现在采用另一种方法来实现，即主函数 main()只提供任意的两个数，并输出这两个数中的较大数，而这两个数的比较过程由用户定义一个能实现两数比较的函数 max()来完成，并将比较的结果通知 main()函数。

程序代码：

```
#include<stdio.h>
```

```
float funmax(float a, float b)        //定义函数 funmax()
{    float max;
  max=a>b?a:b;                        //采用条件表达式求两数最值
  return max;                         //返回最值
}
int   main()
{   float x,y,max;
    printf("input two numbers:\n ");
    scanf("%f%f",&x,&y);
    max=funmax(x,y);                  //调用函数 funmax()
    printf("max is %6.2f\n",max);
    return 0;
}
```

程序说明：程序从 main()函数开始执行，将输入数据分别赋值给 x、y，遇到函数调用 funmax(x，y)时，主调函数 main()暂时中断执行，程序的执行控制权移交到被调函数 funmax()，程序转向函数 funmax()的起始位置开始执行，同时，将实参 x、y 的值顺序地传递给形参 a、b。依次执行函数 funmax()中的语句，当执行到 return 语句时，被调函数 funmax()执行完毕，自动返回到主调函数 main()原来中断的位置，并将 max 的值传回，主调函数 main()重新获得执行控制权。main()函数继续执行，将函数返回值赋值给 max，最后输出 max 的值。函数调用流程示意图如图 7.8 所示。

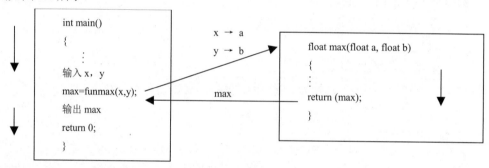

图 7.8   函数调用流程示意图

7.3.4   函数调用结果的返回

函数调用结果的返回是函数应用的关键问题之一。调用函数是为了得到相应的结果。函数运算的结果，主要是通过 return 语句、全局变量返回、地址返回和文件返回。关于地址返回和文件返回将在后续章节介绍。

1. 用 return 语句返回函数调用结果

一般来说，函数被调用时都有一个返回值，这是数据传递的一种方式，函数的返回值通过 return 语句实现，其格式为：

return [(表达式)];

其中的"表达式"可以是常量、变量、函数引用、数组元素、地址常量及其他形式，若没有返回值，则"表达式"可以省略。

一个函数可以有多个 return 语句，即多个出口。例题 7.8 有两个出口，但从结构化程序设计的角度来讲，一般不提倡多个出口。return 语句有以下两个功能。

(1) 如果函数有返回值，则用该语句实现返回值。

(2) 终止函数执行，使控制返回调用函数。

在测试程序时，通常在用户函数中设置多个 return 语句，用于检测是否执行了函数的各个功能部分，执行过程中是否有错，并通过设置返回标志值查出错误点。

【例题 7.10】程序功能：编写函数，求两个正整数的最大公约数和最小公倍数。

算法分析：主函数提供两个正整数，分别调用求最大公约数和求最小公倍数，用 return 返回最大公约数和最小公倍数。求最大公约数采用辗转相除法实现，求最小公倍数采用两数之积除以最大公约数实现。

程序代码：

```c
#include<stdio.h>
int gcd(int a, int b)          //定义最大公约数函数 gcd()
{
    int k;
    do
    {  k=a%b;
       a=b;
     b=k;
    } while(b!=0);
    return (a);
}
int lcm(int a, int b)          //定义最小公倍数函数 lcm()
{
    int t;
    t=a*b/gcd(a,b);            //调用 gcd()函数
    return (t);
}
int   main()
{
    int a,b,m,n;
    printf("please input a,b: ");
    scanf("%d%d",&a,&b);
    m=gcd(a,b);               //调用 gcd()函数
    n=lcm(a,b);               //调用 lcm()函数
    printf("gcd(%d,%d)=%d\n",a,b,m);
    printf("lcm(%d,%d)=%d\n",a,b,n);
    return 0;
}
```

程序说明：程序中定义了两个函数 gcd()和 lcm()。函数 gcd()的功能是求 a、b 的最大公约数，函数 lcm()的功能是求 a、b 的最小公倍数。两个函数彼此独立，互不从属。

程序从 main()函数开始执行。输入 a、b 后，调用函数 gcd()求 a、b 的最大公约数，赋值给 m。在调用函数 lcm()的过程中，需要调用函数 gcd()来确定最大公约数，通过将 a、b 的乘积除以最大公约数来获得最小公倍数的值，这里就构成了函数的嵌套调用。

程序运行结果如图 7.9 所示。

```
"C:\Users\Administrator\Desktop\C例题\Debug\例题710.exe"
please input a,b: 12 18
gcd(12,18)=6
lcm(12,18)=36
Press any key to continue_
```

图 7.9　例题 7.10 程序运行结果

2. 利用全局变量返回调用函数的结果

全局变量是程序中的所有函数都可以访问的，利用全局变量可实现函数间的通信。利用全局变量进行函数间的通信，具有简单、程序运行效率高等特点。但过多使用全局变量会增强函数间的联系，从而降低了函数的独立性。由于各个函数都可以对全局变量操作，所以很容易出错，出错后较难确定错误发生的位置，也不利于程序的调试和维护。因此，一般都采用参数传递方式。

【例题 7.11】程序功能：利用全局变量传递参数求任意两个数的和的程序。

算法分析：定义一个全局变量 sum，程序中主函数和用户函数都能操作 sum。主函数提供任意的两个数，调用求和函数实现求和功能，并输出两数的和。

程序代码：

```
#include"stdio.h"
int sum;                    //定义 sum 为全局变量
void funsum(int a,int b)    //定义用户函数 funsum()
{
    sum=a+b;
}
int main()
{
    int x,y;
    printf("请输入两个数：\n");
    scanf("%d%d",&x,&y);
    funsum(x,y);            //调用用户函数
    printf("%d+%d=%d\n",x,y,sum);
    return 0;
}
```

程序说明：程序中的 sum 是全局变量，用于存放两数的和，将两数的和从 funsum()函数中传递给主函数 main()。

程序运行结果如图 7.10 所示。

```
"C:\Users\Administrator\Desktop\C例题\Debug\例题711.exe"
请输入两个数：
13 26
13+26=39
Press any key to continue_
```

图 7.10　例题 7.11 程序运行结果

7.4　函数间数据传递

函数调用时，大多数情况下，主调函数与被调函数之间有数据传递关系。主调函数向被调

函数传递数据主要是通过函数的参数进行的,而被调函数向主调函数传递数据一般是利用return语句实现。在使用函数的参数传递数据时，主要有两种方式：一种是值传递方式，另一种是地址传递方式。

函数调用时，主调函数的参数称为实参，被调函数的参数称为形参，主调函数把实参的值传给被调函数的形参，从而实现调用函数向被调函数的数据传递。

7.4.1　普通变量作为实参的值传递

普通变量作为实参的值传递是指主函数将值传递给被调函数，方向是单向的。在使用时应注意以下几点。

(1) 实参和形参的类型、个数和顺序必须保持一致。实参可以是常量、变量、表达式或数组元素，但必须有确定的值，以便将这些值传送给形参。因此，应先用赋值、输入等方法使实参获得确定的值。

(2) 形参变量只有在函数被调用时才分配存储单元，函数调用结束后，即释放所分配的存储单元，因此，形参变量只有在该函数内有效。函数调用结束返回主调函数后，就不能再使用该形参变量。

(3) 实参对形参的数据传递是单向的值传递，即只能把实参的值传递给形参，而不能把形参的值传递给实参。

【例题 7.12】程序功能：编写函数，判断一个整数是否是素数，若是素数，则输入 yes 信息；若不是素数，则输出 no 信息。

算法分析：主函数提供任一整数，调用判断素数函数，对其返回值进行判断，若返回值是 1，则输入 yes 信息；若返回值是 0，则输出 no 信息。判断素数的方法：采用该整数除以的数从 2 开始到该数的平方根，若不能除尽，则该数是素数并返回 1 的值；若能除尽，则该数不是素数并返回 0 的值。

程序代码：

```c
#include"stdio.h"
#include"math.h"
int prime(int n)
{
    int flag=1,i;           //设置标志 flag=1 是素数
    for(i=2;i<=sqrt(n);i++)
      if(n%i==0)            //若 n 能被 i 整除，则不是素数
      {
         flag=0;           //不是素数置 flag=0 并结束循环
         break;
      }
    return (flag);
}
int main()
{
    int num;
    printf("输入一个整数:\n");
    scanf("%d",&num);
```

```
    if(prime(num))          //调用判断素数函数
        printf("yes\n");    //输出是素数信息
    else
        printf("no\n");     //输出不是素数信息
    return 0;
}
```

程序运行结果如图 7.11 所示。

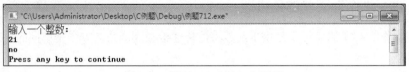

图 7.11 例题 7.12 程序运行结果

【例题 7.13】程序功能：求任意 10 个数平方的和。

算法分析：将求某个数的平方这一功能编写成一个函数 funfac()，在主函数中定义数组来存放这 10 个数，以数组元素作为实参，采用循环调用，调用一次求一次累加和。

程序代码：

```
#include"stdio.h"
int funfac(int b)
{
    return b*b;
}
int main()
{
    int i,a[10];
    long int fac=0;
    printf("输入 10 个数：\n");
    for(i=1;i<=10;i++)
    {
        scanf("%d",&a[i]);
        fac=fac+funfac(a[i]);//数组元素做实参调用求某数平方和
    }
    printf("%ld\n",fac);
    return 0;
}
```

程序说明：数组元素就是下标变量，与普通变量一样，数组元素只能作为实参，在发生函数调用时，把数组元素的值传递给形参，实现单值传递。要求实参数组元素的数据类型与形参变量的数据类型完全相同。

程序运行结果如图 7.12 所示。

图 7.12 例题 7.13 程序运行结果

7.4.2 数组名作为实参的地址传递

数组名表示数组元素在内存中存放的首地址。用数组名做函数实参，要求主调函数的实参和被调函数的形参分别是类型相同的数组(或指向数组的指针变量)，都必须有明确的数组说明。C 编译系统对形参数组大小不做检查，在定义时可以不指定，只是将实参数组的首地址传递给形参数组，此时实参数组与形参数组共占同一段内存单元。

【例题 7.14】程序功能：编写函数，求某高校参加 C 语言考试的 200 名学生的平均成绩。

算法分析：主函数定义成绩数组 score[200]，存放 200 名学生 C 语言考试成绩，调用用户函数 funaver()，实现求平均成绩，最后输出。

程序代码：

```c
#include"stdio.h"
float funaver(int n,float fscore[])
{
    int i;
    float sum=0,aver;
    for(i=0;i<n;i++)
        sum+=fscore[i];
    aver=sum/n;
    return aver;
}
int main()
{
    float score[200],aver;
    int i;
    printf("输入 200 名学生的成绩: \n");
    for(i=0;i<200;i++)
        scanf("%f",&score[i]);
    aver=funaver(200,score);    //调用函数，实参为数组名
    printf("200 名学生 C 语言平均成绩: %f\n",aver);
    return 0;
}
```

程序运行结果如图 7.13 所示(修改程序中学生人数为 5 进行测试)。

图 7.13 例题 7.14 程序运行结果

【例题 7.15】程序功能：编写函数，将 10 个整数序列按奇数在前、偶数在后的顺序重新排列，并要求奇偶分别有序。

算法分析：主函数定义一整型数组 a[10]，对 10 个元素赋任意值。设置一个记录奇数元素的下标变量 k，判断每一元素是否为奇数，若是，则交换存放到下标为 0 开始的元素中，同时使 k 值加 1。判断完后，k 的值就是 10 个数组元素中奇数的个数，从 k+1 下标开始以后的元素就是偶数。定义一个排序函数，采用选择法实现从小到大排

序，按奇数、偶数分别被主函数调用。

程序代码：

```c
#include"stdio.h"
void sort(int a[],int n)
{
    int i,j,temp;
    for(i=0;i<n;i++)            //用选择法排序
        for(j=i+1;j<n;j++)
            if(a[i]>a[j])
            {
                temp=a[i];
                a[i]=a[j];
                a[j]=temp;
            }
}
int main()
{
    int i,a[10],k=0,temp;       //k 用来记录奇数个数
    printf("输入任意的 10 个数：\n");
    for(i=0;i<10;i++)
        scanf("%d",a+i);
    for(i=0;i<10;i++)
        if(a[i]%2)              //判断为奇数并将奇数排在前面
        {
            temp=a[i];
            a[i]=a[k];
            a[k++]=temp;
        }
    sort(a,k);                  //对奇数排序
    sort(a+k,10-k);             //对偶数排序
    printf("输出排序后的结果：\n");
    for(i=0;i<10;i++)
        printf("%d ",a[i]);
    printf("\n");
    return 0;
}
```

程序运行结果如图 7.14 所示。

图 7.14　例题 7.15 程序运行结果

7.4.3　字符串作为实参的传递

C 语言的字符数组所处理的都是字符串，因此，字符串作为实参时，传送的也是字符数组首地址。定义形参数组时其大小可以省略，其大小由被函数调用时的实参字符串确定。

【例题 7.16】程序功能：编写函数，将任意的两个字符串连接成一个字符串。

算法分析：在用户函数中定义两个字符数组 str1[]和 str2[]，分别存放 str1 和 str2 两个字符串，两个字符串连接后的结果保存在数组 str1[]中，其结果通过地址返回给主调函数。在主调函数中分别输入两个字符串，调用用户函数，输出结果。

程序代码：

```c
#include"stdio.h"
#include"string.h"
char funstr(char str1[],char str2[])
{
    int i=0,j=0;
    while(str1[i]!='\0')
      i++;                    //测试 str1 串的长度
    while((str1[i++]=str2[j++])!='\0') //将 str2 串连接到 str1 串后面
      ;
    return (1);
}
int main()
{
    char str1[50],str2[20];
    printf("输入字符串 str1：\n");
    scanf("%s",str1);
    printf("输入字符串 str2：\n");
    scanf("%s",str2);
    funstr(str1,str2);        //调用字符串连接函数
    printf("输出连接后的字符串：\n");
    puts(str1);
    return 0;
}
```

程序说明：程序中字符数组 str1 和 str2 是作为函数的实参，而在用户函数中的形参也是 str1 和 str2，虽然实参与形参同名，但它们存在于不同的函数之中，作用范围不同，互不影响。

程序运行结果如图 7.15 所示。

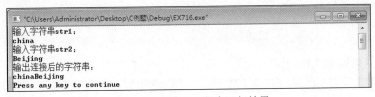

图 7.15　例题 7.16 程序运行结果

7.5　函数的嵌套调用

函数嵌套调用是指执行被调用函数时，被调用函数又调用了其他函数。由于 main()函数是由编译程序调用执行的，因此 main()函数可以调用其他函数，但其他函数不能调用 main()函数。

而在 C 语言中函数的定义是平行的、相互独立的，在一个函数的内部不允许定义其他函数，即函数定义不能嵌套。

【例题 7.17】 编写程序：用函数的嵌套调用编写程序，已知三角形的三条边，求该三角形的面积。

算法分析：由面积公式可知，$area=\sqrt{s(s-a)(s-b)(s-c)}$，其中，$s=\dfrac{a+b+c}{2}$。

按题目要求定义一个求面积函数 funarea() 和一个求半周长函数 funs()。主函数 main() 提供三角形的三条边，调用求面积函数 funarea()，面积函数在执行过程中再调用半周长函数 funs()。最后在主函数中输出三角形面积。

程序代码：

```c
#include"stdio.h"
#include"math.h"
float funs(int a,int b,int c)
{
    float s;
    s=(a+b+c)/2;
    return s;
}
float funarea(int a,int b,int c)
{
    float area,s;
    s=funs(a,b,c);
    area=sqrt(s*(s-a)*(s-b)*(s-c));
    return(area);
}
int main()
{
    int a,b,c;
    float area;
    printf("intput a,b,c:\n");
    scanf("%d%d%d",&a,&b,&c);
    area=funarea(a,b,c);
    printf("三角形面积：%.2f\n",area);
    return 0;
}
```

程序运行结果如图 7.16 所示。

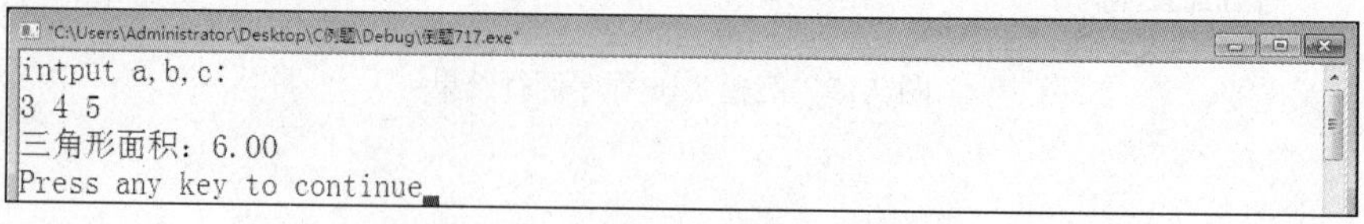

```
intput a,b,c:
3 4 5
三角形面积: 6.00
Press any key to continue
```

图 7.16　例题 7.17 程序运行结果

程序执行过程分析如图 7.17 所示。

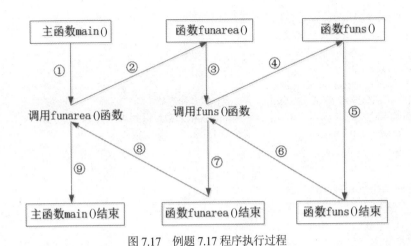

图 7.17　例题 7.17 程序执行过程

在图 7.17 中，①～⑨表示执行嵌套调用过程的序号。从①开始，先执行主函数 main()中的语句，当遇到调用 funarea()函数时，由②转去执行 funarea()函数，③是执行 funarea()函数的语句，当遇到调用 funs()函数时，由④转去执行 funs()函数，⑤是执行 funs()函数的所有语句，当 funs()函数执行结束后，通过⑥返回到调用 funs()函数的 funarea()函数断点处，⑦是继续执行 funarea()函数体中剩下的语句，当 funarea()函数执行结束时，通过⑧返回调用 funarea()函数的 main()函数断点处，⑨是继续执行 main()函数体中剩下的语句，完成后，结束本程序的执行。

函数的嵌套层次是不受限制的，但嵌套层次越多，程序执行效率就越低，其原因是每进行一次函数调用都要花费时间和占用空间。

【例题 7.18】编写程序：输入 4 个整数，找出其中的最大者。用函数的嵌套来处理。

算法分析：定义一个求 4 个整数中最大数的函数 max4()和一个求任意 2 个数中最大数的函数 max2()。主函数 main()提供任意的 4 个整数，调用求 4 个整数中最大数的函数 max4()，而 max4()又多次调用求 2 个数中的最大数的函数 max2()，在主函数 main()中输出 4 个数中最大数。

程序代码：

```
#include <stdio.h>
int max2(int a,int b)          // 定义 max2()函数功能求两数中最大数
{
    if(a>=b)
        return a;              // 若 a>=b, 将 a 为函数返回值
    else
        return b;              // 若 a<b, 将 b 为函数返回值
}
int max4(int a,int b,int c,int d)  // 定义 max4()函数
{
    int m;
    m=max2(a,b);      //调用 max2()函数, 得到 a 和 b 两个数中的最大数, 放在 m 中
    m=max2(m,c);      //调用 max2()函数, 得到 a、b、c 三个数中的最大数, 放在 m 中
    m=max2(m,d);      //调用 max2()函数, 得到 a、b、c、d 四个数中的最大数, 放在 m 中
    return(m);        // 把 m 作为函数值带回 main()函数
```

```
}
int main()
{
    int a,b,c,d,max;
    printf("input 4 interger number:\n");
    scanf("%d%d%d%d",&a,&b,&c,&d);        //输入任意 4 个整数
    max=max4(a,b,c,d);                     //调用 max4()函数，得到 4 个数中的最大数
    printf("max=%d \n",max);               //输出 4 个数中的最大数
    return 0;
}
```

程序运行结果如图 7.18 所示。

```
■ "C:\Users\Administrator\Desktop\C例题\Debug\例题718.exe"
input 4 interger number:
12 23 46 38
max=46
Press any key to continue
```

图 7.18　例题 7.18 程序运行结果

7.6　递归函数与递归调用

函数的嵌套调用是指在函数中调用其他函数，若在调用的过程中又出现直接或间接地调用该函数本身，则称为函数的递归调用。因此递归调用是一种特殊的嵌套调用，不是调用另外一个函数，而是函数调用自己。递归调用有直接调用和间接调用两种形式。直接递归指函数中出现调用函数本身，如图 7.19 所示；间接递归指函数调用了其他函数，而其他函数中又调用了该函数，如图 7.20 所示。

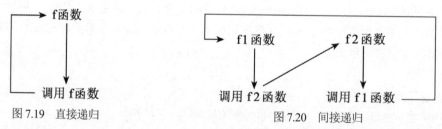

图 7.19　直接递归　　　　　　　　　　图 7.20　间接递归

C 语言中，在一个函数体内出现直接调用或间接调用该函数本身的语句，则称为该函数的递归函数。

从图 7.19 和图 7.20 可以看出，两种递归调用形式都构成了一个无限循环的自身调用。在程序设计时是不允许出现这样的无限递归调用的，应设立一个终止递归的条件，在经过有限次调用后，可使该条件成立，进而不再满足继续执行递归的要求，使递归调用得以终止并逐层返回。

递归调用既是一种解决问题的方案，更是一种逻辑思想。它是将一个规模较大、较复杂的问题，逐渐分解为规模较小、较简单的问题，最后得到一个最小、最简单、最容易解决的类似问题，将该问题解决后再逐层解决上一级问题，最终回归到对初始问题的解决。因此用递归解决问题时分两个阶段：第 1 阶段是回溯；第 2 阶段是递推。

递归算法必须满足两个条件：一是找问题相似性，也就是问题转化。有些问题不能直接求解或难以求解，但它可以转化为一个新问题，这个新问题相对较原问题简单或更接近解决方法，并且新问题的解决方法与原问题一样，可以转化为下一个新问题，直到容易解决，并且这些问题都具有相似性；二是设计出口，也就是终止条件。原问题到新问题的转化是有条件的，即次数是有限的，不能无限次数地转化下去，这个终止条件称为边界条件。

图 7.21　递归模型的一般形式

根据递归算法建立递归模型。递归模型的一般形式如图 7.21 所示。

【**例题 7.19**】编写程序：共有 5 个人，第 5 个人的年龄比第 4 个人的年龄大 2 岁，第 4 个人的年龄比第 3 个人的年龄大 2 岁；第 3 个人的年龄比第 2 个人的年龄大 2 岁，第 2 个人的年龄比第 1 个人的年龄大 2 岁，第 1 个人的年龄为 10 岁。请问第 5 个人的年龄是多少岁？

算法分析：要知道第 5 个人的年龄，就必须先知道第 4 个人的年龄；要知道第 4 个人的年龄，就必须先知道第 3 个人的年龄；要知道第 3 个人的年龄，就必须先知道第 2 个人的年龄；要知道第 2 个人的年龄，就必须先知道第 1 个人的年龄，而第 1 个人的年龄是 10 岁，这就是出口。而且每一个人的年龄都比其前 1 个人的年龄大 2，即可定义一个年龄函数 funage() 分别表示这 5 个人的年龄如下：

```
funage(5)=funage(4)+2
funage(4)=funage(3)+2
funage(3)=funage(2)+2
funage(2)=funage(1)+2
funage(1)=10
```

可以用递归模型表示：

$$funage(n)=\begin{cases} 10 & (n=1) \\ funage(n-1)+2 & (n>1) \end{cases}$$

从上面可以看到，当 n＞1 时，funage(n) 可以转化为 funage(n-1)+2，而 funage(n-1) 与 funage(n) 只是函数参数由 n 变成了 n-1，以此类推，funage(n-1) 可转化为 funage(n-2)+2，…，每次转化时，只是函数参数减 1，直到函数参数的值为 1 时(已知第 1 个人的年龄是 10 岁)，递归结束。

递归调用的过程如图 7.22 所示(假设 n=5)。

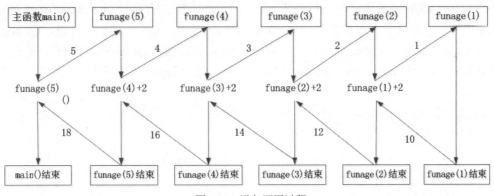

图 7.22　递归调用过程

使用一个 main()函数调用 funage()函数求 5 个人的年龄，如图 7.22 所示，倾斜箭头表示函数调用，旁边的数字表示传递的参数；下面的箭头表示函数返回，旁边的数字表示函数的返回值。funage()函数反复调用自己：funage(5)调用 funage(4)，funage(4)调用 funage(3)，funage(3)调用 funage(2)，funage(2)调用 funage(1)，函数参数逐次减小，当最后调用 funage(1)时，递归结束，然后开始逐级完成加法运算，最后计算出 5 个人的年龄。

程序代码：

```c
#include"stdio.h"
int funage(int n)
{
    int age;
    if(n==1)
        age=10;
    else
        age=funage(n-1)+2;
    return age;
}
int main()
{
    int age;
    age=funage(5);
    printf("第 5 个人的年龄是：%d\n",age);
    return 0;
}
```

程序运行结果如图 7.23 所示。

```
"C:\Users\Administrator\Desktop\C例题\Debug\例题719.exe"
第5个人的年龄是:18
Press any key to continue
```

图 7.23 例题 7.19 程序运行结果

【例题 7.20】编写程序：用递归法求 1+2+3+…+100 的和。

算法分析：用循环求累加和或用函数求累加的方法大家相当熟悉(在前面已做了介绍)，用递归法求累加和则是一种全新的思想。求 1+2+3+…+100 的累加和分解成求 1+(2+3+…+100)的累加和，而求 2+3+…+100 的累加和进而又可分成 2+(3+4+…+100)的累加和……这样就将 100 次的加法运算转变成只做 1 次加法，即找到了问题的相似性。若定义一个求累加和函数 funsum(begin,end)，那么上述过程可表示成 begin+funsum(begin+1,end)。当 begin=end 时，函数返回 begin 值，函数 funsum()就不再调用自己；否则函数 funsum()返回 begin+funsum(begin+1,end)的值，这个 begin=end 条件就是递归的出口。

程序代码：

```c
#include"stdio.h"
int funsum(int begin,int end)
{

    if(begin==end)
        return begin;
```

```
    else
        return begin+funsum(begin+1,end);
}
int main()
{
    printf("1+2+3+...+100=%d\n",funsum(1,100));
    return 0;
}
```

程序运行结果如图 7.24 所示。

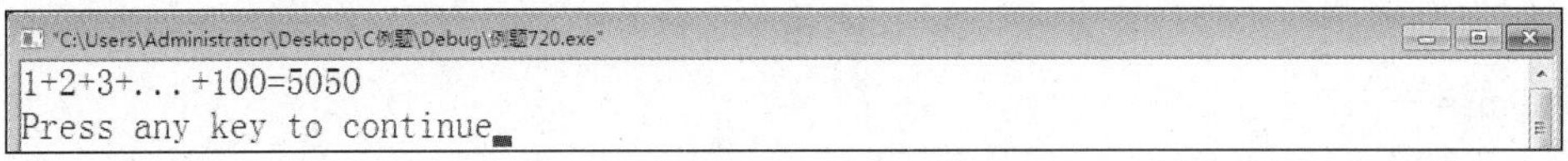

图 7.24　例题 7.20 程序运行结果

【例题 7.21】编写程序：用递归算法求 m 与 n 的最大公约数。

算法分析：求 m 和 n 的最大公约数，采用的方法是辗转相除法。若 m%n ≠0，则求 n 与 m (m MOD n)的最大公约数，与原问题相同，只是参数变小。以此类推，直到新的 n=0 时，其最大公约数就是新的 m。定义一个求 m 和 n 的最大公约数函数 fungcd(m，n)。而递归出口条件是 m%n==0。建立的递归模型为：

$$fungcd(m,n)=\begin{cases} m & (n=0) \\ fungcd(n,m\%n) & (n>0) \end{cases}$$

程序代码：

```
#include"stdio.h"
int fungcd(int m,int n)
{
    int g;
    if(n==0)
        g=m;
    else
        g=fungcd(n,m%n);
    return g;
}
int main()
{
    int m,n;
    printf("输入 m,n 两整数\n");
    scanf("%d%d",&m,&n);
    printf("最大公约数为：%d\n",fungcd(m,n));
    return 0;
}
```

程序运行结果如图 7.25 所示。

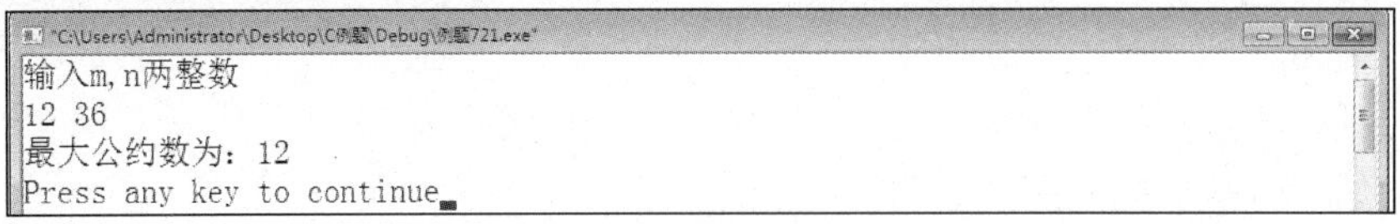

图 7.25　例题 7.21 程序运行结果

【例题 7.22】编写程序：用递归法求 n！。

算法分析：一个整数的阶乘可表示如下。

$$n!=\begin{cases} 1 & (n=0 \text{ 或 } n=1) \\ 1\times2\times3\times\cdots\times n & (n>1) \end{cases}$$

阶乘的定义还可表示如下。

$$n!=\begin{cases} 1 & (n=0 \text{ 或 } n=1) \\ n*(n-1)! & (n>1) \end{cases}$$

如果定义一个函数 funfact(n)来求 n!，则可建立递归模型如下。

$$funfact(n)=\begin{cases} 1 & (n=0 \text{ 或 } n=1) \\ n*funfact(n-1) & (n>1) \end{cases}$$

从上面分析可以看出：当 n>1 时，funfact(n)可以转化为 n*funfact(n-1)，而 funfact(n-1)与 funfact(n)只是函数参数由 n 变成了 n-1；以此类推，funfcat(n-1)又可转化为(n-1)*funfact(n-2)，…，每次转换时，函数参数减 1，直到函数参数的值为 1 时，1！的值为 1，递归调用结束。

程序代码：

```c
#include"stdio.h"
double funfact(int n)
{
    if(n==0||n==1)
        return 1;
    else
        return(n*funfact(n-1));
}
int main()
{
    int n;
    printf("请输入整数 n:  \n");
    scanf("%d",&n);
    printf("%d!的值是: %.2f\n",n,funfact(n));
    return 0;
}
```

程序运行结果如图 7.26 所示。

```
"C:\Users\Administrator\Desktop\C例题\Debug\例题722.exe"
请输入整数n:
5
5!的值是: 120.00
Press any key to continue
```

图 7.26　例题 7.22 程序运行结果

【**例题 7.23**】编写程序：用递归算法求斐波拉契数列的第 n 项。

算法分析：斐波拉契数列的第 1、2 项均为 1，从第 3 项开始，后一项是前两项的和。定义一个求斐波拉契数列第 n 项的函数 funfib(n)，当 n=0 时，返回函数值 0；当 n=1 和 n=2 时，返回函数值 1；当 n>2 时，返回函数值 funfib(n-1)+funfib(n-2)。因此建立递归模型为：

$$
funfib(n)=\begin{cases} 0 & (n=0) \\ 1 & (n=1，n=2) \\ funfib(n-1)+funfib(n-2) & (n>2) \end{cases}
$$

因此，在主函数中输入一个整数 n，调用递归函数 funfib() 求斐波拉契数列的第 n 项，然后输出斐波拉契数列第 n 项的值。

程序代码：

```c
#include"stdio.h"
long funfib(int n)
{
    switch(n)
    {
      case 0: return 0;
      case 1:
      case 2: return 1;
      default :return funfib(n-1)+funfib(n-2);
    }
}
int main()
{
    int n;
    printf("请输入一个整数 n: \n");
    scanf("%d",&n);
    printf("斐波拉契数列第%d 的值是：%ld\n",n,funfib(n));
    return 0;
}
```

程序运行结果如图 7.27 所示。

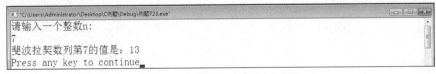

图 7.27　例题 7.23 程序运行结果

【**例题 7.24**】编写程序：用递归算法实现从小到大的排序。

算法分析：定义一个比较大小的函数 funmax() 找数组中最大元素的下标，其方法是相邻两元素进行比较后，记录较大元素的下标；定义一个排序函数 funsort() 即递归函数实现对数组元素的排序，其方法是调用比较大小函数 funmax() 找出 n 个元素中的最大值元素并排到数组 n-1 元素位置上；再调用排序函数 funsort() 对剩下的 n-1 个元素进行排序，其方法是调用比较大小函数 funmax() 找出 n-1 个元素中的最大值元素并排到数组 n-2 元素位置上……直到 n 个元素排完，当 n=0 时，递归结束。建立递归模型如下：

$$funsort(num,n)=\begin{cases} 0 & (n=0) \\ 排序\ funsort(num,n-1) & (n>1) \end{cases}$$

因此，在主函数中实现输入 n 个数，调用数组元素输出函数输出数组的原始数据，再调用递归排序函数实现排序功能，最后调用数组元素输出函数输出数组的排序结果。

程序代码：

```c
#include"stdio.h"
#define N 5
int funmax(int num[],int n) //比较大小函数找较大元素
{
    int i,index=0;
    for(i=1;i<n;i++)
      if(num[i]>num[index])
          index=i;
    return index;              //返回较大元素的下标
}
void funout(int num[N])       //输出数组元素函数
{
    int i;
    for(i=0;i<N;i++)
      printf("num[%d]=%d ",i,num[i]);
    printf("\n");
}
void funsort(int num[],int n)//递归函数实现排序
{
    int temp,index;
    if(n==0)
       return ;
    else
    {
       index=funmax(num,n);
       temp=num[n-1];
       num[n-1]=num[index];
       num[index]=temp;
       funsort(num,n-1);
    }
}
int main()
{
    int i,num[N];
    printf("请输入%d 个数\n",N);
    for(i=0;i<N;i++)
       scanf("%d",&num[i]);
    funout(num);              //调用输出数组元素函数
    funsort(num,N);           //调用排序函数
```

```
    funout(num);          //调用输出数组元素函数
    return 0;
}
```

程序运行结果如图 7.28 所示。

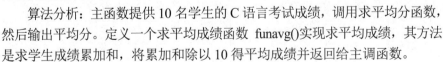

图 7.28　例题 7.24 程序运行结果

7.7　变量作用域与存储方式

在 C 语言中，变量必须先定义后使用，先赋值后使用，但定义语句应该放到什么位置？在 C 程序中定义的变量是否随处可用？赋值后的变量是否在程序运行期间总能保存其值？这些问题涉及变量的作用域及变量的生存周期，而变量的生存周期取决于它的存储类别。所谓存储类别是指变量在内存中的存储方式。

7.7.1　变量作用域

在 C 语言中，变量作用域是指变量作用的有效范围，变量只能在作用域范围内起作用，而在作用域以外是不能被访问的，或者说是不可见的。

在同一个作用域内，不允许有同名的变量出现，而在不同的作用域内，允许有同名的变量出现。

根据变量的作用域不同，C 语言变量可分为局部变量和全局变量。

1. 局部变量

在 C 语言中，局部变量主要表现在一个函数内定义的变量、在程序中的复合语句定义的变量、在用户功能函数中的形式参数变量。

【例题 7.25】编写程序：用函数法求 10 名学生 C 语言考试成绩的平均分。体会变量的作用域。

算法分析：主函数提供 10 名学生的 C 语言考试成绩，调用求平均分函数，然后输出平均分。定义一个求平均成绩函数 funavg() 实现求平均成绩，其方法是求学生成绩累加和，将累加和除以 10 得平均成绩并返回给主调函数。

程序代码：

```
#include"stdio.h"
float funavg(float score1[ ],int n) //定义求平均成绩函数
{
    float sum=0,avge;
    int k;
```

```
        for(k=0;k<n;k++)
            sum=sum+score1[k];
        avge=sum/n;
        return avge;
    }
    int main()
    {
        int i;
        float score[10],avge;
        printf("请输入 10 名学生的成绩：\n");
        for(i=0;i<10;i++)
            scanf("%f",&score[i]);
        avge=funavg(score,10);
        printf("10 名学生 C 语言考试平均成绩：%.2f\n",avge);
        return 0;
    }
```

程序运行结果如图 7.29 所示。

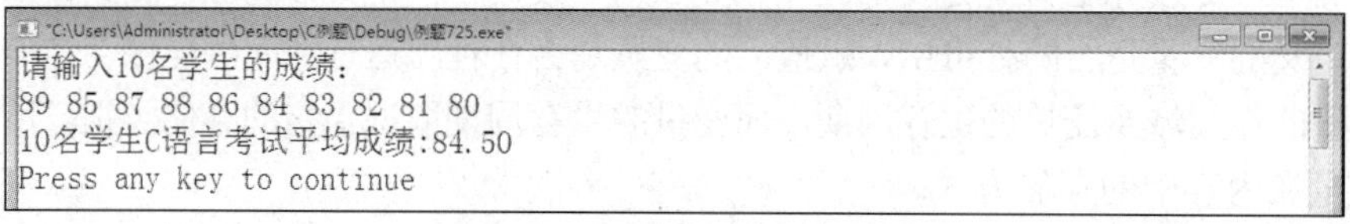

图 7.29　例题 7.25 程序运行结果

本例包含两个函数，funavg()函数是以一维数组名 score1 作为形式参数，实现对 10 名学生的成绩求平均分。在两个函数中各自定义了局部变量。在 funavg()函数中的局部变量分别是 score1、k、sum、avge 和 n；在 main()函数中的局部变量分别是 score、i、avge，且它们作用的范围分别在各自的函数内部，其中，main()函数不能访问 k、sum 等变量，funavg()函数不能访问 i、score 等变量。两个函数中分别定义了 avge 变量是否会发生冲突呢？不会发生，因为它们分别定义在两个不同的函数中，其作用域不相同。

在一个函数内部，可以在复合语句中定义变量，这些变量只在本复合语句中有效，这种复合语句也可称为"分程序"或"程序块"。

```
int main( )
{int a，b;
    ⋮
    {   int c;
        c=a+b;                c 在此范围内有效        a、b 在此范围内有效
        ⋮
    }
    ⋮
}
```

变量 c 只在复合语句(分程序)内有效，否则无效，释放内存单元。

2. 全局变量

程序的编译单位是源程序文件，一个源文件可以包含一个或若干个函数。在函数内定义的

变量是局部变量，而在函数之外定义的变量称为外部变量，外部变量又称全局变量(也称全程变量)。全局变量可以为本文件中其他函数所共用，它的有效范围为从定义变量的位置开始到本源文件结束，如图 7.30 所示。

　　虽然 p、q、ch1、ch2 都是全局变量，但它们的作用范围不同，在 main()函数和 fac2()函数中可以使用全局变量 p、q、ch1、ch2，但在 fac1()函数中只能使用全局变量 p、q，而不能使用 ch1 和 ch2，其原因是定义外部变量的位置不同。

　　在一个函数中既可以使用本函数中的局部变量，又可以使用有效的全局变量。当局部变量与全局变量同名时，局部变量优先。

　　全局变量的作用是增加了函数与函数之间的数据通信。由于同一文件中的所有函数都能引用全局变量的值，因此如果在一个函数中改变了全局变量的值，就能影响其他函数，相当于各个函数之间有直接的传递通道。由于函数的调用只能带回一个返回值，所以有时可以利用全局变量增加与函数联系的通信方式，从函数得到一个以上的返回值。

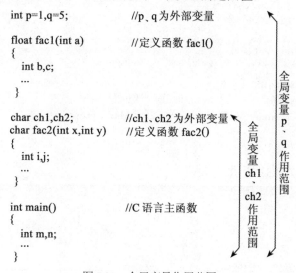

图 7.30　全局变量作用范围

　　为了便于区别全局变量和局部变量，在 C 语言程序设计中，一般将全局变量名的第一个字母用大写表示。

　　【例题 7.26】编写程序：编写函数，求 10 名学生 C 语言考试成绩中的平均分、最高分和最低分。

　　算法分析：由主函数分别调用求最高分函数、求最低分函数和求平均分函数来实现，但这种算法不符合题意。题目要求主函数只调用一个函数就能得到 3 个返回值，从函数返回值的角度来看，显然难以实现，但通过定义两个全局变量即最高分和最低分，再加上函数返回一个平均分，问题就能得到解决。

　　程序代码：

```
#include"stdio.h"
float Max=0,Min=0;                  //全局变量
float average(float array[ ],int n)  //定义函数，形参为数组
{
```

```
        int i;
        float aver,sum=array[0];
        Max=Min=array[0];              //最高分和最低分均是第1名的学生成绩
        for(i=1;i<n;i++)
        {
            if(array[i]>Max)
                Max=array[i];
            else if(array[i]<Min)
                Min=array[i];
            sum=sum+array[i];
        }
        aver=sum/n;
        return(aver);
    }
    int main( )
    {
        float ave,score[10];
        int i;
        printf("请输入 10 名学生成绩：\n");
        for(i=0;i<10;i++)
            scanf("%f",&score[i]);
        ave=average(score,10);              // 调用求平均成绩函数
        printf("max=%6.2f\nmin=%6.2f\naverage=%6.2f\n",Max,Min,ave);
        return 0;
    }
```

程序运行结果如图 7.31 所示。

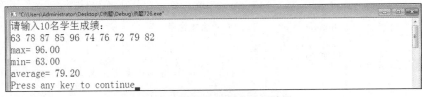

图 7.31　例题 7.26 程序运行结果

尽管全局变量使用起来很方便，利用全局变量作用域大的优势可以减少函数参数传递的个数，从而减少内存空间及传递参数时的时间消耗，但建议非必要时不要使用全局变量。其原因有以下几个。

(1) 全局变量在程序的全部执行过程中都占用存储单元，而不像局部变量仅在需要时才开辟单元。

(2) 全局变量降低了函数的通用性。因为函数在执行时要依赖于其所在程序文件中定义的外部变量。如果将一个函数移到另一个文件中，则需将有关的外部变量一并移过去。若该变量与该文件中的变量同名，则会发生冲突，从而降低程序的可靠性和通用性。程序设计中应使模块"强内聚""弱耦合"，使模块功能单一，与其他模块的相互影响尽量减少，而 C 语言的全局变量却破坏了此原则。

(3) 使用全局变量过多，会降低程序的清晰性，往往难以清楚地判断每个瞬间各个外部变量的值，并且各函数都可以改变外部变量的值，程序容易出错。

7.7.2　变量的存储方式

上述从存储空间的角度分析了变量作用域属性，分析了全局变量和局部变量两种。全局变量在程序运行初期就被创建，定义在整个程序空间内，直到执行完成其占用的存储空间才被释放；局部变量定义在函数内，只有在函数被调用且程序运行到其作用域时，局部变量才被创建，当函数执行结束后，系统自动撤销局部变量，其占用的存储空间被释放。这样的一个过程在 C 语言中称为变量的生存期即变量的另一属性。

变量的生存期取决于变量的存储类别。所谓存储类别是指变量在内存中的存储方式，根据系统为变量分配的存储区域不同，存储方式分为静态存储和动态存储两种。

(1) 静态存储方式：指在程序运行期间分配固定的存储空间。例如，全局变量全部存放在静态存储区，在程序开始运行时就给全局变量分配存储区，直到程序执行完毕才释放。

(2) 动态存储方式：指程序运行期间根据需要动态分配存储空间。例如，函数内部定义的局部变量、自动变量、函数调用时的现场保护和返回地址。这些参数，在函数开始调用时分配动态存储空间，函数结束时空间释放。如果在一个程序中两次调用同一函数，则分配给该函数中的局部变量的存储空间地址可能是不一样的。

按照变量的存储类别可将变量划分为自动变量(auto)、静态变量(static)、寄存器变量(register)和外部变量(extern)4 种。

1. 自动变量

函数中的形式参数和在函数中定义的变量(含在复合语句中定义的变量)，在调用该函数时系统会为它们分配存储空间，函数执行结束后存储空间被自动释放，这类局部变量称为自动变量，用关键字 auto 做存储类别声明。实际上，若 auto 不写，则隐含为"自动存储类别"。前面章节所介绍的例题中定义的局部变量实际都是自动变量。例如：auto int a,b,c;与 int a,b,c;是等价的。

自动变量在定义时若没有初始化，其值是不确定的。自动变量具有以下特点。

(1) 自动变量属于动态存储方式，只有在定义它的函数被调用时，才分配存储单元，当函数调用结束后，其所占用的存储单元自动释放。函数的形式参数也属于此类变量。自动变量的生存期为函数被调用期间。

(2) 自动变量的赋值操作是在函数被调用时进行的，每次调用都要重新赋一次初值。

2. 静态变量

静态变量是用关键字 static 声明的变量，静态变量分为静态局部变量和静态全局变量。在此主要介绍静态局部变量。

静态局部变量具有以下特点。

(1) 静态局部变量属于静态存储方式，在编译时为其分配存储单元，在程序执行过程中，静态局部变量始终存在，即使所在函数被调用结束也不释放。静态局部变量的生存期为整个程序执行期间。

(2) 静态局部变量的作用域与自动变量的作用域相同，即只能在定义它的函数内使用，退出该函数后，尽管它的值还存在，但不能被其他函数引用。

(3) 静态局部变量是在编译时赋初值,对未赋初值的静态局部变量,C 编译系统自动为它赋初值 0(整型或实型)或'\0'(字符型)。每次调用静态局部变量所在的函数时,不再重新赋初值,而是使用上次调用结束时的值。因此静态局部变量的值具有可继承性。

【例题 7.27】 分析下列程序中自动变量和静态局部变量应用的方法。

```
#include"stdio.h"
int fun(int a)
{
    auto int b=0;
    static int c;
    b=b+1;
    c=c+1;
    return(a+b+c);
}
int main()
{
    int a=2,i;
    for(i=1;i<=3;i++)
        printf("%4d",fun(a));
    printf("\n");
    return 0;
}
```

程序运行结果如图 7.32 所示。

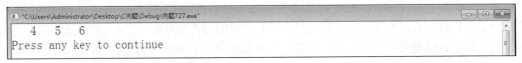

```
"C:\Users\Administrator\Desktop\C例题\Debug\例题727.exe"
   4   5   6
Press any key to continue
```

图 7.32　例题 7.27 程序运行结果

本程序 fun()函数中定义了自动变量 b 和静态局部变量 c。由于自动变量在函数调用时,才分配存储单元,所以函数调用结束时存储单元释放,值不保留,因此,3 次调用 fun()函数时,b变量的值都将重新赋值 0;而静态局部变量在编译时分配存储单元,且系统自动赋初值 0,在函数调用结束时存储单元不释放,值具有可继承性,下次调用该函数时,静态局部变量的初值就是上一次调用结束时变量的值。当 3 次调用 fun()函数结束时,c 变量的值分别为 1、2、3,函数返回值相应地为 4、5、6。

当多次调用一个函数且要求在调用时保留某些变量的值,可考虑采用静态局部变量。但由于静态局部变量的作用域与生成期不一致,降低了程序的可读性,因此,除对程序的执行效率有较高要求外,一般不提倡使用静态局部变量。

3. 寄存器变量

在一般情况下,程序运行时各变量的值都存放在内存中,要对某个变量进行访问时,由控制器将该变量的值从内存读入运算器中进行运算。但为了提高变量的存取速度,C 语言允许将局部变量的值存放在 CPU 的寄存器中,需要时直接从寄存器取出参加运算,从而提高执行效率,这种变量称为"寄存器变量",用关键字 register 声明。

【例题 7.28】 分析下列程序中寄存器变量的作用。

```
#include"stdio.h"
long funfac(int n)
{
    register int i;
    register long f=1;
    for(i=1;i<=n;i++)
        f*=i;
    return f;
}
int main()
{
    int i,n;
    printf("请输入一个整数 n:\n");
    scanf("%d",&n);
    for(i=1;i<=n;i++)
        printf("%ld!=%ld\n",i,funfac(i));
    return 0;
}
```

程序运行结果如图 7.33 所示。

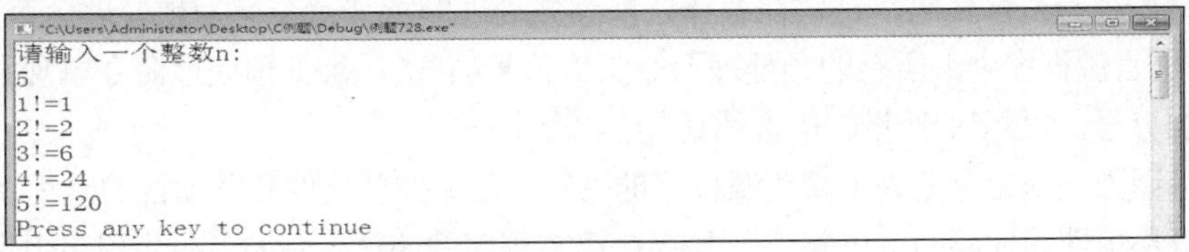

图 7.33　例题 7.28 程序运行结果

在本例中将 funfac()函数中使用频率较高的循环控制变量 i 和累乘器 f 定义为寄存器变量，n 值越大，执行速度快的优势体现得越明显。

寄存器变量在使用时的说明如下。

(1) 只有局部变量和形式参数可以作为寄存器变量，如全局变量、局部静态变量是不可能声明为寄存器变量的。

(2) 由于 CPU 的寄存器数量有限，因此不能过多定义寄存器变量，否则多出的变量系统将作为自动变量处理。

(3) 目前，有的优化编译系统能够识别使用频繁的变量，如循环控制变量，自动将这些变量放在寄存器中，而不是放在内存单元中。

4. 外部变量

用关键字 extern 在所有函数体之外定义的变量，称为外部变量。定义外部变量时可以给它赋初值，而且只能在一个地方赋一次初值。

如果一个文件中引用另一个文件中定义的外部变量，则必须先用 extern 声明；如果在该文件中的许多函数要使用该外部变量，则只需要在该文件的所有函数体之前用 extern 声明一次；如果在该文件中仅有少许的几个函数内要使用该变量，则最好是分别在各函数体内用 extern 声明，使之限制于确实所需的函数中。这样做有助于提高程序的可读性。

外部变量的作用域是整个程序，即外部变量对程序中的所有函数是可见的，但需要注意以下几点。

(1) 如果外部变量是在源文件中各个函数之前定义，则该源文件中的各个函数都可以使用它，无须另加声明。

(2) 如果外部变量是在一个源文件中间定义，则在其定义之前的函数中使用时，应该用 extern 进行声明，声明可在函数之外，也可在函数之内进行。

(3) 在一个源文件中定义的外部变量，可以在另一个源程序文件中引用，但必须用 extern 进行声明。

(4) 如果外部变量与某函数内局部变量同名，则在该函数内的同名变量作用域内，局部变量优先，即局部变量有效，而外部变量暂时不起作用。

7.8 编译预处理

C 语言系统提供了编译预处理功能。所谓编译预处理是指在对源程序做正常编译之前，先对源程序中一些特殊的命令进行预先处理，产生一个新的源程序，然后对新的源程序进行通常的编译，最后得到目标代码。这些在编译之前预先处理的特殊命令称为预处理命令。

在 C 语言源程序中，所有的预处理命令都以符号#开头，每条预处理命令单独占一行，且末尾不得加分号，以示区别于 C 语言的语句。

引入编译预处理命令是为了简化源程序的书写，便于大型软件开发项目的组织，提高 C 语言程序的可移植性和代码的可重复性，方便 C 语言程序的调试。例如，在源程序中调用一个库函数时，只需在调用位置之前用包含命令包含相应的头文件即可。

C 语言提供的预处理命令有宏定义、文件包含和条件编译 3 类。

7.8.1 宏定义

宏定义是指用一个指定的标识符代表一个具有特殊意义的字符串。命令中的标识符称宏。在编译预处理时，对程序中出现的宏名都用宏定义的字符串去替换，这种将宏名替换成字符串的过程称为宏展开或宏代换。宏定义由源程序中的宏定义命令完成，宏展开则由预处理程序自动完成。

C 语言中的宏，分为无参数的宏和带参数的宏两种。

1. 无参数的宏定义

无参宏的宏名后不带参数，无参宏定义的一般形式为：

```
#define   标识符   字符串
```

其中，#表示这是一条预处理命令，define 为宏定义命令；"标识符"为宏名；"字符串"程序在执行时所使用的真正数据可以是常量或表达式。

前面介绍的符号常量的定义其实是一种无参宏定义，例如：

```
#define PI 3.1415926
```

其作用是用指定的标识符 PI 代替 3.1415926 这个字符串。在编译预处理时，程序中在该命令以后出现的所的 PI 都用 3.1415926 代替。这种可简化程序的书写，方便修改。

【例题 7.29】无参宏定义编程应用。

```
#include"stdio.h"
#define PRICE 120
int main()
{
    int num,total;
    printf("input a number:\n");
    scanf("%d",&num);
    total=PRICE*num;
    printf("total=%d yuan\n",total);
    return 0;
}
```

程序运行结果如图 7.34 所示。

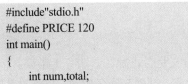

图 7.34　例题 7.29 程序运行结果

说明：

(1) 宏名一般用大写字母表示，以区别于小写的变量名。

(2) 宏定义不是 C 语句，在行尾不能加分号，否则连同分号也一起代换。例如：

```
#define PRICE 120;
    :
    :
```

otal=PRICE*num;经过宏展开后，该语句变为 otal=120;*num;，这显然会引起语法错误。

(3) 宏定义可以出现在程序中的任何位置，但必须位于引用之前，通常宏定义放在源程序的开始。宏名的作用域从宏定义命令开始到本源程序结束，在同一作用域内，不允许重复定义宏名。如要终止其作用域，可使用#undef 命令。

```
#define PRICE 120
int main()
{
    :
    :
    ;
}
#undef PRICE
int fun()
{
    :
    :
    ;
}
```

使用#undef PRICE 后，使得 PRICE 只在 main()函数中有效，而在 fun()函数中无效。

(4) 宏代换时，只对宏名做简单的字符串替换，不进行任何计算和语法检查。若宏定义时书写不正确，则会得到不正确的结果或编译时出现语法错误。例如：

```
#define PRICE 120
```

误写为：

```
#define PRICE 120xy
```

预处理时会把所有的 PRICE 替换成 120xy，而不管含义是否正确、语法有无错误。

(5) C 语言规定，对于程序中出现在字符串常量中的字符，即使与宏名相同，也不对其进行宏代换。例如：

```
#define PRICE 120
⋮
printf("The total PRICE is %d\n",PRICE);
```

程序输出结果为：

```
The total PRICE is120
```

而不是输出以下结果：

```
The total 120 is120
```

(6) 宏定义允许嵌套，即在宏定义的字符串中可以使用已经定义的宏名，并且在宏展开时由预处理程序层层代换。例如：

```
#define NUM 20
#define PRICE 120
#define TOTAL PRICE*NUM
⋮
printf("total=%d\n",TOTAL);
```

最后一个语句经过宏展开后为 printf("total=%d\n",120*20;。

(7) 宏定义与变量的定义不同，宏定义只做字符串替换，不分配内存空间。

2. 带参数的宏定义

C 语言允许宏定义带有参数。在宏定义中的参数称为形式参数，在宏调用中的参数称为实际参数。对带参数的宏，在调用时，不仅要宏展开，而且要用实参去代换形参。带参宏定义的一般形式为：

```
#define 宏名(形参表)字符串
```

其中，"形参表"由一个或多个形参组成，当有一个以上的形参时，形参之间用逗号分隔；"字符串"应该含有形参名。

带参数宏调用的一般形式为：

```
宏名(实参表);
```

带参宏定义为：

```
#define L(x)(x*x+2*x+x)
```

带参宏调用为：

```
y=L(5);
```

在宏调用时，用实参 5 去代替形参 x，经预处理宏展开后的语句为：

y=(5*5+2*5+5);

【例题 7.30】编写程序：用带参宏定义及调用编写求任意两数中的较大数。

算法分析：定义一个带参宏定义，将两数作为带参宏定义的形参，字符串用问号表达式表示。主函数中调用这个带参宏定义。

```
#include"stdio.h"
#define MAX(a,b) (a>b)?a:b
int main()
{
    int x,y,max;
    printf("请输入 x、y 的值：\n");
    scanf("%d%d",&x,&y);
    max=MAX(x,y);
        printf("max=%d\n",max);
    return 0;
}
```

程序运行结果如图 7.35 所示。

```
"C:\Users\Administrator\Desktop\C例题\Debug\例题730.exe"
请输入x、y的值：
12 36
max=36
Press any key to continue
```

图 7.35　例题 7.30 程序运行结果

说明：

(1) 带参宏定义中，宏名和形参表之间不能有空格，否则，C 语言编译系统将空格中的所有字符均作为替代字符串，而将该宏视为无参宏。

(2) 带参宏定义中，字符串内的形参通常要用括号括起来，以避免出错。例如：

#define FACT(a)   a*a

当调用 y=FACT(3+4);时，将替换成 y=3+4*3+4;，这显然与设计者的原意不符。应修改为：

#define FACT(a)   (a)*(a)

当调用 y=FACT(3+4);时，展开后的语句为 y=(3+4)*(3+4);，这样就达到了设计者的目的。

(3) 带参宏和带参函数虽然很相似，但两者间有本质的区别，具体如下。

① 函数调用时，先求出实参表达式的值，再传给形参；而带参宏只是进行简单的字符替换，不进行计算。

② 函数中的形参和实参有类型要求，因为它们是变量；而宏定义与宏调用之间的参数没有类型的概念，只有字符序列的对应关系。

③ 函数调用是在程序运行时进行的，分配临时的内存单元，并占用运行时间；而宏调用在编译之前进行，不分配内存单元，不占用运行时间。

7.8.2　文件包含

文件包含是指一个程序文件将另一个指定文件的全部内容包含进来，使之成为源程序的一部分。文件包含在前面章节的例题中多次使用，如#include<stdio.h>或#include"stdio.h"。文件包含的一般形式为：

```
#include"文件名"
```

或者

```
#include<文件名>
```

文件包含命令一般放在源文件的开始部分。包含命令中的文件名可以用双引号或尖括号包括，但是这两种形式是有区别的。使用双引号，系统先在本程序文件所有磁盘和路径下寻找包含文件，若找不到，再按系统规定的路径搜索包含文件；如用尖括号，则系统按规定的路径搜索包含文件。用户编程时可根据自己文件所在的目录来选择其中一种形式。

文件包含在程序设计中非常重要。一个程序通常分为多个模块，由多个程序员分别编程。有些共用的数据(如符号常量和数据结构)或函数可组成若干个文件，凡是要使用其中的数据或调用其中的函数或程序，只要使用文件包含命令将所需要的文件包含进来即可，不必再次定义，从而减少程序员的重复劳动。

【例题 7.31】 编写程序：用文件包含编写求任意两数中最大数。

算法分析：定义一个 funmax()函数，实现求两数中的最大数，保存到计算机的 D 磁盘目录下，文件名为 file1.c。在主函数中用预处理包含命令将其包含在文件名为 file2.c 的程序文件中。

程序代码：

```
int funmax(int a,int b)
{
  int max;
  if(a>b)
    max=a;
  else
    max=b;
  return max;
}
源程序文件 file2.c 保存到计算机的任何位置中。
#include "stdio.h"
#include"d:\file1.c"                //将文件 file1.c 包含到程序文件 file2.c 中
int main()
{
  int x,y;
  printf("请输入任意两个数 x,y：\n");
  scanf("%d%d",&x,&y);
  printf("max=%d\n",funmax(x,y));
  return 0;
}
```

程序运行结果如图 7.36 所示。

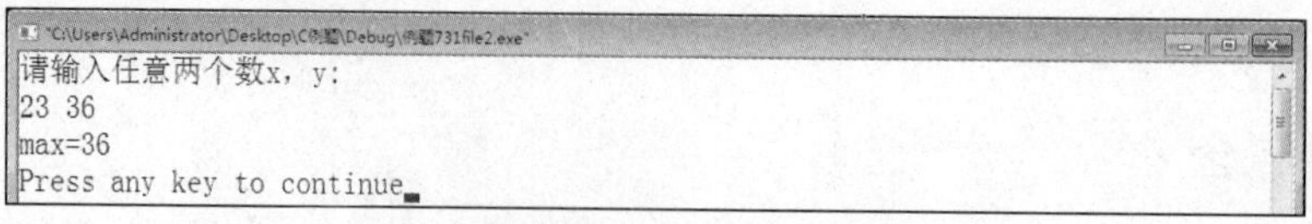

图 7.36　例题 7.31 程序运行结果

在使用文件包含命令时，应注意以下几点。

(1) 一个 include 命令只能指定一个被包含文件，若有多个文件要包含，则需要用多个 include 命令。

(2) 文件包含允许嵌套，即在一个被包含的文件中可以包含另一个文件。

(3) 当一个源文件中包含多个其他源文件时，一定要注意，所有这些文件中不能出现相同的函数名或全局变量名，且只能有一个 main() 函数，否则编译时会出现重复定义的错误。

7.8.3　条件编译

C 语言的编译预处理程序提供了条件编译的功能。在同一个源程序中，当某个条件满足时，对其中的组语句编译；当条件不满足时，则对另一组语句编译。利用条件编译命令，可针对不同的软硬件环境，生成一个源程序的多个版本。条件编译命令主要有#ifdef、#ifndef 和#if 3 种形式。

1. #ifdef 命令

#ifdef 命令的一般形式为：

```
#ifdef 标识符
    程序段 1
#else
    程序段 2
#endif
```

功能：当所指定的标识符已经被#define 命令定义过，则对程序段 1 进行编译；否则对程序段 2 进行编译。其中的#else 部分可以省略，因此#ifdef 命令的另一种形式为：

```
#ifdef 标识符
    程序段
#endif
```

其中，程序段可以是语句组，也可以是命令行。

【例题 7.32】分析下列程序的运行结果，体会条件编译#ifdef 命令的用法。

```
#include"stdlib.h"              //程序中要调用函数 malloc()
#include"stdio.h"               //程序中要调用函数 printf()
#define NUM 10                  //定义宏
#define STUDENT struct stu      //定义宏
struct stu                      //定义一个结构体
{
    int num;                    //学号，结构体成员
    char *name;                 //姓名，结构体成员
};
int main()
{
    STUDENT *p;
    p=(STUDENT *)malloc(sizeof(STUDENT)); //开辟存储空间
    p->num=20140608;                      //结构体成员初始化
    p->name="Li Jie";                     //结构体成员初始化
```

```
    #ifdef NUM                              //条件编译
    printf("Number=%d\n",p->num);
    #else
    printf("Name=%s\n",p->name);
    #endif
    free(p);
    return 0;
}
```

在这个程序中，要根据 NUM 是否被定义过，决定编译哪一条 printf 语句，由于程序中已对 NUM 做过宏定义，因此只对第 1 条 printf 语句编译，程序运行结果是输出了学生的学号 Number=20140608。如果把宏定义语句#define NUM 10 删掉，则没有了 NUM 的宏定义，故执行程序中的第 2 条 printf 语句，即输出学生姓名 Name=Li Jie。

因此，本程序运行后的输出结果为：

```
Number=20140608
```

2. #ifndef 命令

#ifndef 命令的一般形式为：

```
#ifndef 标识符
    程序段 1
#else
    程序段 2
#endif
```

功能：当所指定的标识符没有被#define 命令定义过，则在程序编译阶段只编译程序段 1；否则编译程序段 2。该命令恰恰与#ifdef 命令相反。

3. #if 命令

#if 命令的一般形式为：

```
#if 表达式
    程序段 1
#else
    程序段 2
#endif
```

功能：如果#if 后的表达式指定为非 0 值，则在程序编译阶段只编译程序段 1；否则只编译程序段 2。

【例题 7.33】编写程序：用条件编译求输入 10 个整数，求其中的最大值或最小值。

```
#include<stdio.h>
#define FLAG 1
#define N 10
int main()
{
    int i,num;
```

```
int array[N];
printf("请输入任意的 10 个数：\n");
for(i=0;i<N;i++)
   scanf("%d",&array[i]);
num=array[0];
for(i=1;i<N;i++)
{
   #if FLAG
   if(num<array[i])
      num=array[i];
   #else
   if(num>array[i])
      num=array[i];
   #endif
}
printf("10 个数中的较大数是：%d\n",num);
return 0;
}
```

程序结果如图 7.37 所示。

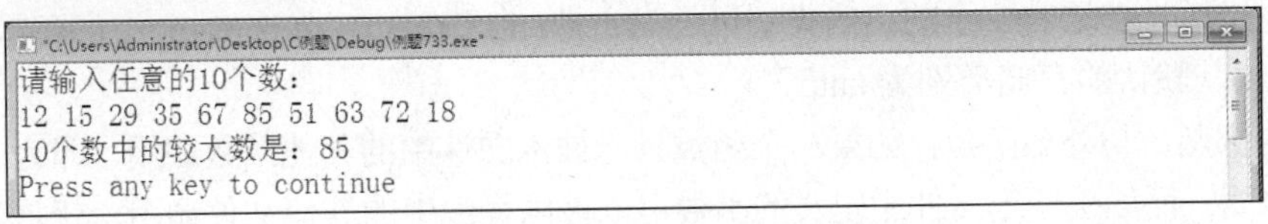

图 7.37　例题 7.33 程序运行结果

程序中定义的 FLAG 为 1。因此 for 语句中的 if(num<array[i]) num=array[i];参加编译，此时程序输出的是 N 个数中的最大数。

若定义 FLAG 为 0，则 for 语句中的 if(num>array[i]) num array[i];参加编译，此时程序输出的将是 N 个数中的最小数。

4. 条件编译与条件语句的区别

使用条件语句，一方面，由于所有语句都要被编译生成相应的目标代码，因此整个程序的目标代码比较长；另一方面，由于条件语句也是语句，也要占用一定的运行时间，因此，程序的总运行时间较长。

使用条件编译，可以减少被编译的语句，从而减少目标代码的长度，进而减少运行的时间，但条件编译要占预编译的时间。

本章小结

本章主要介绍了 C 语言的函数的相关知识，通过学习应建立模块化程序设计思想。

(1) 函数的定义和声明。

① 函数定义：包括函数首部和函数体两部分。函数首部包括返回数据类型、函数名和形式参数列表等。函数体是由一对花括号{}和包含其中的若干语句组成。

② 函数声明：对一个存在函数的形式进行说明，通过函数声明告诉编译器函数的名称、函数的参数个数和类型、函数返回的数据类型，以便调用函数时进行对照检查。

(2) 函数的调用：除了 main()函数以外，其他的函数只有被调用才能执行。函数调用时需指定函数的名称和实际参数。

(3) 函数返回类型与返回值：函数定义时说明的返回类型就是函数返回类型。函数返回值是被调函数执行结束后向主调函数返回的执行结果，用 return 返回。如果函数没有返回值，则函数返回类型为 void。

(4) 函数的参数：指主调函数和被调函数之间传递数据的通道。函数定义中出现的是形参，函数调用中出现的是实参。函数的参数传递方式分为值传递和地址传递。

(5) 递归：如果一个函数在调用的过程中直接或间接地调用该函数本身，称为函数的递归调用。在程序设计中，通过递归函数来实现递归过程。

(6) 变量作用域：指一个变量在程序中可以被使用的范围，分为内部变量和外部变量。在同一个作用域内不允许出现同名变量的定义，如果在一个作用域和其所包含的子作用域内出现同名变量，则在子作用域中，内层变量有效，外层变量被屏蔽。

(7) 变量存储类别：描述了变量的作用域和生存期。变量的生存期指变量在程序执行中所存在的那段时间。C 语言变量的存储类别可分为 4 种：自动(auto)、静态(static)、寄存器(register)、外部(extern)。默认的存储类别为 auto。

(8) 内部函数与外部函数：如果一个函数只能被本文件中的其他函数调用，即为内部函数，用 static 声明；而如果一个文件中定义的函数可以被同程序中的其他文件调用，就是外部函数，用 extern 声明。函数默认为外部函数。

(9) 预处理：指在进行编译之前所做的处理工作，由预处理程序负责执行。C 语言提供了多种预处理功能，包括文件包含、宏定义、条件编译等。

习题 7

1. 选择题

(1) 下列关于 C 语言函数的描述中，正确的是(　　)。

　A. 函数的定义可以嵌套，但函数的调用不可嵌套

　B. 函数的定义不可以嵌套，但函数的调用可以嵌套

　C. 函数的定义和函数的调用都可以嵌套

　D. 函数的定义和函数的调用都不可以嵌套

(2) 对于一个正常运行和正常退出的 C 程序，以下叙述正确的是(　　)。

　A. 程序从 main()函数第 1 条可执行语句开始执行，在 main()函数结束

　B. 程序的执行总是从程序的第 1 个函数开始，在 main()函数结束

　C. 程序的执行总是从 main()函数开始，在最后一个函数结束

　D. 从程序的第 1 个函数开始，在程序的最后一个函数结束

(3) 以下说法正确的是(　　)。

　A. 实参和与其对应的形参各自占用独立的存储单元

B. 实参和与其对应的形参共同占用一个相同的存储单元

C. 当实参和与其对应的形参同名时才共同占用相同的存储单元

D. 形参是虚拟的，不占用存储单元

(4) 若调用一个函数，且此函数中没有 return 语句，则正确的说法是(　　)。

    A. 该函数没有返回值　　　　　　　　B. 该函数返回若干个系统默认值

    C. 能返回一个用户所希望的值　　　　D. 返回一个不确定的值

(5) 关于函数声明，以下不正确的说法是(　　)。

    A. 如果函数定义出现在函数调用之前，可以不必加函数原型声明

    B. 如果在所有函数定义之前，在函数外部已做了声明，则各个主调函数不必再做函数原型声明

    C. 函数在调用之前，一定要声明函数原型，保证编译系统进行全面的调用检查

    D. 标准库不需要函数原型声明

(6) 函数的实参与形参关系为(　　)。

    A. 只要求实参与形参个数相等　　　　B. 只要求实参与形参顺序相同

    C. 只要求实参与形参数据类型相同　　D. 以上三个都要具备

(7) 若使用一维数组名做函数实参，则以下说法正确的是(　　)。

    A. 函数调用时必须在实参中说明数组大小

    B. 实参数组类型与形参数组类型可以不一致

    C. 在被调用函数中，不需要定义形参数组

    D. 实参数组名与形参名必须一致

(8) 以下函数声明正确的是(　　)。

    A. double　fun(int x, int y)　　　　　B. double　fun(int x; int y)

    C. double　fun(int x, int y);　　　　　D. double　fun(int x, y)

(9) C 语言规定，简单变量做实参，它与对应形参之间的数据传递方式是(　　)。

    A. 地址传递　　　　　　　　　　　　B. 单向值传递

    C. 双向值传递　　　　　　　　　　　D. 由用户指定传递方式

(10) 以下正确的函数形式是(　　)。

    A. double fun(int x,int y)　　　　　　B. fun (int x,y)

       {z=x+y;return z;}　　　　　　　　　　　{int z;return z;}

    C. fun(x,y)　　　　　　　　　　　　　D. double fun(int x,int y)

       {int x,y; double z;　　　　　　　　　　　{double　z;

       z=x+y; return　z;}　　　　　　　　　　z=x+y;　return z;}

(11) 以下说法不正确的是(　　)。

    A. 实参可以是常量、变量或表达式　　B. 形参可以是常量、变量或表达式

    C. 实参可以是任意类型　　　　　　　D. 形参应与其对应的实参类型一致

(12) 以下是函数调用的描述，其中错误的是(　　)。

    A. 出现在执行语句中　　　　　　　　B. 出现在一个表达式中

    C. 作为一个函数的实参　　　　　　　D. 作为一个函数的形参

(13) 以下说法不正确的是(　　)。

    A. 在不同函数中可以使用相同名字的变量

    B. 形式参数是局部变量

    C. 在函数内定义的变量只在本函数范围内有效

    D. 在函数内的复合语句中定义的变量在本函数范围内有效

(14) 凡是函数中未指定存储类别的局部变量，其隐含的存储类别为(　　)。

    A. 自动(auto)　　　　　B. 静态(static)　　　C. 外部(extern)　　　　D. 寄存器(register)

(15) 下面程序的运行结果正确的是(　　)。

```c
#include<stdio.h>
int main( )
{
    int a=2, i;
    for(i=0;i<3;i++)      printf("%4d",f(a) );
    return 0;
}
int f( int a)
{
    int b=0;static   int c=3;
    b++;c++;
    return(a+b+c);
}
```

    A. 7 7 7　　　　　　　B. 7 10 13　　　　　C. 7 9 11　　　　　D. 7 8 9

(16) 有如下函数调用语句：func(rec1,rec2+rec3,(rec4,rec5));，该函数调用语句中，含有的实参个数是(　　)。

    A. 3　　　　　　　　　B. 4　　　　　　　C. 5　　　　　　　D. 有语法错误

(17) 以下程序运行后的输出结果是(　　)。

```c
#include"stdio.h"
float fun(int x,int y)
{
    return x+y;
}
int main()
{
    int a=2,b=5,c=8;
    printf("%3.0f\n",fun((int)fun(a+c,b),a-c));
    return 0;
}
```

    A. 编译出错　　　　　B. 9　　　　　　　C. 21　　　　　　D. 9.0.

(18) 以下程序运行后的输出结果是(　　)。

```c
#include"stdio.h"
fun(int i)
{
    int a=2;
    a=i++;
    printf("%d ",a);
```

```
}
int main()
{
    int a=5,c=3;
    fun(c);
    printf("%d ",a);
    return 0;
}
```

    A. 4　5　　　　　　B. 3　5　　　　　C. 4　4　　　　　D. 3　3

2. 填空题

(1) 函数调用时的传值方向是＿＿＿＿＿；数组名作为函数参数时所传送的是＿＿＿＿＿。调用具有返回值的函数时，return 语句的作用是＿＿＿＿＿。

(2) 下面程序功能：对用户输入的任意整数计算其阶乘，输入小于等于-1 的数时退出程序。请完成横线上的语句。

```
#include"stdio.h"
#define END -1
long funfact(int x)
{
    int i;
    int fact=1;
    for(i=1;i<=x;i++)
        _____
    return fact;
}
int main()
{
    int x;
    while(1)
    {
        printf("input x:\n");
        scanf("%d",&x);
        if(x<=END)
            _____;
        else
            printf("%d!=%d\n",x,_____);
    }
    return 0;
}
```

(3) 下面程序功能：用递归算法求 $1^3+2^3+3^3+\cdots+n^3$ 的值，请完成横线上的语句。

```
#include"conio.h"
long int funfact(int n)
{
    long int fact=1;
    if(n==1)
        _____
    else
        fact=_____;
```

```
        return fact;
    }
    int main()
    {
        int i;
        printf("intput data i:\n");
        scanf("%d",&i);
        if(i<0)
            printf("input data error!\n");
        else
            printf("sum=%d\n",funfact(i));
        return 0;
    }
```

(4) 下面程序功能：删除字符串 str 中所出现的与变量 ch 相同的字符，请完成横线上的语句。

```
#include"stdio.h"
void funstr(char str[],char ch)
{
    int i,j=0;
    for(i=0;_____;i++)
    {
        if(str[i]!=ch)
        {
            _____
            j++;
        }
    }
    str[j]='\0';
}
int main()
{
    char str[80],ch;
    printf("请输入 str 字符串：\n");
    gets(str);
    printf("请输入字符 ch：\n");
    scanf("%c",&ch);
    funstr(_____);
    puts(str);
    return 0;
}
```

(5) 下面程序功能：调用函数 funchg()能够实现 3*3 的矩阵转置，请完成横线上的语句。

```
#include"stdio.h"
void funchg(_____)
{
    int i,j,temp;
    for(i=0;i<3;i++)
        for(j=i+1;j<3;j++)
        {
```

```
            temp =array[i][j];
            _____
            array[j][i]=temp;
        }
}
int main()
{
    int i,j;
    int array[3][3];
    printf("input array:\n");
    for(i=0;i<3;i++)
        for(j=0;j<3;j++)
            scanf("%d",&array[i][j]);
    funchg(array);
    for(i=0;i<3;i++)
    {
        for(j=0;j<3;j++)
            printf("%d    ",array[i][j]);
        printf("\n");
    }
    return 0;
}
```

3. 改错题

(1) 下面程序功能：在主函数输入一个整数，输出是否为素数的信息。程序中有 3 处错误，请指出并修改为正确的语句。

```
1  #include"math.h"
2  int funpri(n)
3  {
4      int flag=1,i;
5      for(i=2;i<=sqrt(n);i++)
6          if(n/i==0)
7              flag=0;
8              break;
9      return (flag);
10  }
11  int main()
12  {
13      int n;
14      printf("intput n:\n");
15      scanf("%d",&n);
16      if(funpri(n))
17          printf("\n%d is a prime\n",n);
18      else
19          printf("\n%d is not a prime\n",n);
20      return 0;
21  }
```

(2) 下面程序功能：输入一个字符串，统计此字符串中字母、数字、空格和其他字符的个数。程序中有 3 处错误，请指出来并修改为正确的语句。

```
1 #include"stdio.h"
2 int letter,digit,space,others;
3 void funcoun(char str[])
4 {
5    int i;
6    for(i=0;str[i]!='\0';i++)
7       if((str[i]>='a'&&str[i]<='z')||(str[i]>='A'&&str[i]<='Z'))
8          letter++;
9       else if(str[i]>=0&&str[i]<=9)
10          digit++;
11       else if(str[i]=' ')
12          space++;
13       else
14          others++;
15    }
16    int main()
17    {
18       char string[80];
19       printf("input string:\n");
20       scanf("%s",string);
21       printf("string:");
22       puts(string);
23       letter=0;
24       digit=0;
25       space=0;
26       others=0;
27       funcoun(string);
28       printf("\nletter=%d\ndigit=%d\n",letter,digit);
29       printf("\nspace=%d\nothers=%d\n",space,others);
30       return 0;
31    }
```

4．编程题

(1) 编写一个判断素数的函数，在主函数输入一个整数，输出是否为素数的信息。

(2) 编写一个求最大值的函数，在主函数中输入 n 个数，求其中的最大值。

(3) 编写一个函数，判断某一个数是否为水仙花数。

(4) 编写一个函数，输入一个 4 位数字，要求输出这 4 个数字字符，但每两个数字间空一个空格，如输入 1990，应输出"1 9 9 0"。

(5) 编写一个函数，由主函数输入一行字符，分别统计出其中的英文字母、空格、数字和其他字符的个数。

(6) 编写一个函数，输入一个十六进制数，输出对应的十进制数。

(7) 输入 10 个学生某一门课的成绩，分别用函数实现下列功能：

① 计算 10 个学生该门课的总分；

② 计算 10 个学生该门课的平均分；

③ 求 10 个学生中的最高分；

④ 求 10 个学生中的最低分。

(8) 定义一个带参数的宏，使两个参数的值互换，并写出程序，输入两个数作为使用宏时的实参。输出已交换后的两个值。

【实验 7】 函数的应用

1．实验目的

(1) 掌握函数定义及调用的方法，正确理解函数调用时实参和形参的对应关系。

(2) 掌握并正确使用数组作为函数参数。

(3) 掌握函数的嵌套调用和递归调用的方法。

(4) 理解变量的作用域和生存期。

2．预习内容

函数的定义、声明和调用及调用过程中数据传递；函数的嵌套调用；全局变量和局部变量的含义及做法；动态变量和静态变量的含义及用法。

3．实验内容

(1) 请用单步跟踪运行下面程序，体会函数的调用过程，加深对函数的认识理解。静态分析程序的运行结果并上机验证。将分析结果与运行结果加以对比，从中领悟静态局部变量的含义及其用法。

```c
#include<stdio.h>
int main()
{
  int fun(int x);
  printf("\n%d",fun(2));
  printf("\n%d",fun(2));
  printf("\n%d",fun(2));
    printf("\n");
    return 0;
}
int fun(int x)
{
  static int f=0,y=0;
  if(f==0)
     y+=2*x;
  else if(f==1)
       y+=3*x;
         else y+=4*x;
    f++;
    return y;
}
```

(2) 定义一个函数 int fun(int x)，判断 x 是否为奇数，若是奇数，则函数的返回值为 1；否则，函数的返回值为 0。

(3) 编写函数，将 n 个整数的数列进行重新排列，重新排列后的结果是前段都是奇数，后段全是偶数，并编写主函数完成以下操作。

① 输入 10 个整数。

② 调用重新排序函数完成排序功能。

③ 输出重排前和重排后的结果。

(4) 设计函数 even_num()，验证任意偶数为两个素数之和并输出这两个素数。

算法提示：

① 在 main()函数中，先从键盘输入一个不小于 4 的偶数 n，然后调用 even_num()函数将 n 拆分为两个素数的和，并输出这两个素数。

② 函数 prime()的功能是判断参数 n 是否为素数。如果参数 n 为素数，则返回 1；否则，返回 0。

③ 函数 even_num()的功能是将参数 n 拆分为两个素数的和，并输出这两个素数。

主函数 main()、判断素数函数 prime()及将参数 n 拆分为两个素数的和函数 even_num()的流程图如图 7.38 所示。

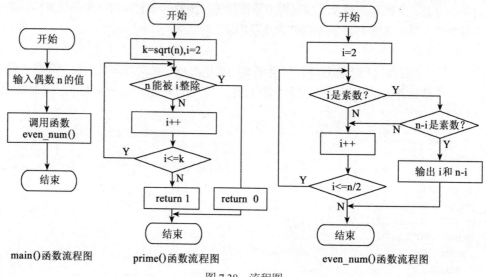

图 7.38　流程图

4. 实习报告

(1) 将上述 C 程序文件放在一个"学号姓名实验 7"的文件名下，并以该文件名的电子档提交给教师。

(2) 按实验报告格式要求完成每题后的要求。

第8章

指　针

【学习目标】

1. 理解指针与指针变量的概念。
2. 掌握指针变量的定义、初始化、赋值、引用及运算。
3. 掌握一维数组、二维数组的指针访问方法和字符指针的应用。
4. 理解指针数组的使用方法及指向一维数组的指针的应用。
5. 掌握指针作为函数参数、指向函数及函数返回值时应用。

指针是 C 语言中一个重要的概念，也是 C 语言中最具特色的内容，运用指针编写的程序具有语言简洁、紧凑、执行效率高等特点，从而极大地丰富了 C 语言的功能。利用指针可直接对内存中的数据进行操作，较好地实现函数间的通信及对内存空间的动态分配。

指针是 C 语言中广泛使用的一种数据类型。应用指针变量可以表示复杂的数据结构，较方便地使用数组、字符串及函数，能直接处理内存单元地址，使编写的程序精练高效。

学习指针是学习 C 语言中最重要的一环，能否正确理解和运用指针在某一程度上是衡量掌握 C 语言的一个标志。指针的概念复杂、使用灵活，作为 C 语言的一种数据类型，对于初学者来说比较抽象和复杂，不易掌握，需要多上机、多练习，在实践中逐步掌握。

8.1　指针与指针变量

8.1.1　指针的概念

在计算机中，所有的数据和编写的程序都存放在存储器中。计算机的存储器按字节编址原则进行编址，一个字节(8 位二进制数)称为一个单元地址。单元地址的编号用十六进制数表示，如地址：0000H、001AH 均表示的是单元地址。计算机的存储器由若干个字节组成，单元地址的编号从 0000H 开始进行连续编号并采用分段技术进行管理。

C 语言程序中定义的变量，可根据类型为其分配所需存储单元。对于字符型数据，操作系统为其分配 1 个存储单元，变量的地址就是该存储单元的编号；对于整型和单精度实型数据，操作系统为其分配 4 个存储单元，变量的地址就是 4 个存储单元编号中较小的编号。

C 语言的数据类型在不同的编译系统的编译模式下所分配的存储单元是不同的。例如：

```
int a;
char c;
float f;
```

在 Visual C++ 6.0 集成开发环境下，给 a 变量分配 4 个存储单元，给 c 变量分配 1 个存储单元，给 f 变量分配 4 个存储单元。在 Turbo C 编译系统下，给 a 变量分配 2 个存储单元，给 c 变量分配 1 个存储单元，给 f 变量分配 4 个存储单元。后面讲述的指针运算是在 Visual C++ 6.0 集成开发环境下实现的。

假如操作系统为变量 a 分配 8000H～8003H 连续的存储单元，为变量 c 分配 8004H 存储单元，为变量 f 分配 8005H～8008H 存储单元，则 8000H 存储单元是变量 a 的地址，用符号 a 表示，8004H 存储单元是变量 c 的地址，用符号 c 表示，8005H 存储单元是变量 f 的地址，用符号 f 表示。这样就形成了变量名与相应地址间的一种关系。通过变量名来实现数据的存取操作称为直接操作。

假设将变量 a 的地址又存放在内存单元 8020H 地址中，而 8020H 地址同样定义一个变量名 pa，那么通过对变量 pa 的操作来找到变量 a 的地址，再对 8000H 地址进行数据的存取操作称为间接操作。直接操作如图 8.1 所示，间接操作如图 8.2 所示。

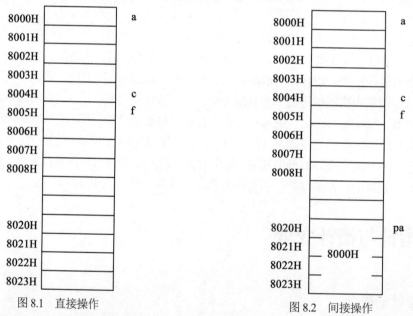

图 8.1　直接操作　　　　　　　　图 8.2　间接操作

在 C 语言中不允许直接将 a 变量的地址赋给变量 pa，这是因为变量 a 的地址是由操作系统临时分配的，是一个动态的地址。在前面介绍了给变量 a 赋值可通过 scanf()函数来实现，即 scanf("%d",&a)中的&a 含义是取变量 a 的地址，&符号是取地址运算符。因此将变量 a 的地址赋给变量 pa 可采用 pa=&a 语句来实现。

那么 pa 变量是一个什么类型的变量呢？其数据结构如何？pa 变量是用来存放另一个变量 a 地址的变量。在 C 语言中规定将存放变量地址的变量称为指针。pa 是指向整型变量 a 的，指针变量 pa 的数据类型是整型，同其他变量一样在定义时可指明。

对于一个存储单元来讲，单元的地址即为指针，其中存放的数据才是该单元的内容。在 C 语言中，允许用一个变量来存放指针(地址)，这种变量称为指针变量。因此一个指针变量的值就是某个内存单元的地址或称为某个内存单元的指针。图 8.2 中指针变量 pa 中存放的是变量 a 的地址，内容为 8000H，称变量 pa 指向变量 a，或者说变量 pa 是指向变量 a 的指针。指针指向关系如图 8.3 所示。

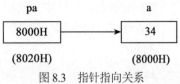

图 8.3　指针指向关系

严格地说，一个指针是一个地址，是一个常量，而一个指针变量却可以赋予不同的指针值，是变量，但常将指针变量称为指针。定义指针的目的是通过指针去访问内存单元。既然指针变量的值是一个地址，那么这个地址不仅可以是变量的地址，也可以是其他数据结构的地址。在一个指针变量中存放一个数组或一个函数的首地址有其特殊的意义。因为数组中的元素或函数中的语句都是连续存放的，通过访问指针变量取得数组或函数的首地址，也就得到了该数组或函数。

用"地址"这个概念并不能很好地描述一种数据类型或数据结构，而"指针"实际上是地址，并且是一个数据结构的首地址，是指向一个数据结构的，其概念更为清楚，表示更为准确，这是 C 语言引入指针概念的一个重要原因。

我们要区分"指针"与"指针变量"这两个概念，指针是一个地址，而指针变量是一个存放地址的变量。

8.1.2　指针变量

在 C 语言中，允许用一个变量来存放指针，这种变量称为指针变量。因此，一个指针变量的值就是某个变量的地址或称为某个变量的指针。

为了表示指针变量与它所指向的变量间的关系，在 C 语言中用*符号表示"指向"。例如，pa 表示指针变量，那么*pa 是 pa 所指向的变量。

在图 8.3 中，对变量 a 的操作可转换成对*pa 的操作。例如：

```
a=34;
*pa=34;
```

其中，a 和*pa 是等价的。

再如：

```
printf("%d\n",a);
printf("%d\n",*pa);
```

输出的结果都是 34。

指针变量同其他变量一样，先定义后使用，先赋值后引用。

8.1.3　指针变量的定义

指针表示存储单元地址，而存储单元中存放数据具有不同的数据类型，定义指针时也要定义该指针所指向变量的数据类型。指针变量定义的一般形式为：

```
类型说明符 *变量名 1[,*变量名 2,…];
```

(1) 类型说明符：指明所定义的指针变量所能指向变量的数据类型，称为基类型。

(2) 变量名：指所定义的指针变量名。

(3) *：指针变量定义时的*指明定义的变量是一个指针变量。

例如：

```
int *pa;
char *pc;
float *pf;
```

其中：pa 表示指向整型变量的指针变量，pc 表示指向字符型变量的指针变量，pf 表示指向实型变量的指针变量；指针变量名分别是 pa、pc 和 pf，而不是*pa、*pc 和*pf，其中的*(在定义时)只是标识该变量是指针类型；int、char、float 是定义指针时指针变量所能指向的基类型。

说明：指针变量只能指向类型与其基类型相同的变量。例如，pa 只能指向整型变量，只能将整型变量的地址赋给 pa；pc 只能指向字符型变量，只能将字符型变量的地址赋给 pc；pf 只能指向实型变量，只能将实型变量的地址赋给 pf。

指针名的命名规则与用户定义标识符的命名规则相同。在同一行中可定义多个同类型的指针，指针名之间用逗号隔开。在定义指针时，应在指针名前加*号。

例如，某个同学定义 2 个指向整型的指针变量 pa 和 pb 如下：

```
int *pa,pb;
```

上述定义是不正确的，因为他定义的是一个指针变量 pa 和一个整型变量 pb。应修改如下：

```
int *pa,*pb;
```

8.1.4　指针变量初始化

指针变量同普通变量一样遵循"先赋值，后引用"的原则。未经赋值的指针变量，系统不知它指向何方。因此，使用未经赋值的指针变量容易造成系统混乱，甚至死机。

对指针变量赋值只能是地址，而不能是其他数据，否则会引起错误。在 C 语言中，变量的地址是由编译系统分配的，用户不需要知道变量的具体地址。

在指针定义的同时，赋给它初始值，称为指针的初始化。初始化的一般形式为：

```
类型说明符 *变量名=&变量名;
```

例如：

```
int a;
    char c;
    float f;
    int *pa=&a;     //将变量 a 的地址赋给整型指针 pa，使 pa 指向变量 a
    char *pc=&c;    //将变量 c 的地址赋给字符型指针 pc，使 pc 指向变量 c
    float *pf=&f;   //将变量 f 的地址赋给实型指针 pf，使 pf 指向变量 f
```

指针变量初始化时，应注意以下几点。

(1) 对指针变量初始化时，将变量 a 的地址赋给指针变量 pa，而不是*pa；将变量 c 的地址赋给指针变量 pc，而不是*pc；将变量 f 的地址赋给指针变量 pf，而不是*pf。*(在定义时)只是标识变量 pa、pc、pf 是指针型变量。

(2) 指针变量的值必须与所指向的变量的数据类型相一致，若不一致，则会引起严重错误。例如，下面的指针初始化是错误的。

```
int a;
  char c;
  float f;
  int *pa=&c;
  char *pc=&f;
  float *pf=&a;
```

(3) 可以将一个指针变量的值赋给另一个同类型的指针变量。例如：

```
int a;
  int *pa=&a;
  int *pf=pa;    //整型指针 pa、pf 都指向整型变量 a
```

(4) 当把一个变量的地址作为初始值赋给指针变量时，要求这个变量在指针初始化前已经定义过。如果变量没定义，操作系统不能为变量分配地址，因此不能把一个没有定义过的变量的地址赋给指针变量。

(5) 在初始化时，不能把一个整数数据(非地址值)赋给指针，否则，就会将该数值作为内存单元地址，对这种地址进行读写将会造成严重的后果。

(6) 可以把一个指针初始化为空指针。例如：

```
int *pa=0;
```

在 C 语言中，通常在一个指针没有指向任何其他变量之前，将 0 赋值给该指针变量，使指针的初始值为空。

8.1.5 指针运算符

指针有两个重要运算符：&是取地址运算符；*是指针运算符或称指向运算符、间接运算符。两者互为逆运算。在指针定义时*表示指向(或标识)；在指针运算时*表示取该指针对应的值(不是地址而是地址单元的值)。

1. 取地址运算符&

取地址运算符&的一般形式为：

```
&变量名;
```

取地址运算符&的功能：取变量在内存中的地址。
例如：

```
int a,b;
int *pa=&a,*pb=&b;
```

语句功能：&a 将变量 a 的地址取到指针变量 pa；&b 将变量 b 的地址取到指针变量 pb。因此，&a 和&b 中的&含义是取地址。

2. 指向运算符*

指向运算符*的一般形式为：

```
*指针变量名;
```

指向运算符*的功能：指针变量所指的对象。定义指针变量时的*标明变量是指针类型的变量，因此要注意*的使用场所。

例如：

```
int a;
int *pa=&a;
```

语句功能：指针变量 pa 指向变量 a，a 是 pa 的指向对象，可以用*pa 来引用 a，*pa 与 a 是等价的，因此*pa 可同普通变量一样使用。例如，下面两条语句的输出结果相同。

```
printf("%d",a);
printf("%d",*pa);
```

若定义：

```
int a;
int *pa=&a;
```

则下述 3 条语句都实现从键盘输入一个整型数据到变量 a 的功能，它们的作用相同并且等价。

```
scanf("%d",&a);
scanf("%d",&*pa);
scanf("%d",pa);
```

说明：*和&具有相同的优先级，结合方向从右到左。这样&*pa 即&(*pa)是对变量*pa 取地址，它与&a 等价；pa 与&(*pa)等价；a 与*(&a)等价。同时要注意这个等价关系在程序中的应用。

【例题 8.1】 分析指针的初始化程序，体会指针运算符的应用。

程序代码：

```
#include<stdio.h>
int main()
{
    int a=20;                        //定义普通变量 a
    int *pa=&a;                      //定义指针变量 pa
    printf("a=%d\n",a);              //输出变量 a 的值
    printf("*pa=%d\n",*pa);          //输出变量 a 的值
    printf("a 变量地址=%ld\n",pa);    //输出变量时 a 的地址，由操作系统分配
    printf("a 变量地址=%ld\n",&a);    //输出变量时 a 的地址，由操作系统分配
    return 0;
}
```

程序运行的结果如图 8.4 所示。

```
"C:\Users\Administrator\Desktop\C例题\Debug\例题81.exe"
a=20
*pa=20
a变量地址=1244996
a变量地址=1244996
Press any key to continue
```

图 8.4　例题 8.1 程序运行结果

说明：定义一个整型变量 a 和一个指向整型数据的指针变量 pa，并将变量 a 的地址赋给指针变量 pa，使 pa 指向变量 a。从程序的运行结果可知，a 与*pa 是等价的，pa 与&a 是等价的。

变量 a 的地址是由操作系统分配的，不同的操作系统分配的地址值不同，因此 a 变量的地址是动态的。

8.1.6　指针运算

由于指针的内容是地址量，因此指针的运算实际上是地址的运算。C 语言规定了地址运算规则。在 C 语言中指针运算只涉及指针赋值运算、指针算术运算和指针关系运算 3 种。

1．指针赋值运算

对指针的赋值是将一个变量的地址赋给指针，使指针指向该变量，同类型的指针可相互赋值，对指针变量可以赋一个空值。

(1) 将变量的地址赋给指针变量，使指针指向该变量。

例如：

```
int a=16,b=18;
int *pa,*pb;
```

语句功能：分别定义两个整型变量 a、b 和两个指向整型数据的指针变量 pa、pb。但此时 pa、pb 没有指向任何变量。再执行下列两条语句：

```
pa=&a;
pb=&b;
```

语句功能：分别将 a 变量的地址赋给 pa，b 变量的地址赋给 pb，使 pa、pb 分别指向变量 a、b。此时变量 a、b 就可用*pa、*pb 表示，即 a 与*pa 等价，b 与*pb 等价，如图 8.5 所示。

(2) 同类型指针变量相互赋值。

上述语句中 pa、pb 均是指向整型数据的指针变量，它们之间可以相互进行赋值。

```
pa=pb;
```

语句功能：改变指针变量 pa 的指向，使由指向原变量 a 变为指向变量 b，因此 pa、pb 均指向变量 b，则变量 b、*pa、*pb 是等价的，如图 8.6 所示。注意：只有相同类型的指针变量才能相互赋值。

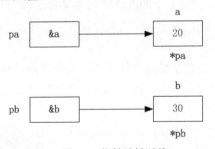

图 8.5　指针地址赋值

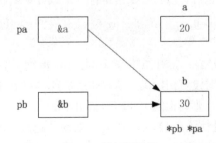

图 8.6　指针间赋值

【例题 8.2】分析下列程序的运行结果。

```
#include"stdio.h"
int main()
{
```

```
int a=20,b=30;
int *pa=&a,*pb=&b;          //指针变量初始化
printf("*pa=%d\n",*pa);     //用指针变量 pa 所指对象*pa 做输出项
    printf("*pb=%d\n",*pb); //用指针变量 pb 所指对象*pb 做输出项
pa=pb;                      //改变 pa 所指对象，使之指向 b 变量
printf("*pa=%d\n",*pa);     //用指针变量 pa 所指对象*pa 做输出项
printf("*pb=%d\n",*pb);     //用指针变量 pb 所指对象*pb 做输出项
return 0;
}
```

分析：程序中分别定义了两个普通变量 a 和 b，定义了两个指针变量 pa 和 pb 并初始化。此时指针变量 pa 指向普通变量 a，指针变量 pb 指向普通变量 b，接着输出*pa、*pb 的结果分别是 20、30。程序执行 pa=pb 语句后，指针变量 pa 的指向由指向原来的普通变量 a 改为指向普通变量 b，接着输出*pa、*pb 的结果分别是 30、30。程序运行结果如图 8.7 所示。

图 8.7　例题 8.2 程序运行结果

(3) 给指针赋空值。

在指针定义后，若没有对它进行赋值，则指针指向的是一个不确定的存储单元。如果此时引用指针，可能会产生预料不到的后果。为了防止这类问题的发生，可给指针赋一空值，表明该指针不指向任何变量。

空指针值用 NULL 表示，其值为 0，在使用时应加上预定义，因为 NULL 是在头文件 stdio.h 中预定义的常量。

使用方法如下：

```
#include<stdio.h>
pa=NULL;
```

也可直接将 0 赋给指针变量或\0 赋给指针变量。例如，下面两条语句都是合法的。

```
pa=0;       //这里的 pa 不指向任何变量，只是具有一个确定的空值
pa='\0';
```

注意：指针虽然可以赋值 0，但绝不能将一个地址常量赋给指针变量。若全局指针变量在定义时没有初始化，则编译系统自动初始化为空指针 0；若局部静态指针变量在定义时没有初始化，则其指向不明应慎重引用。

【例题 8.3】 编写程序：实现从键盘输入任意的两个整数 a、b，要求按从小到大的顺序输出。

算法分析：对于任意两个数按从小到大的顺序排序，在选择结构中进行了讲解。本例只是采用指针法来实现，进一步说明指针的用法。通过比较指针所指的对象，改变指针的指向来实现。

程序代码：

```c
#include<stdio.h>
int main()
{
    int a,b;
    int *pa,*pb,*p;              //定义 3 个指针变量 pa、pb、p
    pa=&a;                       //指针变量 pa 指向变量 a
    pb=&b;                       //指针变量 pb 指向变量 b
    printf("从键盘输入 a、b 两个数：\n");
    scanf("%d%d",pa,pb);
    if(*pa>*pb)                  //比较两个指针变量所指对象的大小
    {
        p=pa;                    //以下 3 条语句可改变指针所指对象
        pa=pb;
        pb=p;
    }
    printf("a=%d b=%d\n",a,b);
    printf("min=%d max=%d\n",*pa,*pb);
    return 0;
}
```

程序运行的结果如图 8.8 所示。

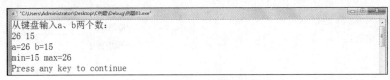

图 8.8　例题 8.3 程序运行结果

说明：

(1) 在程序的开头处定义了两个普通变量 a、b；定义了 3 个指针变量*pa、*pb、*p 且它们并未指向任何一个整型变量，只提供了 3 个指针变量，规定它们可以指向整型变量。

(2) 程序中第 6、第 7 行使指针变量 pa、pb 分别指向变量 a、b。其指向关系如图 8.9(a)所示。

(3) 程序中第 8、第 9 行实现了从键盘输入任意两个整数并存放到变量名分别为 a、b 的内存单元中(定义了 a、b 变量后，编译系统为变量名 a、b 与内存单元地址建立了联系)。

(4) 程序中第 10～15 行完成了比较 a、b 的大小，a 大时则交换指针 pa、pb，使 pa 指向小数，pb 指向大数。指针变化如图 8.9(b)、(c)所示，最后按要求输出结果。

(5) 程序中第 5 行、10 行和 17 行中出现的*pa、*pb 含义不同，要注意区别。程序第 6、7 行语句不能写成*pa=&a、*pb=&b。

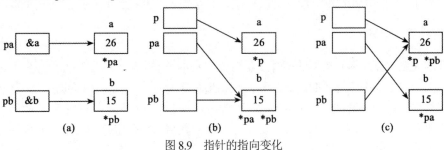

图 8.9　指针的指向变化

2. 指针算术运算

指针是一种比较特殊的数据结构类型，决定了指针算术运算只能进行加、减一个整数 n 的运算和指针相减的运算。加减整数 n 的运算结果不是指针值直接加、减 n，而 n 又与指针所指向的数据类型有关，因此指针变量的值应增加或减少"n×sizeof(指针类型)"。两指针相减运算的结果是两指针间单元字节的个数。例如：

```
int a,*pa;
float f,*pf;
pa=&a;
pf=&f;
```

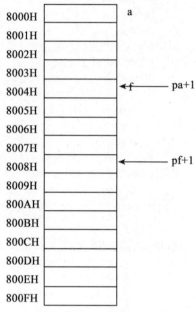

图 8.10　指针加 1 运算

假设操作系统为 a、f 变量分配一片连续的内存单元，变量 a 的首地址是 8000，变量 f 的首地址是 8004，则 pa+1、pf+1 中的 1 的含义是什么？

a 是整型变量在计算机内存中分配连续 4 个字节单元占用 8000～8003 地址，f 是实型变量在计算机中分配连续 4 个字节占用 8004～8007 地址。pa、pf 分别指向 a、f 变量，因此 pa 的值是 8000，pf 的值是 8004，pa+1 中的 1 是 1×4，pf+1 中的 1 是 1×4，所以它们中的 1 不是普通含义中的 1，pa+1 所指向的单元地址是 8004，pf+1 所指向的单元地址是 8008，如图 8.10 所示。

指针的加、减运算有以下几种形式(假设 p 是已经定义的指针变量)。

(1) p=p+n：表示 p 向高地址方向移动 n 个存储单元块(一个单元块是指针变量所指向变量在内存中占用的存储单元数)。

(2) p=p−n：表示 p 向低地址方向移动 n 个存储块。

(3) p++、++p：表示把当前指针 p 向高地址移动一个存储单元块。若 p++作为操作数，则先引用 p，再将 p 向高地址方向移动一个存储单元块；++p 是将指针向高地址方向移动一个存储单元块后再引用 p。

(4) p−−、−−p：表示把当前指针 p 向低地址方向移动一个存储单元块。若 p−−作为操作数，则先引用 p，再将 p 向低地址方向移动一个存储单元块；−−p 是将指针向低地址方向移动一个存储单元块后再引用 p。

(5) 指向同一个数组的两个指针可以相减，其结果表示两指针间相距的元素个数。

3. 指针关系运算

指针的关系运算是指同类型的指针变量可以像基本类型变量一样进行大于、小于、等于、不等于、大于等于及小于等于的运算。其比较结果是非 0 和 0，代表不同的含义。若 pa 和 pb 是两个同类型的指针变量，执行 pa>pb 运算，则其值为非 0，说明 pa 所指向的变量地址大于 pb 所指向的变量地址。指针的关系运算广泛应用于指向数组的指针中。指针与一般整数之间的关系运算是没有意义的，但指针可以和 0 进行"＝"或"!="的比较，用以判断是否为空指针，即无效指针。

8.1.7　多级指针

指针不仅可以指向基本类型变量，还可以指向指针变量，这种指向指针型数据的指针变量称为指向指针的指针或多级指针。

多级指针至少是二级及以上的指针。下面以二级指针或双重指针进行说明多级指针的定义与使用。

二级指针定义形式为：

> 类型说明符　**指针名;

说明：

类型标识符指指针变量所指向变量的类型；**指二级指针标识符；指针名为二级指针变量名且只能存放指针变量的地址或者说明只能指向指针变量，但不能指向普通变量。例如：

```
int a,*p,* *pp;
a=18;
p=&a;
pp=&p;
```

普通变量 a、指针变量 p 和二级指针变量 pp 三者的关系如图 8.11 所示。

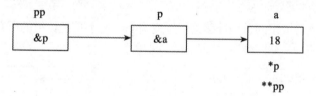

图 8.11　二级指针的指向关系

从图 8.11 中可以看出：二级指针 pp 指向指针变量 p，而指针变量 p 又指向变量 a，此时要引用变量 a，可用*p、**pp 来实现。

二级指针与一级指针是两种不同类型的数据结构，它们保存的都是地址，但有严格的区别且不能相互赋值。使用二级指针可以建立复杂的数据结构，为编程人员提供较大的灵活性。理论上还可建立更多级的指针。

8.2　指针与数组

在 C 语言中，指针与数组有着非常密切的关系。数组中每个元素都有确定的地址，数组名代表了数组元素的首地址。指针变量是存放地址的变量，因而可以将数组名或数组元素的地址赋给指针变量，通过引用指针变量来引用数组和数组元素，可使目标代码质量高，程序代码占用内存少、运行速度快，更加符合结构化程序设计思想。

数组的指针是指数组的起始地址即数组名，数组元素的指针是数组元素的地址。

8.2.1　一维数组元素的指针访问

一维数组元素在计算机内存中按线性方式存储，数组名代表存储单元的首地址，每个数组元素有相应的存储单元地址，这些地址可以用指针变量来表示。

存放一维数组的首地址或某一数组元素的地址的变量称作指向一维数组的指针变量，这种指针变量的类型应当说明为数组元素的类型。

C语言规定数组名是一个常量指针，它的值是该数组的首地址，即第1个元素的地址，定义一个指向一维数组的指针变量与定义指向普通变量(int、float、char)的指针变量方法相同。

例如：

```
ina a[6]={1,2,3,4,5,6};
int *pa;
```

指针变量 pa 的类型和数组元素的类型相同，都是整型。此时指针变量没有指向任何变量或任何元素，为了使指针变量 pa 能访问数组 a[]中的各元素，则需执行下列赋值语句。

```
pa=&a[0];
```

语句功能：把数组元素 a[0]的地址赋给指针变量 pa，如图8.12(a)所示。

在C语言中，数组名表示数组的首地址，即数组中第1个元素的地址。因此下面两条赋值语句是等价的。如图8.12(b)所示。

```
pa=&a[0];
pa=a;
```

注意：pa=a;是将数组的首地址赋给指针变量 pa，而不是把数组的所有元素的地址赋给指针变量 pa。

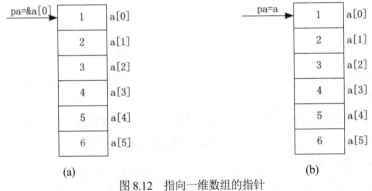

(a)　　　　　　　　　　　　　　(b)

图8.12　指向一维数组的指针

在C语言中，如果指针变量 pa 指向数组中的某一元素，在指针变量 pa 不越界的情况下，pa+1 指向同一数组中的下一个元素。在 VC++环境下，操作系统为整型数据分配4个字节的存储单元，为字符型数据分配1个字节的存储单元，为实型数据分配4个字节的存储单元，因此 pa+1 中的1与指针变量所指向变量的类型有关。如果指针变量是指向整型变量的，则 pa+1 的含义是 pa+1*4，即使 pa 增加4个字节而指向下一个元素，那么 pa+1 表示的地址是 pa+1*4。若一个数组元素所占内存字节数为 d，则 pa+n 表示的地址是 pa+n*d。

同理，pa-1 使 pa 指向同一数组中的上一个元素。

假设 a 是数组名，pa 是指向数组 a[]的指针变量，则一维数组元素地址和内容的表现形式如

表 8.1 所示。

表 8.1　一维数组元素地址和内容的表现形式

表示方式	功能含义
a、&a[0]	数组首地址，即 a[0]的地址
&a[i]、a+i、pa+i	数组元素 i 的地址，即 a[i]地址
a[i]、*(a+i)、*(pa+i)、pa[i]	数组元素 i 的值，即 a[i]内容

因此，数组元素的访问可以采用下标法和指针法进行访问。

【**例题 8.4**】编写程序：定义一个一维整型数组 a(有 10 个元素用 scanf()函数赋值)，要求用数组名下标法访问数组元素。

算法分析：定义整型数组 a[10]，采用 a[i](即数组名下标法)来访问数组元素，通过一个循环对 10 个元素赋值，再通过一个循环输出数组元素的值。

程序代码：

```
#include "stdio.h"
int main()
{
    int i;
    int a[10];
    printf("输入数组元素的值：\n");
    for(i=0;i<10;i++)
        scanf("%d",&a[i]);           //给数组 a 的元素赋初值
    printf("用数组名下标法输出数组 a 的元素值：\n");
    for(i=0;i<10;i++)
        printf("%4d",a[i]);
    printf("\n");
    return 0;
}
```

程序运行结果如图 8.13 所示。

```
 "C:\Users\Administrator\Desktop\C例题\Debug\例题84.exe"
输入数组元素的值：
12 13 14 15 16 17 18 19 20 21
用数组名下标法输出数组a的元素值：
  12  13  14  15  16  17  18  19  20  21
Press any key to continue
```

图 8.13　例题 8.4 程序运行结果

【**例题 8.5**】编写程序：定义一个一维整型数组 a(有 10 个元素用 scanf()函数赋值)，要求用指针下标法访问数组元素。

算法分析：定义一个整型数组 a[10]和一个指针变量 pa，将数组名 a 的地址赋给指针变量 pa，采用 pa[i](指针下标法)来引用数组元素。

程序代码：

```
#include"stdio.h"
int main()
{
```

```
        int a[10],*pa,i;
        pa=a;
        printf("请输入数组元素的值：\n");
        for(i=0;i<10;i++)
            scanf("%d",&pa[i]);
        printf("按指针下标法输出数组元素的值：\n");
        for(i=0;i<10;i++)
            printf("%4d",pa[i]);
        printf("\n");
        return 0;
    }
```

程序运行结果如图 8.14 所示。

```
"C:\Users\Administrator\Desktop\C例题\Debug\例题85.exe"
请输入数组元素的值：
12 13 14 15 16 17 18 19 20 21
按指针下标法输出数组元素的值：
  12  13  14  15  16  17  18  19  20  21
Press any key to continue
```
图 8.14   例题 8.5 程序运行结果

【例题 8.6】编写程序：定义一个一维整型数组 a(有 10 个元素用 scanf()函数赋值)，要求用数组名法访问数组元素。

算法分析：定义一个整型数组 a[10]，采用数组名 a+i 访问数组元素地址，采用*(a+i)访问数组元素内容。

程序代码：

```
#include"stdio.h"
int main()
{
    int a[10],i;
    printf("采用数组名法输入数组元素值：\n");
    for(i=0;i<10;i++)
        scanf("%d",a+i);
    printf("采用数组名法输出数组元素值：\n");
    for(i=0;i<10;i++)
        printf("%3d",*(a+i));
    printf("\n");
    return 0;
}
```

程序运行结果如图 8.15 所示。

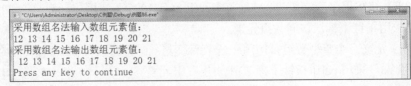

```
"C:\Users\Administrator\Desktop\C例题\Debug\例题86.exe"
采用数组名法输入数组元素值：
12 13 14 15 16 17 18 19 20 21
采用数组名法输出数组元素值：
  12 13 14 15 16 17 18 19 20 21
Press any key to continue
```
图 8.15   例题 8.6 程序运行结果

【例题 8.7】编写程序：定义一个一维整型数组 a(有 10 个元素用 scanf()函数赋值)，要求用指针变量法访问数组元素。

算法分析：定义一个整数组 a[10]和指针变量 pa。将 a[0]元素的地址赋给指针变量 pa，通过*(pa+i)来访问数组元素的内容，采用 pa+i 表示 i 元素的地址。

程序代码：

```c
#include"stdio.h"
int main()
{
    int i,*pa,a[10];
    pa=&a[0];
    printf("采用指针变量法输入数组元素值: \n");
    for(i=0;i<10;i++)
        scanf("%d",pa+i);
    printf("采用指针变量法输出数组元素值: \n");
    for(i=0;i<10;i++)
        printf("%3d",*(pa+i));
    printf("\n");
    return 0;
}
```

程序运行结果如图 8.16 所示。

```
采用指针变量法输入数组元素值:
12 13 14 15 16 17 18 19 20 21
采用指针变量法输出数组元素值:
 12 13 14 15 16 17 18 19 20 21
Press any key to continue
```

图 8.16　例题 8.7 程序运行结果

【例题 8.8】编写程序：定义一个一维整型数组 a(有 10 个元素用 scanf()函数赋值)，要求用指针变量的自增自减运算访问数组元素。

算法分析：定义一个整型数组 a[10]和一个指针变量 pa，将数组首地址赋给指针变量 pa，用 pa 表示数组元素的地址，用*pa 表示数组元素的值。

程序代码：

```c
#include<stdio.h>
int main()
{
    int a[10],*pa;
    printf("用指针变量自增输入数组元素值: \n");
    for(pa=a;pa<a+10;pa++)
        scanf("%d",pa);
    printf("用指针变量自增输出数组元素值: \n");
    for(pa=a;pa<a+10;pa++)
        printf("%3d",*pa);
    printf("\n");
    return 0;
}
```

程序运行结果如图 8.17 所示。

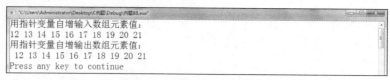

图 8.17　例题 8.8 程序运行结果

在使用指针变量指向数组元素时，应该注意以下几点。

(1) 可以通过改变指针变量的值指向不同的数组元素。例如，例 8.8 中的 pa++，使指针变量 pa 指向数组 a 的首元素地址后，即可用 pa++来指向数组的下一个元素的地址。但不能通过 a++来取得不同数组元素地址，因为数组名 a 表示数组首元素的地址，是一个指针常量，其值在程序运行期间不能改变，程序中使用 a++在编译时提示是非法的。

(2) 利用指针变量访问数组元素要注意指针变量的当前值，特别是在循环控制结构语句中。

分析下列程序的错误之处及原因。

```c
#include<stdio.h>
int main( )
{
    int a[10],i,*pa;
    pa=a;
    printf("输入数组元素的值: \n");
    for(i=0;i<10;i++)
        scanf("%d",pa++);
    printf("输入数组元素的值: \n");
    for(i=0;i<10;i++)
        printf("%10d",*(pa++));
    return 0;
}
```

程序中的编译、连接都能通过，但运行后的结果不符合要求。原因是在输入数据时，循环每执行一次，指针变量 pa 自增一次，指向下一个元素的地址，当循环结束后，指针变量已指向数组最后一个元素地址的下一个地址，而这个地址存放的是一个随机值，因此输出的结果不符合要求。

修改方法是重新使指针变量 pa 指向数组 a 元素的首地址，在程序 printf("输入数组元素的值: \n");语句后增加一条赋值语句 pa=a;。图 8.18 较好说明了指针指向地址的变化方式。

(3) *pa++等价于*(pa++)。原因是*、++是同级运算符，结合方向从右至左，其作用是先获得 pa 指向变量的值，然后执行 pa=pa+1。

(4) *(pa++)与*(++pa)的意义不同。*(++pa)的执行过程是：先使 pa=pa+1，再获得 pa 指向变量值；若 pa=a，则输出*(pa++)是先输出 a[0]后，再使 pa=pa+1 指向 a[1]；输出*(++pa)是先使 pa 指向 a[1]，再输出 a[1]。

(5) (*pa)++表示的是将 pa 指向的变量值加 1。

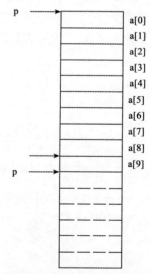

图 8.18　指针指向地址示意图

对于上述第(3)、(4)、(5)三点说明有兴趣的同学可以编写程序进行验证一下。

8.2.2 二维数组元素的指针访问

指针既可以指向一维数组,也可以指向二维数组,但二维数组的指针比一维数组的指针更复杂。

在"第 6 章 数组"中介绍过二维数组可以看成若干个一维数组的集合,因此,只要掌握指针运算规则,就可以使指针指向二维数组。在实际应用中,用指向二维数组的指针可以相当灵活地存取二维数组的元素。

1. 二维数组的地址

二维数组在计算机内存中是按线性方式存储,其可以看成是一种特殊的一维数组,每个一维数组元素本身又是一个有若干数组元素的一维数组。

例如:

```
int a[3][4]={{1,2,3,4},{5,6,7,8},{9,10,11,12}};
```

那么,数组 a[3][4]的所有元素如下:

```
a[0][0] a[0][1]  a[0][2]  a[0][3]
a[1][0] a[1][1]  a[1][2]  a[1][3]
a[2][0] a[2][1]  a[2][2]  a[2][3]
```

由数组知识可知,该二维数组 a 可分解成 3 个一维数组 a[0]、a[1]、a[2],每个一维数组各包含 4 个元素。例如:a[0]所表示的一维数组包含 a[0][0]、a[0][1]、a[0][2]、a[0][3]4 个元素。二维数组用一维数组表示如图 8.19 所示。

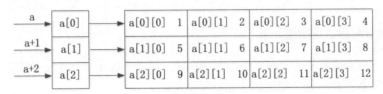

图 8.19 二维数组用一维数组表示

1) 二维数组行地址表示

不管是一维数组还是二维数组,数组名始终代表数组的首地址。因此,二维数组每一行的首地址有如下形式。

(1) a:二维数组名,代表二维数组的首地址,即二维数组第 0 行的首地址。

(2) a+1:第 1 行的首地址。若操作系统为 a 分配的首地址是 8000,由于每行有 4 个元素,则在 VC++环境下,a+1 的地址是 8000+4*4=8016。

(3) a+2:第 2 行的首地址,a+2 的地址是 8000+4*8=8032。

二维数组分解为一维数组时,既然把 a[0]、a[1]、a[2]看成一维数组名,则可认为它们分别代表所对应的一维数组的首地址,即每行的首地址。因此,二维数组每一行还可表示为以下形式。

(1) a[0]:二维数组第 0 行的首地址,与 a 的值相同。

(2) a[1]:二维数组第 1 行的首地址,与 a+1 的值相同。

(3) a[2]：二维数组第 2 行的首地址，与 a+2 的值相同。

在一维数组中，a[i]与*(a+i)等价，二维数组同样具有此性质。a[0]与*(a+0)等价；a[1]与*(a+1)等价；a[2]与*(a+2)等价，因此，二维数组第 0、1、2 行的首地址还可分别表示为*(a+0)、*(a+1)、*(a+2)形式。

2) 二维数组元素地址表示

由于 a[0]是第 0 行的首地址，表示第 0 行中第 0 列元素的地址，即&a[0][0]；a[1]是第 1 行的首地址，表示第 1 行中第 0 列元素的地址，即&a[1][0]；a[2]是第 2 行的首地址，表示第 2 行中第 0 列元素的地址，即&a[2][0]。由此可推：a[0]+1 可表示第 0 行中第 1 列元素的地址，即&a[0][1]；a[1]+1 可表示第 1 行中第 1 列元素的地址，即&a[1][1]；a[2]+1 可表示第 2 行中第 1 列元素的地址，即&a[2][1]。

因此，要表示第 i 行中第 j 列元素的地址为 a[i]+j，即&a[i][j](下标表示法)，还可以表示为*(a+i)+j(指针表示法)的形式，或者表示为*(a[i]+j)(数组名+偏移地址法)的形式。

从二维数组元素地址的表示法中可归纳出二维数组 a 的性质，如表 8.2 所示。

表 8.2　二维数组 a 的性质

表示形式	含义	地址
a	二维数组名，指向一维数组 a[0]即第 0 行首地址	8000
a[0],*(a+0),*a	第 0 行第 0 列元素地址	8000
a+1,&a[1]	第 1 行首地址	8016
a[1],*(a+1)	第 1 行第 0 列元素 a[1][0]的地址	8016
a[1]+2,*(a+1)+2,&a[1][2]	第 1 行第 2 列元素 a[1][2]的地址	8020
(a[1]+2),(*(a+1)+2,a[1][2]	第 1 行第 2 列元素 a[1][2]的值	元素值 6

2. 通过指针引用二维数组元素

二维数组元素在计算机内存中以线性方式存储，可以看成是按行连续存放的一维数组，因此，类似于一维数组用指向数组元素的指针来引用。

【例题 8.9】编写程序：分别用数组下标法和指针法按矩阵格式输出 3×4 矩阵中元素的值。

算法分析：定义一个二维数组 a[3][4]，通过双重循环，采用 scanf()语句对二维数组元素赋值。数组下标法即 a[i][j]表示元素值；指针法即*(a[i]+j)表示元素的值。

程序代码如下。

数组下标法：

```
#include"stdio.h"
int main()
{
    int a[3][4];
    int i,j;
    printf("请输入数组元素的值：\n");
    for(i=0;i<3;i++)
```

```
        for(j=0;j<4;j++)
            scanf("%d",&a[i][j]);
    printf("按数组下标法输出数组元素值：\n");
    for(i=0;i<3;i++)
    {
        for(j=0;j<4;j++)
            printf("%4d",a[i][j]);
        printf("\n");
    }
    return 0;
}
```

程序运行结果如图 8.20 所示。

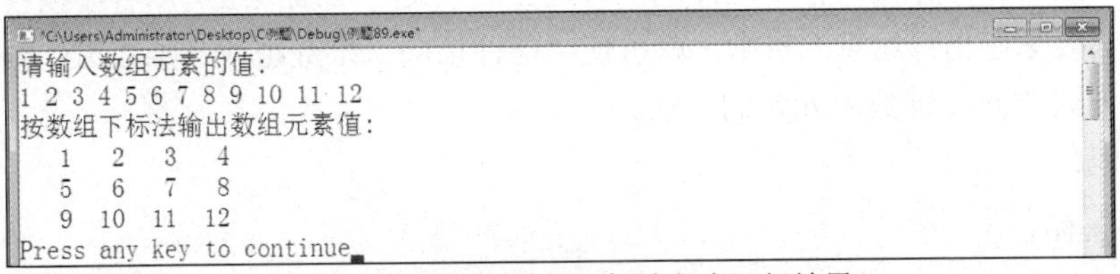

图 8.20 例题 8.9 数组下标法程序运行结果

指针法：

```
#include"stdio.h"
int main()
{
    int a[3][4];
    int i,j,*pa;
    pa=a[0];
    printf("按指针法输入数组元素的值：\n");
    for(i=0;i<3;i++)
        for(j=0;j<4;j++)
            scanf("%d",pa++);
    printf("按指针法输出数组元素的值：\n");
    pa=a[0];
    for(i=0;i<3;i++)
    {
        for(j=0;j<4;j++)
            printf("%4d",*(pa++));
        printf("\n");
    }
    return 0;
}
```

程序运行结果如图 8.21 所示。

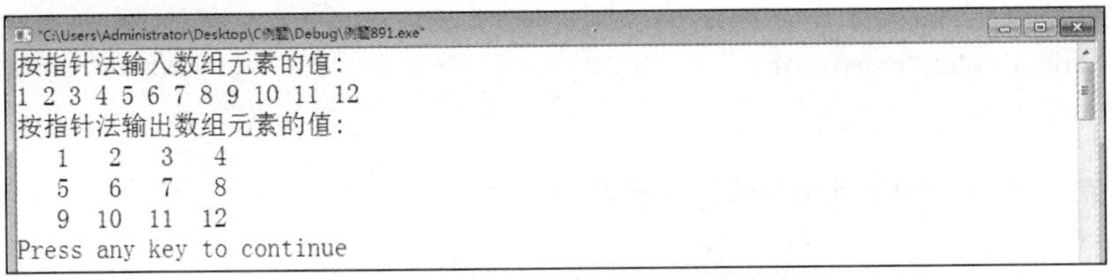

图 8.21 例题 8.9 指针法程序运行结果

采用指针法输入数组元素的值时，scanf("%d",pa++);语句中的 pa++可以改为*(a+i)+j，还可改为 a[i]+j 或&a[i][j]，即表示第 i 行第 j 列元素地址有 4 种方式。

采用指针法输出数组元素的值时，printf("%4d",*(pa++));语句中的*(pa++)可以改为*(a[i]+j)，还可改为*(*(a+i)+j)或 a[i][j]，即表示第 i 行第 j 列元素的值有 4 种方式。

有兴趣的同学可自己编写程序进行验证。

【例题 8.10】定义一个二维整型数据数组 a[3][3]，对其赋值采用双重循环完成，理解分别用数组名和指针来访问二维数组中的元素的方法。

算法分析：在 C 语言中，一维数组名代表了该数组的起始地址，实质上一维数组名是一个指针常量，可以使用下标法和指针法访问其数组元素。第 6 章中介绍了二维数组在计算机内存中是按线性方式存储数据。二维数组可以看作按行的多个一维数组构成，只要掌握指针运算的规则，就可使用指针指向二维数组或多维数组。分析下面程序中使用不同方式访问二维数组元素的方法。

程序代码：

```
#include<stdio.h>
int main()
{
    int i,j,*pa;
    int a[3][3];
    printf("用数组下标法输入数组元素的值：\n");
    for(i=0;i<3;i++)
       for(j=0;j<3;j++)
          scanf("%d",&a[i][j]);
    printf("用下标法输出二维数组元素的值：\n");
    for(i=0;i<3;i++)
    {
       for(j=0;j<3;j++)
          printf("%4d",a[i][j]);
       printf("\n");
    }
    printf("用指针法输出数组元素的值：\n");
    for(i=0;i<3;i++)
    {
       for(j=0;j<3;j++)
          printf("%4d",*(a[i]+j));
       printf("\n");
    }
    printf("用指针法输出数组元素的值：\n");
    for(i=0;i<3;i++)
    {
       for(j=0;j<3;j++)
          printf("%4d",*(*(a+i)+j));
       printf("\n");
    }
    printf("用指针法输出数组元素的值：\n");
    for(i=0;i<3;i++)
    {
```

```
        for(j=0;j<3;j++)
            printf("%4d",*(&a[0][0]+3*i+j));
        printf("\n");
    }
    printf("用指针法输出数组元素的值: \n");
    for(i=0;i<3;i++)
    {
        for(j=0;j<3;j++)
            printf("%4d",*(a[0]+3*i+j));
        printf("\n");
    }
    printf("按存储性质用一重循环输出数组元素的值: \n");
    pa=&a[0][0];
    for(i=0;i<9;i++)
        printf("%4d",*(pa+i));
    printf("\n");
    pa=&a[0][0];
    for(i=0;i<9;i++)
        printf("%4d",pa[i]);
    printf("\n");
    pa=a[0];
    for(i=0;i<9;i++)
    {
        printf("%4d",*pa);
        pa++;
    }
    printf("\n");
    return 0;
}
```

程序运行结果如图 8.22 所示。

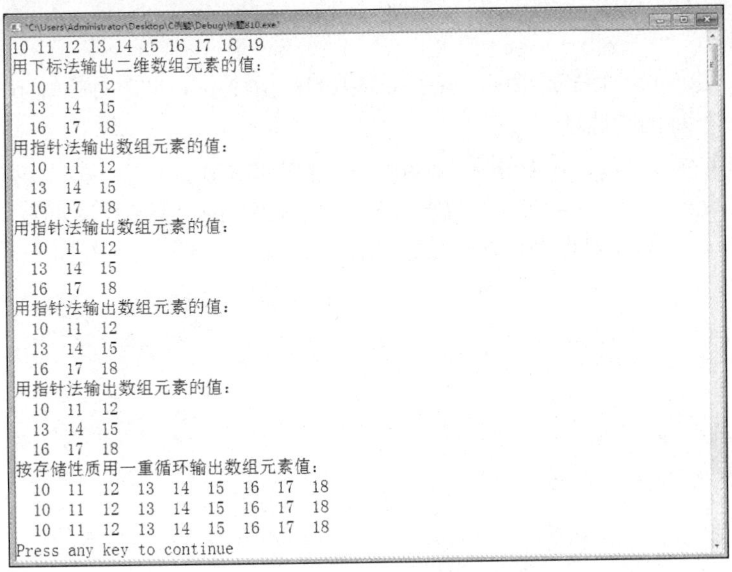

图 8.22 例题 8.10 程序运行结果

8.2.3 指向一维数组的指针

指针既可以指向任何合法的数据类型(如 int、float 等)，也可以指向一维数组。指向一维数组的指针不是指向数组中的某一个元素，而是指向由若干个元素组成的一维数组，指向一维数组的指针称为"行指针"。

定义一个指针 pa，让 pa 指向二维数组某一行的起始地址，若 pa 首先指向 a[0]，则 pa+1 不是指向 a[0][1]，而是指向 a[1]。pa 的值是一行中元素的个数(即一维数组的长度)，此时指针 pa 称为行指针。

定义二维数组行指针变量的一般形式为：

> 类型说明符 (*指针名)[常量表达式];

其中：类型说明符是指针指向二维数组分解成一维数组中元素的类型；常量表达是指针指向二维数组分解为多个一维数组时一维数组元素的个数，也就是二维数组的列数；(*指针名)两边的圆括号不能省，否则表示为指针数组。

例如：

> int a[3][4];
> int (*pa)[4];

语句功能：定义了一个二维数组 a，有 3 行 4 列，共有 12 个元素，定义了一个行指针 pa，此时行指针 pa 没有指向数组 a 任何一行的首地址。若有下列语句：

> pa=a;

语句功能：行指针 pa 指向二维数组 a 第 0 行的首地址。

> pa++;

语句功能：行指针 pa 指向二维数组 a 第 1 行的首地址。

例如：

> char (*pc)[80];

语句功能：定义了一个能够指向二维字符数组的行指针 pc，此时行指针 pc 没有指向二维字符数组的任何一行的首地址。

【例题 8.11】编写程序：用行指针法输出二维数组元素值。

算法分析：定义一个 3×4 的二维数组 a 和一个行指针 pa，将数组 a 的首地址赋给行指针 pa，通过双重循环输出数组元素值。

程序代码：

```
#include"stdio.h"
int main()
{
    int a[3][4];
    int (*pa)[4];
    int i,j;
    pa=a;
    printf("用行指针法输入数组元素: \n");
    for(i=0;i<3;i++)
```

```
        for(j=0;j<4;j++)
            scanf("%d",*(pa+i)+j);
    pa=a;
    printf("用行指针法输出数组元素：\n");
    for(i=0;i<3;i++)
    {
        for(j=0;j<4;j++)
            printf("%4d",*(*(pa+i)+j));
        printf("\n");
    }
    return 0;
}
```

程序运行结果如图 8.23 所示。

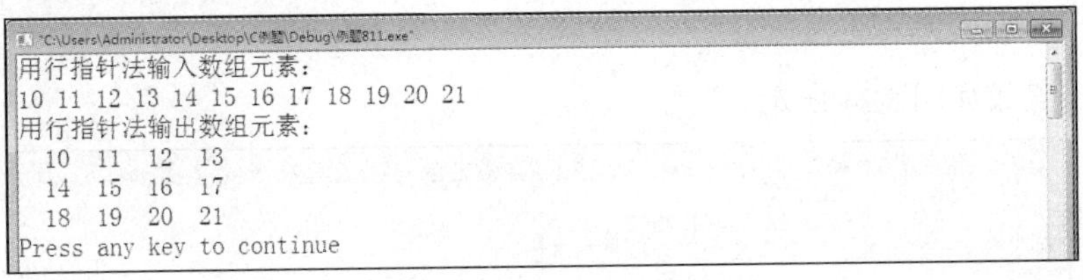

图 8.23　例题 8.11 程序运行结果

说明：本例题中定义的指针 pa 是行指针，它只能指向一个包含 4 个元素的一维数组，pa 的值是该一维数组的首地址。pa+i 指向下一个一维数组，这里的 i 代表一行元素的个数。

【例题 8.12】编写程序：用指向一维数组的行指针输出二维数组元素，并输出数组中最大元素值及所在的行列号。

算法分析：定义一个行指针 pa 和一个 3×4 的二维数组 a，将数组 a 的首地址赋给行指针 pa，则可用*(*(pa+i)+j)来表示二维数组的任一元素。假设 a[0][0] 元素值最大并保存到一变量 max 中，也就是 i、j 值为 0，则 a[0][0]用行指针表示为**pa，即 max=**pa。再将数组中的每个元素与 max 比较，若大，则交换并记录行下标、列下标，最后输出。

程序代码：

```
#include"stdio.h"
int main()
{
    int i,j,m,n,max;
    int a[3][4];
    int (*pa)[4];  //定义一个行指针 pa 指向可包含 4 个元素的一维数组
    printf("用数组下标法输入数组元素:\n");
    for(i=0;i<3;i++)
        for(j=0;j<4;j++)
            scanf("%d",&a[i][j]);
    pa=a;        //将数组的首地址赋给行指针 pa
    max=**pa;    //假设数组第 0 行第 0 列元素最大，等价于 max=a[0][0]
    for(i=0;i<3;i++)//找数组中最大元素并记录行列下标
        for(j=0;j<4;j++)
            if(max<*(*(pa+i)+j))
```

```
        {
             max=*(*(pa+i)+j);
             m=i;
             n=j;
        }
     printf("用行指针法输出数组元素及最大元素和行列下标: \n");
     for(i=0;i<3;i++)
     {
        for(j=0;j<4;j++)
           printf("%4d",*(*(pa+i)+j));
        printf("\n");
     }
     printf("max is:a[%d][%d]=%d\n",m,n,max);
     return 0;
}
```

程序运行结果如图 8.24 所示。

```
"C:\Users\Administrator\Desktop\C例题\Debug\例题8121.exe"
用数组下标法输入数组元素:
23 25 29 61 63 78 59 52 53 74 19 20
用行指针法输出数组元素及最大元素和行列下标:
  23   25   29   61
  63   78   59   52
  53   74   19   20
max is:a[1][1]=78
Press any key to continue
```

图 8.24 例题 8.12 程序运行结果

【例题 8.13】 编写程序：输入 3 行字符(每行不超过 80 个)，统计其中输入字符的大写字母、小写字母、数字、空格及其他字符的个数。用行指针法来实现。

算法分析：定义一个 3 行 80 列的二维字符数组 str，存放输入的字符串；定义一个行指针 ps，先指向二维数组中第 0 行的首地址。采用行指针来逐行访问二维字符数组中的元素，用行指针表示的二维数组元素为*(*(ps+i)+j)。对每一个字符数组元素的判断方法在第 5 章详细做了介绍。

程序代码：

```
#include<stdio.h>
#include"string.h"
int main()
{
    char str[3][80];
    char (*ps)[80],ch; //定义行指针 ps 指向包含有 80 个数组元素的一维字符数组
    int i,j;
    int large,small,number,space,other;
    large=0 ;             //存放大写字母个数
    small=0 ;             //存放小写字母个数
    number=0;             //存放数字个数
    space=0;              //存放空格个数
    other=0;              //存放其他字符个数
    printf("输入字符每行不超过 80 个字符: \n");
    for(i=0;i<3;i++)
       gets(str[i]);      //gets()函数输入每行字符以回车符做结束标志
```

```
        ps=str;                    //使行指针指向二维字符数组的首地址
        or(i=0;i<3;i++)
        for(j=0;j<=strlen(str[i]);j++)//strlen()用来测试每行字符个数
        {
           ch=*(*(ps+i)+j);         //用行指针表示的数组元素赋给字符变量 ch
           if(ch>='A'&&ch<='Z')     //判断是大小写英文字母
              large++;
           else if(ch>='a'&&ch<='z')
              small++;
           else if(ch>='0'&&ch<='9')  //判断是数字
              number++;
           else if(ch==' ')         //判断是空格
              space++;
           else                     //判断是其他
              other++;
        }
        printf("输出统计结果: \n");
        printf("large is :%d\n",large);
        printf("small is :%d\n",small);
        printf("number is :%d\n",number);
        printf("space is :%d\n",space);
        printf("other is :%d\n",other);
        return 0;
   }
```

程序运行结果如图 8.25 所示。

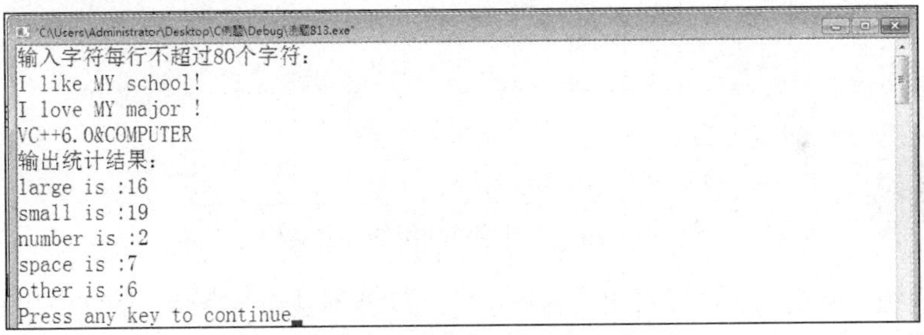

图 8.25 例题 8.13 程序运行结果

8.2.4 指针数组

数组中每个元素都具有相同的数据类型，数组元素的类型就是数组的基本类型。如果一个数组中的每个元素均为指针类型，即由指针变量构成的数组，则称为指针数组。

指针数组是指针变量的集合，即它的每一个元素都是指针变量，并且具有相同的存储类别和指向相同的数据类型。

指针数组的定义形式为：

类型说明符 *指针数组名[数组长度]

其中：类型说明符是指针所指向的变量的类型；数组长度为指针数组元素的个数，每个元素值都是一个指针。

例如：

```
int *p[10];
```

由于[ ]比*的优先级高，所以 p 先与[10]结合成 p[10]，这正是数组的定义形式，说明共有 10 个元素。最后 p[10]与*结合，表示它的各元素可以指向一个整型变量。

例如：

```
char *p[3];
```

上述代码定义了一个具有 3 个元素 p[0]、p[1]、p[2]的字符指针数组。每个元素都可以指向一个字符数组或字符串。

指针数组在处理多个字符串时非常方便，因为一个指针变量可以指向一个字符串，使用指针数组可以处理多个字符串。

例如，若学校图书馆有 computer、VC++ 6.0、structure、java 等图书，现要求将这些书名按字母顺序由小到大排列，则可采用二维字符数组处理和指针数组处理。

1. 用二维字符数组处理

使用二维字符数组，需要先定义一个二维字符数组存放书名。例如：

```
char book[4][10]= { "computer","vc++ 6.0","structure"，"java"};
```

由于 4 本书名中字符长度不一，定义时以最长书名为二维字符数组的列，但这样会浪费许多的存储空间。二维字符数组的存储结构如图 8.26 所示。

c	o	m	p	u	t	e	r	\0	
v	c	+	+	6	.	0	\0		
s	t	r	u	c	t	u	r	e	\0
j	a	v	a	\0					

图 8.26　二维字符数组的存储结构

从二维数组存储结构中可以看出：各行字符之间并不是连续存储，因字符串长度不同，都是从每行的第 1 个元素位置开始存储,可以利用 book[i][j]来引用二维字符数组中的每一个字符，但操作不方便，没有充分体现出字符串的优越性。若使用指针数组来处理字符串数组，则能充分发挥字符串的特性，使问题处理变得方便。

2. 用指针数组处理

由于指针数组的每个元素都是指针，每一个指针变量可以指向一个字符串，而每个字符串在内存中占用的存储空间是字符个数加 1，所以比用二维字符数组节省了大量的内存空间。

例如：

```
char *bookname[4]={ "computer","vc++ 6.0","structure","java"};
```

指针数组的存储结构如图 8.27 所示。

图 8.27 指针数组的存储结构

指针数组元素 bookname[0]指向字符串 computer，指针数组元素 bookname[1]指向字符串 VC++ 6.0，指针数组元素 bookname [2]指向字符串 structure，指针数组元素 bookname[3]指向字符串 java。

用指针数组保存字符串与用二维字符数组保存字符串不同：用指针数组保存字符串，各个字符串并不是连续存储的，但不占用多余的内存空间；用二维数组保存字符串，数组的每行保存一个字符串，各字符串占用相同大小的存储空间且存在一片连续的存储单元中。

【例题 8.14】编写程序：使用指针数组将多个字符串按字母顺序由小到大排列。

算法分析：定义一个字符指针数组 bookname 分别指向 4 本书名的字符串，采用冒泡法排序，运用 strcmp()比较函数对两个字符串进行比较，两个字符串比较时，只交换指针数组元素的值(地址)而不交换字符串本身，即不需要改变字符串在内存中的位置，只要改变指针数组各元素的指向即可。最后按指针数组输出。

程序代码：

```
#include"stdio.h"
#include"string.h"
int main()
{
    /*定义指针数组，各元素能指向不同长度的字符串*/
    char *bookname[4]={"computer","vc++ 6.0","structure","java"};          char *pst;
    int i,j;
    for(i=1;i<4;i++)                    //采用冒泡法排序
       for(j=0;j<4-i;j++)
         if(strcmp(bookname[j],bookname[j+1])>0) //比较后交换字符串地址
         {
             pst=bookname[j];
             bookname[j]=bookname[j+1];
             bookname[j+1]=pst;
         }
    printf("输出排序后的结果：\n");
    for(i=0;i<4;i++)
       printf("%s\n",bookname[i]);
    return 0;
}
```

程序运行结果如图 8.28 所示。

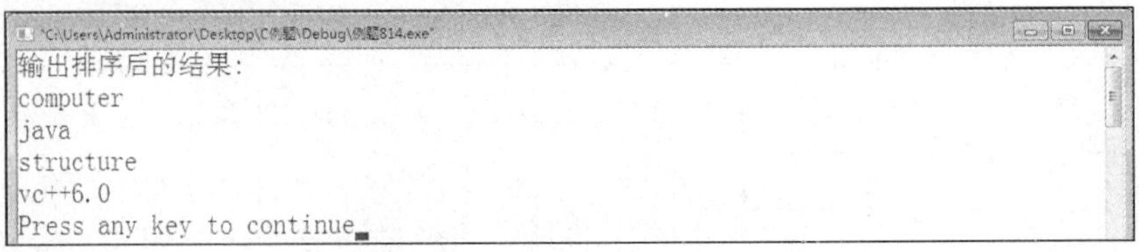

```
"C:\Users\Administrator\Desktop\C作业\Debug\例题814.exe"
输出排序后的结果:
computer
java
structure
vc++6.0
Press any key to continue
```

图 8.28　例题 8.14 程序运行结果

8.3　字符指针与字符串

在 C 语言中，字符串的处理有两种方法：一种是用字符数组处理字符串，另一种是用字符指针处理字符串。在第 6 章中已经介绍了用字符数组处理字符串，那么本节重点介绍用字符指针处理字符串。

8.3.1　字符串的表现形式

1. 用字符数组实现

在 C 语言中，没有字符串数据类型，对字符串的处理是通过一维字符数组来实现的。例如：

```
char ch[ ]= "computer";
```

上述中定义了一个字符数组 ch，并对 ch 赋初值 computer，可用格式输入/输出函数对其进行整体操作。例如，printf("%s",ch);也可以利用数组的性质访问某个元素即字符，如用 ch[0]元素表示字符串中的字符 'c'。字符数组 ch 元素在内存中的存储结构如图 8.29 所示。

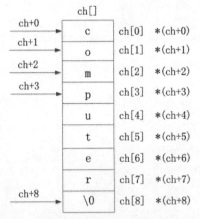

图 8.29　字符数组 ch 元素在内存中的存储结构

数组名 ch 是该字符数组的首地址，是指针常量，其指针表示形式同一维数组。ch+i 是第 i 个字符的地址，那么*(ch+i)是第 i 个元素即 ch[i]。

2. 用字符指针实现

定义一个字符型指针变量，通过对字符指针的操作处理字符串。字符指针定义的一般形式如下：

```
char *指针名;
```

例如：

```
char *pc;
pc="computer";
```

等价于

```
char *pc="computer";
```

定义一个字符指针变量 pc，并将字符串的首地址(存放字符串的字符数组的首地址)赋给指针变量 pc，也就是说字符指针 pc 指向了字符串"computer"的首地址元素 c。

用字符指针指向某个字符串常量后，就可以利用字符指针来处理这个字符串。处理方式有两种：一种是逐个字符处理，用格式符%c；另一种是将字符串作为一个整体进行处理，用格式符%s。

【例题 8.15】编写程序：用字符指针输出字符串。

算法分析：定义一个字符指针 pc 并指向字符串常量。逐个字符输出采用循环方式实现，当*pc！='\0'时，输出一个字符，pc++指向下一个字符，直到遇到'\0'结束。

程序代码：

```
#include<stdio.h>
int main()
{
    char *pc="I love computer!";
    for(;*pc!='\0';pc++)
        printf("%c",*pc);
    putchar('\n');
    return 0;
}
```

程序运行结果如图 8.30 所示。

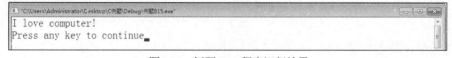

图 8.30　例题 8.15 程序运行结果

说明：编译系统将自动把存放字符串常量的存储区首地址赋给指针变量 pc，使之指向该字符串的第 1 个字符。对字符串的处理过程是从指针所指向的字符逐个开始，直到遇到字符结束标志符'\0'。在输入时，也是将字符串的各字符自动顺序存储在 pc 指示的存储区中，并在最后自动加上'\0'。

注意：pc 只能指向一个字符，而不是把整个的"I love computer!"字符串赋给了 pc(pc 只能存放地址)，也不能将 pc 看成一个字符串变量。

将字符串作为一个整体来处理，请同学们自己编写程序。

8.3.2 用字符指针处理字符串

用字符指针处理字符串有 3 种方法：指向字符数组、直接定义字符串、直接赋予字符串。

1. 指向字符数组

指向字符数组使字符指针指向存放字符串的字符数组的首地址后，便可以用字符指针来访问字符串中的元素。

【例题 8.16】编写程序：用字符指针指向字符数组方式输出字符串。

算法分析：定义一个一维字符数组 str[]并用字符串对其初始化，定义一个字符指针变量 pc，使指针变量 pc 指向字符串常量的首地址。分别采用数组名 str 和字符指针 pc 对字符串整体输出。

程序代码：

```c
#include<stdio.h>
int main()
{
    char str[]="I love computer! ";
    char *pc;
    pc=str;
    printf("original array:%s\n",str);
    printf("(1)pc string is:%s\n",pc);
    pc=str+6;
    printf("(2)pc string is:%s\n",pc);
    return 0;
}
```

程序运行结果如图 8.31 所示。

```
*C:\Users\Administrator\Desktop\C练习\Debug\例题816.exe*
original array:I love computer!
(1)pc string is:I love computer!
(2)pc string is: computer!
Press any key to continue
```

图 8.31　例题 8.16 程序运行结果

说明：字符指针可用%s 格式符输出以它指向的位置为首地址的字符串。本例中，当 pc 指向 str 字符串首地址时，可输出整个 str 字符串；当 pc 指向 str 字符串某一个字符地址时，如程序中 pc=str+6;，则输出字符串中以第 7 个字符为首地址的后面的字符串。因此使用字符指针比使用字符数组名更加灵活方便。

2. 直接定义字符串

直接定义字符串指在定义字符指针变量时对其初始化，让字符指针变量指向字符串的首地址。例如，例题 8.15 中的程序执行时，将在内存开辟一个字符数组来存放字符串常量，并将字符串首地址赋予指针变量。

3. 直接赋予字符串

直接赋予字符串指在定义字符指针变量后，可以直接将字符串常量赋给字符指针变量，但不可以将字符串常量赋给字符数组。例如，下面的语句是合法的：

```
char *pc;
pc="I love computer! ";
printf("%s\n",pc);
```

下面的语句是非法的：

```
char ch[80];
ch="I love computer! ";
```

【例题 8.17】编写程序：将一已知字符串第 n 个字符开始的剩余字符复制到另一字符数组中。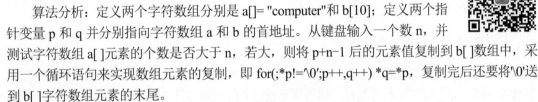

算法分析：定义两个字符数组分别是 a[]= "computer" 和 b[10]；定义两个指针变量 p 和 q 并分别指向字符数组 a 和 b 的首地址。从键盘输入一个数 n，并测试字符数组 a[ ] 元素的个数是否大于 n，若大，则将 p+n-1 后的元素值复制到 b[ ] 数组中，采用一个循环语句来实现数组元素的复制，即 for(;*p!='\0';p++,q++) *q=*p，复制完后还要将 '\0' 送到 b[ ] 字符数组元素的末尾。

程序代码：

```
#include<string.h>
#include<stdio.h>
int main()
{
    int i,n;
    char a[]="computer";
    char b[10],*p,*q;
    p=a;
    q=b;
    printf("请输入 n 的值: \n");
    scanf("%d",&n);
    if(strlen(a)>=n)
    {
        p+=n-1;
        for(;*p!='\0';p++,q++)
            *q=*p;
        *q='\0';
        printf("string a:%s\n",a);
        printf("string b:%s\n",b);
    }
    else
        printf("%d 值大于字符串 a 的长度%d\n",n,strlen(a));
    return 0;
}
```

程序运行结果如图 8.32 所示。

```
"C:\Users\Administrator\Desktop\C例题\Debug\例题817.exe"
请输入n的值:
4
string a:computer
string b:puter
Press any key to continue
```

图 8.32　例题 8.17 程序运行结果

对字符串的操作，还可以用数组元素的指针表示法(或地址法)来实现。不定义指针变量p、q，直接利用数组的指针表示法仅对程序做如下修改：

```
for(i=n;*(a+i)!='\0';i++)
*(b+i-n)=*(a+i);
*(b+i-n)='\0';
```

请读者思考，若将例题8.17中程序输出语句修改为以下语句：

```
printf("string a:%s\n",p);
printf("string b:%s\n",q);
```

则程序输出的结果是什么，并分析其原因。

4. 字符指针变量做函数参数

字符指针变量做函数参数可以将字符串从一个函数传送到另一个函数，传送的方法同数值型数组一样，只不过传送的是地址，即用字符数组名或指向字符串的指针变量做函数参数。在被调函数中，可以改变字符串的内容并返回给主调函数。

【例题8.18】编写程序：用字符指针做函数参数，将一个字符串的内容复制到另一个字符中。

算法分析：在主函数中定义两个字符数组str1[]、str2[]和两个字符指针变量ps1、ps2，使ps1指向字符数组str1的首地址，使ps2指向字符数组str2的首地址，调用字符串复制函数funcopy()。调用时用ps1和ps2做实参分别将str1和str2字符数组的首地址传给形参指针变量from和to。

程序代码：

```
#include"stdio.h"
void funcopy(char *from,char *to) //字符指针变量做函数形参
{
    for(;*from!='\0';from++,to++)
        *to=*from;
    *to='\0';
}
int main()
{
    char str1[20]="I love computer";
    char str2[20];
    char *ps1=str1,*ps2=str2;
    funcopy(ps1,ps2);          //字符指针变量做函数实参
    printf("string str1 is:%s\n",str1);
    printf("string str2 is:%s\n",str2);
    return 0;
}
```

程序运行结果如图8.33所示。

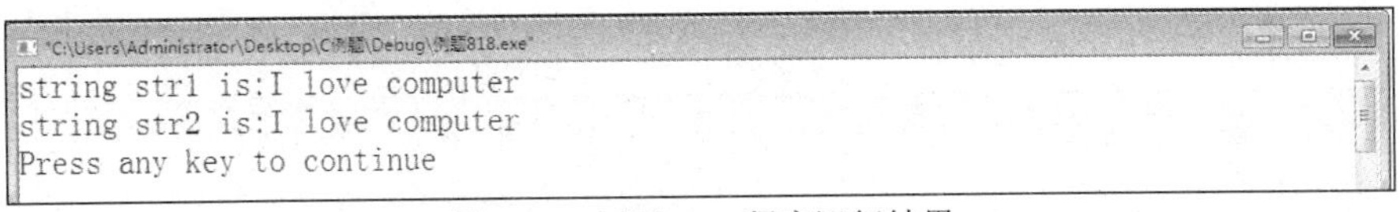

图 8.33 例题 8.18 程序运行结果

8.4 指针与函数

变量名表示变量的地址，数组名代表数组的首地址，函数名代表函数的首地址。指针既可以指向一个变量，也可以指向一个数组，还可以指向一个函数。指向函数的指针称函数指针。若一个函数的返回值是地址时，则称该函数为指针函数。因此指针与函数的关系主要讨论 3 个方面的内容：一是指针作为函数参数；二是函数的返回值是指针即指针函数；三是指向函数的指针即函数指针。

8.4.1 指针作为函数参数

在第 7 章中，函数参数可以是普通变量、数组名。普通变量作为函数参数传递的是值，传递方向是单向传递；数组名作为函数参数传递的是地址。数组名代表数组的首地址，这个首地址也可以用指针来表示，因此指针也可做函数参数来传递地址。

【例题 8.19】编写程序：输入两个数 a、b，要求用指针作为函数参数交换 a、b 两数的值。

算法分析：定义一个函数 funchg()，函数的两个形参接收实参传过来的地址 (指针)，对两个地址的内容进行交换。在主函数中输出两数。

程序代码：

```
#include<stdio.h>
void funchg(float *fa,float *fb)  //定义一个交换函数，其形参是指针
{
    float temp;       //定义一个中间变量 temp
    temp=*fa;         //指针 fa 指向变量的内容赋给 temp
    *fa=*fb;          //指针 fb 指向变量的内容赋给指针 fa 所指向的变量
    *fb=temp;         //temp 的值赋给指针 fb 指向的变量
}
int main()
{
    float a,b;
    float *pa,*pb;    //定义两个指针变量 pa、pb，但不指向任何实型数据
    pa=&a;            //指针变量 pa 指向实型变量 a
    pb=&b;            //指针变量 pb 指向实型变量 b
    printf("请输入两个数 a、b:\n");
    scanf("%f%f",&a,&b);
    printf("a=%.2f b=%0.2f\n",a,b);
    funchg(pa,pb);    //将变量 a、b 的地址作为实参传给形参指针变量 fa、fb
    printf("a=%0.2f b=%0.2f\n",a,b);
    return 0;
}
```

程序运行结果如图 8.34 所示。

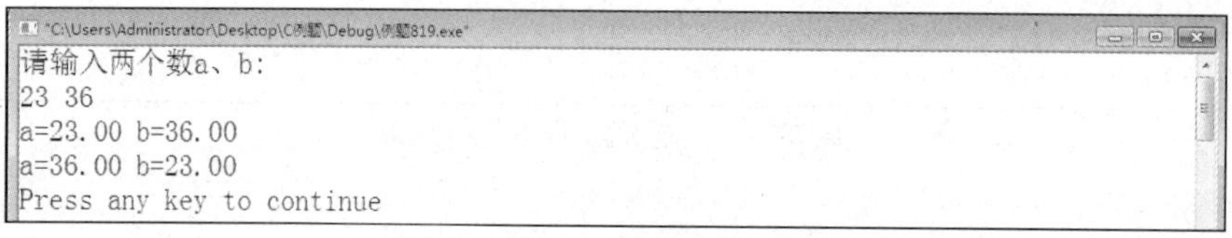

图 8.34 例题 8.19 程序运行结果

说明：该程序实现了 a、b 两数的交换，即被调用函数 funchg() 改变了调用函数 main() 中 a 和 b 的值，这就是地址复制的作用。地址复制的基本原理是：当函数 funchg(pa,pb) 被调用时，地址指针 pa 和 pb 被复制到运行栈中形参占用的存储中，被调用函数通过引用传递到运行栈中的地址，对原参数进行间接访问。

8.4.2 指向函数的指针

函数是由一系列 C 语言语句构成的且能实现某一特定功能。C 语言中的每一个函数经过编译后，其目标代码在内存中连续存放，该代码的首地址就是函数执行时的入口地址。在 C 语言中，函数名代表该函数的入口地址，通过这个入口地址可以调用此函数，因此函数的入口地址称为函数指针。

C 语言中可以定义一个指针变量，使它指向函数的入口地址，即指针是指向这个函数的，通过这个指针变量可以调用该函数，这个指针变量称为指向函数的指针，即函数指针。

1. 函数指针的定义

函数指针定义的一般形式是：

类型说明符(*指针变量名)(形参列表);

说明：类型说明符是指函数返回值的数据类型；(*指针变量名) 表示该指针是函数指针且一对圆括号不能省略，若省略，则定义的指针变量称为指针函数。例如：

float (*pf)(float a,float b);

语句功能：表示定义了一个指向函数的指针变量 pf(称函数指针)，函数的返回值是实型。

2. 函数指针的赋值

定义了指向函数的指针变量后，可以将一个函数的入口地址赋给它，这就实现了使指针变量指向一个指定的函数。在一个程序中，一个指针变量可以指向不同的函数，要求函数返回值的类型必须相同。

函数指针赋值的一般形式为：

函数指针变量名=函数名;

例如：

float (*pf)(float a,float b);
pf=funmax;

语句功能：使函数指针指向函数 funmax()，将函数 funmax() 的入口地址赋给函数指针变量 pf。

注意：函数指针的赋值不涉及实参与形参，上述函数指针赋值语句不能写成 pf=funmax(a,b);形式。

3. 用函数指针调用函数

用函数指针调用函数的一般形式为：

(*指针变量名)(实参列表);

例如：

max=(*pf)(a,b);

语句功能：调用 funmax()函数实现两数大小的比较，返回一个最大值。该语句等价于函数调用语句 max=funmax(a.b);。

指向函数的指针变量的说明：一个函数指针可以指向不同的函数，将哪个函数的地址赋给它，它就指向哪个函数，使用该指针就可调用哪个函数，但是，必须用函数的地址为函数指针赋值；一个函数指针(*pf)( )、pf+n、pf++、pf--等运算都是无意义的。函数指针变量不能进行算术运算，这与数组指针变量不同。数组指针变量加减一个整数可使指针移动指向后一个或前一个数组元素。函数调用中"(*指针变量名)"两边的括号不可少，其中的*不能理解为求值运算，在此处它只是一种符号表示。引用函数指针，除了增加函数的调用方式外，还可以将其作为函数的参数，在函数中间传递地址数据，这是 C 语言中一个比较深入的问题。

【例题 8.20】编写程序：用函数指针法求两个数中的最大数。

算法分析：C 语言中的指针，不仅可以指向整型、字符型和实型等变量，同样也可以指向函数。定义一个函数指针变量，使函数指针指向求最大数函数的首地址。通过函数指针变量来调用求最大值函数。

程序代码：

```
#include<stdio.h>
float funmax(float fa,float fb)        //定义求两数最大值函数
{
    return (fa>fb)? fa:fb;
}
int main()
{
    float a,b,max;
    float (*pf)(float a,float b);       //定义函数指针 pf
    pf=funmax;                          //对函数指针 pf 赋值
    printf("请输入两个数 a、b：\n");
    scanf("%f%f",&a,&b);
    printf("a=%.2f b=%.2f\n",a,b);
    max=(*pf)(a,b);                     //用函数指针调用函数
    printf("a=%.2f b=%.2f max=%.2f\n",a,b,max);
    return 0;
}
```

程序运行结果如图 8.35 所示。

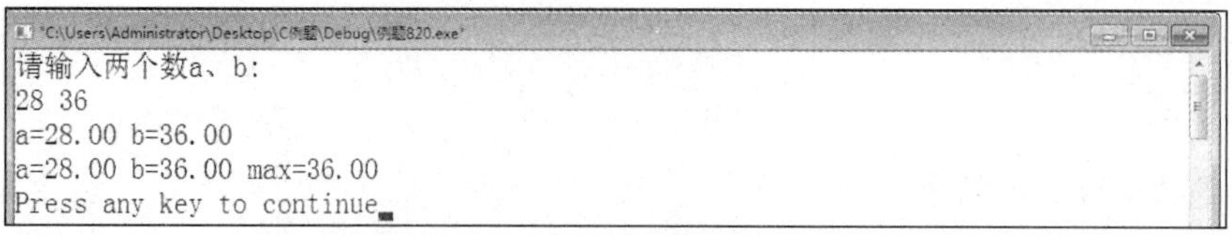

图 8.35　例题 8.20 程序运行结果

8.4.3　返回指针值的函数

函数类型是指函数返回值的类型。函数的返回值可以是整型、实型和字符型，也可以是返回指针类型。返回指针值的函数称为指针型函数。

定义指针型函数的格式为：

```
类型说明符 *函数名(形参列表)
{
    //函数体
}
```

*函数名表示是一个指针型函数，返回值是一个指针。类型说明符表示指针型函数返回的指针值所指向的数据类型。例如：

```
float *pf(float x,float y)
{
    //函数体
}
```

定义一个返回指针值的指针型函数，函数名为 pf，函数的返回值是一个指向实型数据变量，函数体实现了一定功能。

注意：函数指针与指针型函数的区别，例如，float (*pf)( )定义和 float *pf()定义含义完全不同，具体如下。

float(*pf)()定义一个函数指针变量 pf，pf 是指向函数入口的指针变量，通过该变量可以调用 pf 指向的函数，该函数的返回值是一个实型，且(*pf)的两边括号不能省略。

float *pf()定义一个指针函数 pf，其函数能实现一定功能。函数的返回值是一个指向实型数据的指针，且 pf 两边没有括号。作为函数定义，在括号内最好写入形式参数，这样便于同变量定义相区别。

【例题 8.21】 编写程序：在一个字符串中查找一个指定的字符。如果指定字符在字符串中，则返回串中指定字符出现的第一个地址；否则，返回 NULL 值，要求用指针函数实现。

算法分析：定义一个指针函数 funscr()，其功能是实现字符的查找，若找到，则返回该字符的地址，若没有找到，则返回空指针值 NULL。在主函数中通过一个指针变量来调用这个指针函数并实现相关信息的输出。

程序代码：

```
#include<stdio.h>
#include"string.h"
char *funscr(char *str,char ch)
{
```

```
        while(*str!='\0')
            if(*str==ch)          //在字符串中查找指定的字符
                return (str);     //若找到，则返回该字符的地址
            else
                str++;
        return NULL;              //若没找到，则返回空指针
    }
    int main()
    {
        char *pc,ch,string[20];
        printf("输入一个字符串：\n");
        gets(string);
        printf("输入一个字符：\n");
        ch=getchar();
        pc=funscr(string,ch);
        if(pc!=NULL)
        {
            printf("字符串存放的首地址：%x\n",string);
            printf("查找的第 1 个字符是  '%c'  其地址是：%x\n",ch,pc);
            printf("字符串中的第%d 个字符\n",pc-string);
        }
        return 0;
    }
```

程序运行结果如图 8.36 所示。

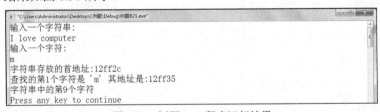

图 8.36　例题 8.21 程序运行结果

说明：本例中定义了一个返回指针值的函数 funscr()，其形参 str 为指针变量，形参 ch 是字符型变量。在 main()函数中，定义了一个字符数组 string[]和字符型变量 ch 分别存放输入的字符串和待查找的字符，将字符数组 string 和字符 ch 作为实参分别传递给相应的形参 str 和 ch。在指针函数 funscr()中，通过循环在字符串中查找待查字符，若找到，则返回待查字符首次出现的地址；否则，返回 0，并将结果赋给主函数中的指针变量 pc，通过判断指针变量的值 pc 输出结果。

8.4.4　带参数的 main()函数

在前述内容的程序中的 main()函数都是不带参数的，其实 main()函数也是可以有参数的。C语言规定，main()函数的参数只能有两个，分别是 argc 和 argv。带参数的 main()函数首部的一般形式是：

main(int argc,char *argv[])

其中，第 1 个形参 argc 必须是整型变量，是命令行中命令名和参数的总个数；第 2 个形参 argv 必须是指向字符串的指针数组，各个元素所指向的目标是 argv[0]：命令名；argv[1]：第 1 个参数；argv[2]：第 2 个参数；……

由于 main()函数是主函数，不能被其他函数调用，因此不可能从其他函数得到所需的参数值。main()函数的参数值是从操作系统命令行上获得的。一个 C 程序，经过编译、连接后得到的是可执行文件，当运行该可执行文件时，在命令行中输入文件名，再输入实际参数，就可把实参传递给 main()函数的形参。使用的一般格式如下：

C:\>命令名　参数 1　参数 2　……　参数 n

说明：命令名是可执行文件名，命令名和各参数间用空格分隔。argc 的值和 argv[]的元素个数取决于参数个数

【例题 8.22】编写程序：实现其命令行参数输出 I love computer。

程序代码：

```c
#include"stdio.h"
  void main(int argc,char *argv[])
{
    while(argc>1)
    {
      ++argv;
      printf("%s",*argv);
      --argc;
    }
}
```

程序经过编译、连接后生成可执行文件名 cfile.exe，运行在操作系统状态下输入命令行：

cfile I "love   computer"

回车后输出结果为：

I
love   computer

说明：如果参数本身有空格，则必须用英文双引号将其括起来构成一个参数。

8.5 动态指针

前面几节介绍的指针有一个共同特点，指针所指向的区域是静态的，也就是说在程序中，不需要考虑指针所指向的内存的分配与释放。但在实际应用中，动态指针的应用十分广泛。

在 C 语言中允许建立内存动态分配区域，用以存放一些临时的数据，这些数据不必在程序的声明部分定义，也不必等到函数结束时才释放，而是在需要时随时开辟，不需要时随时释放。这些数据是临时存放在一个特别的自由存储区域中，根据需要向系统申请所需大小空间。

对内存的动态分配是通过系统提供的库函数来实现的，主要有 malloc()、calloc()、free()、realloc()4 个函数。

1. malloc()函数

函数原型：

void *malloc(unsigned int size);

函数功能：为一个对象分配 size 字节大小的空间。size 为申请分配空间的字节数，应是一个非负数。若申请成功，则返回值为所分配的内存的首地址；若申请失败，则返回值为空指针 0。这个函数是一个返回指针值的函数，通常的使用方法是：

```
Type *p;
p=malloc(n*sizeof(Type));
```

其中，Type 表示指针所指向的数据类型，sizeof(Type)表示一个 Type 类型变量所占用的空间大小，n*sizeof(Type)表示 n 个类型变量所占用的空间大小。

```
#define NULL(void *) 0
int *pa=NULL;
double *pd=NULL;
pa=malloc(10*sizeof(int));
pd=malloc(10*sizeof(double));
```

程序段功能：pa 分配了 10 个 int 的空间，pd 分配了 10 个 double 的空间。存储空间申请完毕后，即可使用，当使用完毕后，需要释放这些资源，使得系统可以将这些资源分配给其他需要的场合。

2．calloc()函数

函数原型：

```
void *calloc(unsigned n,unsigned size);
```

函数功能：在动态内存区开辟 n 个长度为 size 的连续存储空间。一般用该函数开辟一维动态数组，其中的 n 为数组元素的个数，size 为数组元素的类型。若申请成功，则返回值为所分配的内存的首地址；若申请失败，则返回值为空指针 0。

calloc()函数是一个返回指针值的函数，通常的使用方法是：

```
int *p;
p=calloc(50, 4);
```

开辟 50×4 个字节的临时分配空间并将首地址赋给指针变量 p。

3．free()函数

函数原型：

```
void free(void *ptr);
```

函数功能：该函数释放由指针变量 ptr 指向的空间。该地址必须是在此之前成功调用函数malloc()、calloc()、realloc()返回的指针；如果该指针为空，那么该操作不执行任何操作；如果该指针曾经被 free()或 realloc()释放，那么其行为是不可预测的。

4．realloc()函数

函数原型：

```
void *realloc(void *ptr,unsigned int size);
```

函数功能：是对已经通过了 malloc()和 calloc()函数申请获得了动态空间再进行内存重新分配，将 ptr 所指向的动态空间大小改变为 size。ptr 的值不变即指向原来用 malloc()和 calloc()函数的首地址。如果分配不成功，则返回 NULL。

使用以上 4 个函数时，要用#include 命令将 stdlib.h 头文件包含到程序文件中。

【例题 8.23】 编写程序：建立动态数组，输入 5 个学生的成绩，用一个函数来检查其中有无低于 60 分的，若有，则输出不合格的成绩。

算法分析：用 calloc()函数开辟一维数组的动态自由区域，用来存放 5 个学生的成绩，会得到这个动态区域第 1 个字节的地址，它的基类型是 void 型。用一个基类型为 int 的指针变量 pa 指向动态数组的各元素，并输出它们的值。将 calloc()函数返回的 void 指针强制转换为整型指针后赋给 pa。

程序代码：

```c
#include<stdio.h>
#include<stdlib.h>
void funcheck(int *p)
{
    int i;
    printf("输出低于 60 分成绩:");
    for(i=0;i<5;i++)
        if(p[i]<60)
            printf("%d ",p[i]);
    printf("\n");
}
int main()
{
    int *pa,i;
    pa=(int *)calloc(5,sizeof(int));
    printf("输入学生成绩:\n");
    for(i=0;i<5;i++)
        scanf("%d",pa+i);
    funcheck(pa);
    return 0;
}
```

程序运行结果如图 8.37 所示。

```
"C:\Users\Administrator\Desktop\C例题\Debug\例题823.exe"
输入学生成绩:
78 48 95 53 86
输出低于60分成绩:48 53
Press any key to continue
```

图 8.37　例题 8.23 程序运行结果

8.6　指针程序设计举例

【例题 8.24】编写程序：输入一个十进制整数，将其转换成二进制数、八进制数和十六进制数输出。

算法分析：

(1) 将十进制数 n 转换成 r(二进制数、八进制数、十六进制数)进制数的方法：n 除以 r 取余数作为转换后的数的最低位，商不为 0，则继续除以 r，取余数作为转换后的数的次低位，以此类推，直到商为 0 止。

(2) 对于十六进制数中大于 9 的 6 个数字用字母 A、B、C、D、E、F 来表示。

(3) 所得余数的序列转换成字符保存在字符数组 a 中。

(4) 若字符'0'的 ASCII 值是 48，则余数 0～9 只要加上 48 就转变成字符'0'～'9'；若余数中大于 9 的数 10～15 要转换成字母，则加上 55 就转变成'A'、'B'、'C'、'D'、'E'、'F'。

(5) 由于求得的余数系列是从低位到高位，而在显示时先显示高位，所以输出数组 a 时要反向进行。

(6) 用转换函数 void funtrans (char *p,long m,int base)进行转换，m 为被转换的数，base 为基数，指针参数 p[ ]带入的是存放结果的数组的首地址。

程序代码：

```c
#include<stdio.h>
#include<string.h>
void funtrans(char *p,long m,int base)
{
    int r;
    while(m>0)
    {
        r=m%base;
        if(r<10)
            *p=r+48;
        else
            *p=r+55;
        m=m/base;
        p++;
    }
    *p='\0';
}
int main()
{
    int i,radix;
    long n;
    char a[33];
    printf("输入要转换的进制数(2,8,16)：\n");
    scanf("%d",&radix);
    printf("输入被转换的数：\n");
    scanf("%ld",&n);
    funtrans(a,n,radix);
    for(i=strlen(a)-1;i>=0;i--)
        printf("%c",*(a+i));
    printf("\n");
    return 0;
}
```

程序运行结果如图 8.38 所示。

```
输入要转换的进制数(2,8,16):
2
输入被转换的数:
65
1000001
Press any key to continue
```

图 8.38   例题 8.24 程序运行结果

程序说明：程序中的主函数提供转换的数制和十进制数。子函数 funtrans()完成数制转换。只要输入不同的基数，利用形参 base 就可以实现将十进制数转换为其他进制数。函数形参使用了字符指针变量 p，主函数调用子函数 funtrans()时，将实参字符数组 a 的首地址传给了形参 p，使 p 指向数组 a。在子函数 funtrans()中，对指针变量 p 所指对象(*p)的操作，如*p=r+48 就是对 a 的某个元素的操作。因此函数中的结果可以通过数组 a 带回。对输入的十进制数转换成八进制、十六进制，同学们自己调试。

思考：如果将十进制数转换成任意进制的数，如何修改程序？请同学们自己完成。

【例题 8.25】 程序功能：从键盘输入一个字符串与一个指定字符，将字符串中出现的指定字符全部删除。

算法分析：删除指定字符采用在字符串中挪动字符，将指定字符后面的字符覆盖来实现。

程序代码：

```
#include<stdio.h>
void fundel(char *p,char ch)
{
    char *q=p;
    for(;*p!='\0';p++)
      if(*p!=ch)
        *q++=*p;
        *q='\0';
}
int main()
{
    char str[80],*pf,ch;
    printf("请输入一个字符串: \n");
    gets(str);
    pf=str;
    printf("请输入要被删除的字符: \n");
    ch=getchar();
    fundel(pf,ch);
    printf("删除字符后的字符串: \n%s\n",str);
    return 0;
}
```

程序运行结果如图 8.39 所示。

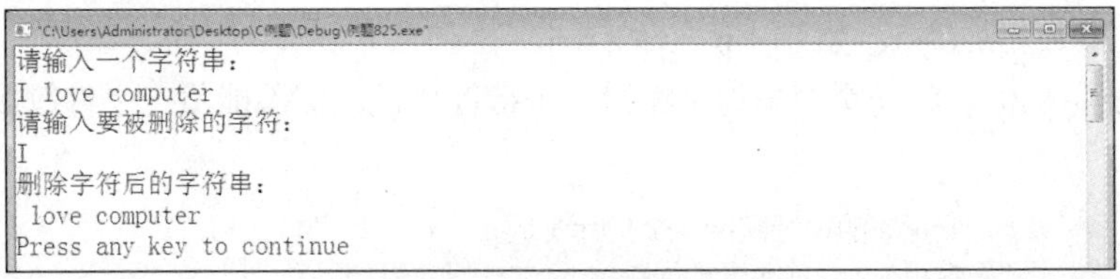

图 8.39　例题 8.25 程序运行结果

本章小结

对于本章的学习，初学者应从以下几个方面掌握。

(1) 准确理解指针。指针就是地址，只要程序中出现"地址"的位置，都可以用"指针"表示。例如，变量的指针就是变量的地址，指针变量就是地址变量。要区别指针和指针变量，指针就是地址本身，例如，8000H 是某一变量的地址，8000H 就是变量的指针；指针变量是用来存放地址的变量，指针变量的值是一个地址。

(2) 理解指向含义。计算机通过地址能找到该地址单元的内容即操作的对象，对指针变量来说，把谁的地址存放到指针变量中，就说该指针指向谁。但要注意的是，只有与指针变量的基类型相同的数据的地址才能存放在相应的指针变量中。已学习的变量、数组、字符串和函数都在内存中被分配存储空间，有了地址，也就有了指针。可以定义一些指针变量存放这些数据对象的地址，即指向这些对象。

(3) 掌握数组操作中指针的正确运用。一维数组名代表数组首元素的地址，它是指针常量，将数组名赋给指针变量后，也就是说指针变量指向数组的首元素，而不是指向整个数组，要正确理解指针变量指向数组的含义。同理，指针变量指向字符串，应该理解为指针变量指向字符串的首字符。

(4) 要正确掌握指针变量的定义、类型及含义，如表 8.3 所示。

表 8.3　指针变量的定义、类型及含义

变量定义	类型表示	含义
int i;	int	定义整型变量 i
int *pa;	int *	定义 pa 为指向整型数据的指针变量
int a[5];	int [5]	定义整型数组 a，它有 5 个元素
int *pa[4];	int *[4]	定义指针数组 pa，它由 4 个指向整型数据的指针元素组成
int(*pa)[4]	int(*)[4]	pa 为指向包含 4 个元素的一维数组的指针变量
int fun()	int ()	fun 为返回整型函数值的函数
int *pa()	int *()	pa 为返回一个指针的函数，该指针指向整型数据
int(*pa)()	int *() ()	pa 为指向函数的指针，该函数返回一个整型值
int **pa	int **	pa 是一个指针变量，它指向一个指向整型数据的指针变量

(5) 正确掌握指针的基本运算。

① 指针变量加(减)一个整数。将该指针变量的原值(是一个地址)和它指向的变量所占用的

存储单元的字节数相加(减)，如 p++,p--,p+i, p-i。

② 指针变量赋值。将一个变量地址赋给一个指针变量，但不能将一个整数赋给指针变量。例如：

```
p=&a;           //将变量 a 的地址赋给一个指针变量 p
p=array;        //将数组 array 首元素地址赋给 p
p=&array[i];    //将数组 array 第 i 个元素的地址赋给 p
p=max;          //max 为已定义的函数，将 max 的入口地址赋给 p
pa1=pa2;        //pa1 和 pa2 是基类型相同的指针变量，将 pa2 的值赋给 pa1
```

③ 两个指针变量可以相减。若两个指针变量指向同一个数组中的元素，则两个指针变量值之差是两个指针之间的元素个数。

④ 两个指针变量比较。若两个指针指向同一个数组的元素，则可以进行比较。指向前面的元素的指针变量小于指向后面元素的指针变量。若 p1 和 p2 不指向同一数组，则比较无意义。

⑤ 对指针变量可以赋空值，即该指针变量不指向任何变量，其表示形式为：

```
p=NULL;
```

其中的 NULL 是一个符号常量，代表整数 0。在 stdio.h 头文件中对 NULL 定义为：#define NULL 0，它使指针变量 p 指向地址为 0 的单元，系统保证使该单元不做他用。但应注意 p 的值为 NULL 与未对 p 赋值是两个不同的概念。前者是有值只是其值为 0，不指向任何变量；后者虽未对 p 赋值但并不等于 p 无值，只是一个无法预料的值，也可能是 p 指向一个事先未指定的单元。

易错提示

1. 定义指针变量时，如 int *pa;，指针变量前面的"*"表示该变量的类型是指针变量，指针变量名是 pa，而不是*pa，而 int 是指针变量的基类型，不同的基类型指明指针变量所指向变量的类型不同。

2. 指针变量只能存放地址，不能将一个整数赋给一个指针变量。因为变量的地址是由编译系统分配的。

3. 将一个变量的地址赋给指针变量，即形成指向关系。例如：

```
int *pa,a;
pa=&a;
```

则此时的*pa 与 a 是等价的。因此*pa 是指针变量 pa 所指向的对象。当用输入语句对 a 赋值时可用 scanf("%d",pa);而不能用 scanf("%d",&pa);，因而要注意指针两个运算符*和&的用法。

4. 如下所示的代码段：

```
int a[10]={1,2,3,4,5,6,7,8,9,10};
int *pa;
pa=&a[0];
```

其中，pa=&a[0];是将 a[0]元素的地址赋给指针变量 pa，也可以是 pa=a;，其含义是将数组 a 的首地址赋给指针变量，而不是将数组各元素的值赋给 pa。此时可以对 pa 进行加 1 个整数、减 1 个整数、自加运算、自减运算操作，但绝不能理解是指针值加 1 操作那么简单。数组名 a 是一个指针型常量，不能进行 a++的操作。

5. 用指针调用函数，必须先使指针变量指向该函数，也就是将该函数的入口地址赋给了指针变量。调用时只将函数名赋给指针变量且函数名后不得有参数。

习题 8

1. 选择题

(1) 若有定义：int a=5;，则对语句①int *pa=&a;和语句②*pa=a;的正确解释是( )。

    A. 语句①和语句②中的*pa 含义相同，都表示给指针变量 pa 赋值

    B. 语句①和语句②的执行结果，都是把变量 a 的地址值赋给指针变量 pa

    C. 语句①在对 pa 进行说明的同时进行初始化，使 pa 指向 a；语句②将变量 a 的值赋给指针变量 p

    D. 语句①在对 pa 进行说明的同时进行初始化，使 pa 指向 a；语句②将变量 a 的值赋予*p

(2) 关于下列定义和赋值语句，说法正确的是( )。

① char str[]="I love computer";

② char str[20];str="I love computer";

③ char *ps="I love computer";

④ char *ps;ps="I love computer";

    A. 以上 4 组语句都正确　　　　　　　B. 只有①③正确

    C. 只有③④正确　　　　　　　　　　D. 只有①③④正确

    E. 只有③正确　　　　　　　　　　　F. 以上 4 组语句都不正确

(3) 若有两个相同基类型的指针 pa、pb，则下列运算不合理的是( )。

    A. pa+pb　　　　　B. pa–pb　　　　　C. pa=pb　　　　　D. pa==pb

(4) 下列叙述正确的是( )。

    A. 将指向函数的指针作为函数的参数，虽然可以提高效率，但是容易造成混乱，所以不符合结构化程序设计的原则

    B. 数组名实际上是此数组的首地址，所以数组名相当于一个指针变量

    C. 若定义 a[2][3]，则 a+1 和*(a+1)完全等价

    D. 某函数的形参为一个数组，则调用此函数时，只能将数组名作为对应的实参

(5) 若函数 fun( )定义如下：

```
void fun(char *p,char *s)
{
 while(*p++=*s++)
;
}
```

则函数 fun()的功能是( )。

    A. 串比较　　　　　B. 串复制　　　　　C. 求串长　　　　　D. 串反向

(6) 有定义

```
int array[10]={0,1,2,3,4,5,6,7,8,9};
int *p,i=2;
```

执行语句：

```
p=array;
Printf("%d",*(p+i));
```

则输出结果为(　　)。

    A. 0　　　　　　　　　B. 2　　　　　　　　C. 3　　　　　　　　D. 1

(7) 若有以下说明和语句

```
int main()
{
    int str[3][2],*ps[3],k;
    for(k=0;k<3;k++)
        ps[k]=str[k];
    return 0;
}
```

则以下选项中能正确表示 str 数组元素地址的表达式是(　　)。

    A. &str[3][2]　　　　B. *ps[2]　　　　　C. *(ps+1)　　　　D. &ps[2]

(8) 已知 int *p,a;，则语句 p=&a;中的运算符&的含义是(　　)。

    A. 位与运算　　　　B. 逻辑与运算　　C. 取指针内容　　D. 取变量地址

(9) 说明语句 int (*p)();的含义是(　　)。

    A. p 是指向一维数组的指针变量

    B. p 是指针变量，指向一个整型数据

    C. p 是一个指向函数的指针，该函数的返回值是一个整型

    D. 以上说明都不对

(10) 已知 int x；则下面说明指针变量 pb 的语句正确的是(　　)。

    A. int pb=&x;　　　B. int *pb=x;　　　C. int *pb=&x;　　D. *pb=*x;

(11) 已知 int b[ ]={1,2,3,4},y,*b=b;，则执行语句 y=(*--p)++;之后，变量 y 的值是(　　)。

    A. 1　　　　　　　　　B. 2　　　　　　　　C. 3　　　　　　　　D. 4

(12) 已知 char str[4]= "12";char *ptr;，则执行以下语句的输出为(　　)。

```
ptr=str;
printf("%c\n",*(ptr+1));
```

    A. 字符'2'　　　　　　B. 字符'1'　　　　C. 字符'2'的地址　　D. 不确定

(13) 下列程序运行后的输出结果是(　　)。

```
#include"stdio.h"
int main()
{
    int x,y,z=36;
    int *px=&x,*py=&y,*p;
    x=3;
    y=6;
```

```
    *(p=&z)=(*px)*(*py);
    printf("%d\n",z);
    return 0;
}
```

  A. 3   B. 6   C. 18   D. 36

(14) 下列程序运行后的输出结果是( )。

```
#include"stdio.h"
int main()
{
    int a[]={1,2,3,4,5,6,7,8,9,0},*pa;
    pa=a;
    printf("%d\n",*pa+9);
    return 0;
}
```

  A. 0   B. 1   C. 10   D. 9

(15) 若已定义 char str[10],*ps=str;，则下面的表达式中能够表示 str[1]地址的是( )。

  A. ps++   B. ++str   C. &ps[0]+1 D. &ps+1

2. 阅读程序，分析程序运行的结果

(1) 若有下列程序：

```
#include<stdio.h>
int main()
{
static char a[]="program",*ptr;
    for(ptr=a;ptr<a+7;ptr+=2)
    putchar(*ptr);
    printf("\n");
  return 0;
}
```

则程序的执行结果是_____。

  (2) 若有下列程序：

```
#include<stdio.h>
int main()
{
    static char b[]="program",a[]="language";
    char *ptr1=a,*ptr2=b;
    int k;
    for(k=0;k<7;k++)
    if(*(ptr1+k)= =*(ptr2+k))
        printf("%c",*(ptr1+k));
    printf("\n");
    return 0;
}
```

则程序的执行结果是_____。

  (3) 若有下列程序：

```
#include<stdio.h>
```

```
int main()
{
static int a[2][3]={{1,2,3},{4,5,6}};
    int m,*ptr;
  ptr=&a[0][0];
  m=(*ptr)*(*(ptr+2)*(*(ptr+4));
  printf("%d\n",m);
  return 0;
}
```

则程序的执行结果是＿＿＿＿＿＿＿＿。

(4) 若有下列程序：

```
#include<stdio.h>
#include<string.h>
int main()
{
char str[80];
    void prochar(char *str,char ch);
    printf("输入一字符串：\n");
    scanf("%s",str);
    prochar(str,'r');
    uts(str);
    return 0;
}
void prochar(char *str,char ch)
{
char *p;
    for(p=str;*p!='\0';p++)
    if(*p==ch)
      {
  *str=*p;
            (*str)++;
        str++;
        }
    *str='\0';
}
```

则程序的执行结果是＿＿＿＿＿＿＿＿。

(5) 若有下列程序：

```
#include<stdio.h>
int main()
{
int a=2,*p,**pp;
    pp=&p;
    p=&a;
    a++;
    printf("%d,%d,%d\n",a,*p,**pp);
    return 0;
}
```

则程序的执行结果是＿＿＿＿＿＿＿＿。

3. 填空题

(1) 下面程序的功能是：将字符串中的数字字符删除后输出，请补充横线上的内容。

```c
#include"stdio.h"
#include"stdlib.h"
void fundel(char *pt)
{
    int m,n;
    for(m=0,n=0;pt[m]!='\0';m++)
      if(pt[m]<'0' _____pt[m]>'9')
        {
          pt[n]=pt[m];
          n++;
        }
        _____;
}
int main()
{
    char *ps;
    ps=(char*)malloc(100*sizeof(char));//给 ps 分配地址
    printf("输入一串字符：\n");
    gets(ps);
    fundel(ps);
    puts(_____);
    return 0;
}
```

(2) 下面程序的功能是：在数组 a 中查找与 x 值相同的元素的所在位置，请补充横线上的内容。

```c
#include"stdio.h"
int main()
{
    int a[11],x,m;
    printf("输入数组 a 元素值：\n");
    for(m=1;m<11;m++)
        scanf("%d",a+m);
    printf("输入一个查找的数 x：\n");
    scanf("%d",&x);
    *a=_____;
    m=10;
    while(x!=*(a+m))
        _____;
    if(m>0)
        printf("%d 在数组中的下标是%d\n",x,m);
    else
        printf("%d 不在数组中\n",x);
    return 0;
}
```

(3) 有以下定义

```c
int a=7;
int * point;
```

使指针 point 指向 a 的语句是_____；当 point 指向 a 后，_____与 point 等价；_____与 *point 等价。

(4) 有以下定义

```
static int a[5]={1,2,3,4,5};
int *p;
p=&a[0];
```

则与 p=&a[0];等价的语句是_____；*(p+1)的值是_____；*(a+2)的值是_____。

4. 编写程序

(1) 编写函数 fun()，函数功能是从字符串中删除指定的字符。同一字母的大小写按不同字符处理。

(2) 从键盘输入 10 个整数存放在一维数组中，求出它们的和及平均值并输出(要求用指针访问数组元素)。

(3) 编写一个程序，用 12 个月的英文名称初始化一个字符指针数组，当键盘输入整数为 1～12 时，显示相应月份名，输入其他整数时显示错误信息。

(4) 用指针法完成输入 3 个整数，按由小到大的顺序输出。

(5) 用指针法实现输入 3 个字符串，按由小到大的顺序输出。

(6) 有 n 个人围成一圈，顺序排号。从第 1 个人开始报数(从 1 到 3)，凡报到 3 的人退出圈子，问最后留下的是原来的第几号。

(7) 有一字符串，包含 n 个字符。写一函数，将此字符串中从第 m 个字符开始的全部字符复制成为另一字符串。

(8) 在主函数中输入 10 个等长的字符串，用另一函数对它们排序，然后在主函数中输出这 10 个已排序的字符串。

(9) 一个班有 4 个学生，5 门课程。①求第一门课程的平均分；②找出有两门以上课程不及格的学生，输出他们的学号和全部课程成绩及平均成绩；③找出平均成绩在 90 分以上或全部课程成绩在 85 分以上的学生。分别编写 3 个函数实现以上 3 个要求。

【实验 8】指针

1. 实验目的

(1) 掌握指针的概念，会定义和使用指针变量。

(2) 掌握指针变量做函数参数时，参数的传递过程及其用法。

(3) 掌握一维数组指针、二维数组指针、字符串指针的概念及其基本用法。

(4) 掌握指向函数的指针、返回指针值的函数的定义和基本用法。

2. 预习内容

(1) 指针变量的定义、赋值、操作(存储单元的引用、移动指针的操作、指针的比较)，取地址运算符&、间接运算符*的用法，数组元素的多种表示方式。

① *：说明符，说明某一变量是指针。

② &：对变量取地址。

(2) 指针是一种特殊的变量，它具有变量的三要素(即变量名、变量值、变量类型)，要注意指针的值及(基)类型。指针的值是某个变量的地址值，它的(基)类型是它所指向的变量的类型。

3．实验内容

(1) 先分析程序的运行结果，再上机验证。

```c
#include<stdio.h>
int main()
{
int i,j,*pi,*pj;
    pi=&i;
    pj=&j;
  i=5;
  j=7;
    printf("%d\t%d\t%d\t%d\n",i,j,pi,pj);
    printf("%d\t%d\t%d\t%d\n",&i,*&i,&j,*&j);
    return 0;
}
```

① 先静态分析程序运行的结果，再与上机运行的结果比较是否一致，若不一致分析产生的原因。

② 程序中的 pi、pj 是地址值，通过两次运行程序或在不同的机器中运行程序，观察其结果是否一样，从中可得到什么结论。程序输出语句中\t 的作用是什么？

(2) 先分析程序的运行结果，再上机验证。

```c
#include<stdio.h>
int main()
{
int a[]={1,2,3};
  int *p,i;
  p=a;
  for(i=0;i<3;i++)
    printf("%d\t%d\t%d\t%d\n",a[i],p[i],*(p+i),*(a+i));
  return 0;
}
```

① 先静态分析程序运行的结果，再上机运行，比较两个结果是否一致，若不一致分析产生的原因，特别注意输出的格式的控制方法。

② 通过本题的练习，希望学生掌握数组元素与指向数组的指针是不同的。例如，a[i]表示数组的下标为 i 的元素。a[i]←p[i]←*(p+i)←*(a+i)：a 是数组名，表示数组首地址，(p+i)表示数组中第 i 个元素的地址，*(p+i)相当于 a[i]。

(3) 先分析程序的运行结果，再上机验证。

```c
#include<stdio.h>
void fun(char *str,int i)
{
  str[i]='\0';
  printf("%s\n",str);
  if(i>1)
    fun(str,i-1);
}
int   main()
{
  char str[]="abcd";
  fun(str,4);
```

```
    return 0;
    }
```

① 先静态分析程序运行的结果，再与上机运行的结果比较是否一致，若不一致分析产生的原因。

② main()函数调用 fun()函数时传递的是一个 str 数组首地址和一个常量值 4，则要求 fun()函数的形参必须是什么类型？在 fun()函数中又调用 fun()函数，这种调用称为什么调用？又是如何退出调用的？

(4) 输出 a 数组的 10 个元素的程序如下，请分析程序中存在的问题。

```
#include<stdio.h>
int main()
{
int a[10];
    int *p,i;
    p=a;
    for(i=0;i<10;i++)
    {
      *p=i;
      p++;
    }
    for(i=0;i<10;i++,p++)
      printf("%d\n",*p);
    return 0;
}
```

通过上机调试，输出的结果不是 0~9，原因是什么？修改程序使其输出正确的结果为止。

(5) 以下程序的功能是：输入 10 个数，将其中最小的数与第 1 个数对换，把最大的数与最后一个数对换。将空缺处语句填写完整并调试运行。

```
#include<stdio.h>
int main()
{
int number[10];
    int *p,i;
    void maxminvalue(int array[10]);
    printf("input 10 number:\n");
    for(i=0;i<10;i++)
      scanf("%d",&number[i]);
    maxminvalue(number);
    printf("New order:");
    for(p=number;p<=number+9;p++)
      printf("%d",*p);
    return 0;
}
  void maxminvalue(int array[10])
{
int *max,*min,*p,*end;
    end=array+9;
    max=array;
    min=array;
    for(p=array+1;p<=end;p++)
      if(*max<*p)
```

```
        max=p;
    _____; _____; _____;
    for(p=array+1;p<=end;p++)
        if(*min>*p)
            min=p;
    _____; _____; _____;
    return;
}
```

(6) 调试以下程序并说出该程序实现的功能。

```
#include<stdio.h>
#include<string.h>
int main()
{
    char s[8];
    int n;
    int chnum(char *p);
    gets(s);
    if(*s=='-')
        n=-chnum(s+1);
    else
        n=chnum(s);
    printf("%d\n",n);
    return0;
}
int chnum(char *p)
{
int num=0;
    for(;*p!='\0';p++)
        num=num*10+*p-'0';
    return(num);
}
```

该程序的功能是：_____。当输入－23456 并按回车键时，程序输出的结果是：_____。当输入 23456 并按回车键时，程序输出的结果是：_____。

(7) 代码设计。

① 编写一个程序，用 12 个月份的英文名称初始化一个字符指针数组，当键盘输入整数为 1～12 时，显示相应的月份名，键入其他整数时显示错误信息。

② 编写一个程序，将用户输入的由字符串和数字组成的字符串中的数字提取出来。例如，若输入 asd123K456,fg789，则输出的数字分别是 123、456、789。

4. 实验报告

(1) 将上述 C 程序文件放在一个"学号姓名实验 8"的文件名下，并以该文件名的电子档提交给教师。

(2) 按实验报告的格式完成每题后的要求。

第 9 章

结构体与共用体

【学习目标】

1. 掌握结构体类型的定义，结构体变量的定义、初始化和引用。
2. 学会利用结构体数组，指向结构体数据的指针变量进行编程。
3. 了解链表的概念、用结构体建立链表的方法及链表的基本操作。
4. 了解共用体的概念及其使用。

在第 6 章中我们已经学习了一种构造数据类型——数组，但数组中的元素只能属于同一种数据类型，而有时我们需要将不同数据类型的数据组合成一个有机的整体，以便引用，本章所要介绍的结构体和共用体类型变量便是不同类型的数据组合成的有机整体。

9.1 结构体的概念

在实际应用中，经常会遇到处理一批数据的情况，这些数据虽然类型不同但相互关联，例如，对一个学生而言，他的学号(num)、姓名(name)、性别(sex)、年龄(age)、成绩(score)等数据都与该学生有联系。这就需要有一种新的数据类型，它能将具有内在联系的不同类型的数据组合成一个整体，在 C 语言里，这种数据类型就是"结构体"。

结构体属于构造数据类型，它由若干成员组成，成员的类型既可以是基本数据类型，也可以是构造数据类型，并且可以互不相同。由于不同问题需要定义的结构体中包含的成员可能互不相同，所以，C 语言只提供定义结构体的一般方法，结构体中的具体成员由用户自己定义。这样我们就可以根据实际情况定义所需要的结构体类型。

结构体遵循"先定义后使用"的原则，其定义又分两步，即先定义结构体类型再定义该结构体类型变量。

9.1.1 结构体类型的定义

结构体类型定义的一般形式：

```
struct 结构体名
{
类型名1   成员名1;
类型名2   成员名2;
```

```
        :
类型名 n    成员名 n;
};
```

其中，struct 是结构体类型定义的关键字，是英文单词 structure 的缩写形式。"结构体名"是用户自定义的结构体类型标识符，也称为结构体类型名。"struct 结构体名"作为一个整体与 C 语言的基本数据类型具有同样的地位和作用。花括号中的结构体成员表定义了此结构体内所包含的每一个成员及其类型，它们组成了一个结构体。结构体名和结构体成员名的命名规则与简单变量名的命名规则相同。

需要特别注意的是，在书写结构体类型定义时，不要忽略最后的分号。

例如，如表 9.1 所示的学生数据的组成。

表 9.1 学生数据的组成

成员	num	name	sex	age	score
数据类型	字符串	字符串	字符	整型	实型

对表 9.1 所描述的数据形式可定义为如下的结构体类型：

```
struct student
{
char num[10] ;
char name[20] ;
    char sex ;
    int age ;
    float score ;
} ;
```

经过以上定义，即向编译系统声明用户定义了一个"结构体类型"，结构体名为 student，该结构体的全体成员包括 num、name、sex、age 和 score，它们在结构体中被依次做了类型定义。成员类型可以是除本身所属结构体类型外的任何已有数据类型。在同一作用域内，结构体类型名不能与其他变量名或结构体类型名重名。同一个结构体中各成员不能重名，但允许成员名与程序中的变量名、函数名或者不同结构体类型中的成员名相同。

9.1.2 结构体类型变量的定义

上一节中只是构造了一个新的结构体类型，属于数据类型的范畴，在程序中必须定义此种类型的变量，编译系统才会给变量分配存储单元，从而存放相关数据。结构体类型变量的作用域与普通变量的作用域相同。

结构体变量的定义有以下 3 种方式。

1. 先定义结构体类型，再定义结构体变量

一般形式如下：

```
struct  结构体名
{
```

```
    结构体成员表;
};
struct 结构体名结构体变量名表;
```

例如：

```
struct student
{
char num[10] ;
char name[20] ;
    char sex ;
    int age ;
    float score ;
} ;
struct student student1,student2;
```

上述程序中在定义了结构体类型 struct student 后，利用该类型定义了 student1 与 student2 两个变量。一旦定义了结构体变量，则系统会按照结构体类型的组成，为定义的结构体变量分配内存单元。结构体变量的各个成员在内存中占用连续存储区域，结构体变量所占内存大小为结构体中每个成员所占用内存的长度之和。

需要特别注意的是，在定义结构体类型时并不分配内存空间，只有在定义结构体变量后才分配实际的存储空间。

2. 在定义结构体类型的同时定义结构体变量

一般形式如下：

```
struct  结构体名
{
    结构体成员表;
} 结构体变量名表;
```

例如：

```
struct student
{
    char num[10];
    char name[20];
    char sex;
    int age;
    float score;
} student1,student2;
```

上述程序在定义结构体类型 struct student 的同时定义了该类型的两个变量，即 student1 和 student2。

3. 在定义结构体类型时省略结构体名，直接定义结构体变量

一般形式如下：

```
struct
```

```
{
结构体成员表;
}结构体变量名表;
```

例如:

```
struct
{
    char num[10];
    char name[20];
    char sex;
    int age;
    float score;
}student1, student2;
```

此时的 student1、student2 也称为匿名结构体类型变量。

需要特别注意的是,在匿名结构体的定义中结构体变量名表是不能缺少的,并且在程序中其他位置不能再定义相同类型的其他结构体变量。

C 语言也允许结构体中的某个成员是另一个结构体类型的变量。根据表 9.2 中学生的信息,可构造一个结构体类型,在它的内部有一个成员(出生日期)也是一个结构体变量。

表 9.2 复杂学生数据的组成

成员	num	name	sex	birthday			score
				year	month	day	
数据类型	字符串	字符串	字符	整型	整型	整型	实型

对表 9.2 中的数据形式可以定义为如下的结构体类型:

```
struct date
{
    int year;
    int month;
    int day;
};
struct stu
{
char num[10];
char name[20];
char sex;
struct date birthday;
float score;
};
```

或者采用结构体类型的嵌套定义形式,如下:

```
struct stu
{
char num[10];
char name[20];
```

```
char sex;
  struct date
{
  int year;
int month;
int day;
}birthday;
  float score;
};
```

定义结构体类型后可定义该结构体类型的变量：

```
struct stustudent3;
```

结构体类型与结构体变量是两个不同的概念。前者只声明结构体的组织形式，本身不占用存储空间；后者是某种结构体类型的具体实例，编译系统只有定义了结构体变量后才为其分配内存空间。结构体变量的成员是存储在一片连续的内存单元中的，可以用运算符 sizeof 测出某种基本类型数据或构造类型数据在内存中所占用的字节数，例如：

```
pirntf("%d",sizeof(struct stu));
```

也可以写成

```
pirntf("%d",sizeof(student3) );
```

我们前面说过，结构体变量所占内存大小为结构体中每个成员所占用内存的长度之和。但是当在 VC++ 6.0 中测试上面结构的大小时，会发现 sizeof(struct stu)为 48，这与各个成员的内存和 47 根本不同，那么在 VC++ 6.0 中为什么会得出这样的结果呢？

其实，这是 VC++ 6.0 对变量存储的一个特殊处理。为了提高 CPU 的存储速度，VC++ 6.0 对一些变量的起始地址做了"对齐"处理。在默认情况下，VC++ 6.0 规定各成员变量存放的起始地址相对于结构体起始地址的偏移量必须为该变量的类型所占用的字节数的倍数。表 9.3 中列出了常用类型的对齐方式(适用 VC++ 6.0，32 位系统)。

表9.3　常用类型的对齐方式

类型	对齐方式(变量存放的起始地址相对于结构的起始地址的偏移量)
char	偏移量必须为 sizeof(char)即 1 的倍数
int	偏移量必须为 sizeof(int)即 4 的倍数
float	偏移量必须为 sizeof(float)即 4 的倍数
double	偏移量必须为 sizeof(double)即 8 的倍数
short	偏移量必须为 sizeof(short)即 2 的倍数

各成员变量在存放时根据在结构中出现的顺序依次申请空间，同时按照上面的对齐方式调整位置，空缺的字节 VC++ 6.0 会自动填充。同时，VC++ 6.0 为了确保结构的大小为结构的字节边界数(即该结构体中占用最大空间的类型所占用的字节数)的倍数，所以会在为最后一个成员变量申请空间后，根据需要自动填充空缺的字节。

例如：

```
#include <stdio.h>
struct MyStruct
{
    char data1;
    double data2;
    int data3;
};
int main()
{
    printf("%d\n",sizeof(MyStruct));
return 0;
}
```

由上可知，该结构总的大小 sizeof(MyStruct)为 1+7+8+4+4=24。其中，有 7+4=11 个字节是 VC++ 6.0 自动填充的，没有放任何有意义的内容。

9.1.3　结构体类型变量的引用

在定义了结构体变量之后，可以引用该变量和变量的成员。

结构体变量的引用我们称为整体引用，其引用方式与普通变量类似，可以引用变量名进行赋值操作。

例如：

student1= student2;　//将变量 student2 的值赋给变量 student1

但是不能对结构体变量进行整体输入输出，因为没有相应的格式符用于输入输出构造数据类型的变量。

例如：

scanf("%格式符",&student1);
　　　　printf("%格式符",student1);

结构体变量成员的引用我们称为成员引用，有以下 3 种引用方式。

1. 使用成员运算符 "." 引用结构体变量的成员

结构体变量成员引用的一般方式为：

结构体变量名.成员名

其中的 "." 被称为成员运算符，它在所有的运算符中优先级最高，所以可以把 "结构体变量名.成员名" 作为一个整体看待。

例如：

struct stustudent3;
　　scanf ("%s", student3.num);//赋动态值，num 是数组名，其本身就代表地址，不需要&
getchar();　　//提取回车符
strcpy(student3.name, "ZhouJing");//赋静态值

```
scanf("%c",&student3.sex);    //赋动态值
student3.score=94.5;    //赋静态值
printf("%s%s%c %f", student3. num, student3. name, student3. sex,student3.score);
```

如果成员变量又是结构体类型，则必须一级一级地找到最低级成员变量，然后对其进行引用。例如：

```
student3.birthday.year=1990; //赋静态值
student3.birthday.month=2;
student3.birthday.day=20;
```

当然也可以用输入的方式给变量中的成员赋动态值。例如：

```
scanf ("%d%d%d", &student3.birthday.year,&student3.birthday.month,
&student3.birthday.day);
```

结构体变量的成员所能进行的运算与同类型的普通变量相同。例如：

```
student2.score=student1.score;
sum=student1.score+student2.score;
student1.age++;
```

2. 使用指针运算符"*"和成员运算符"."引用结构体变量的成员

当一个指针变量用来指向一个结构体类型变量时，称为结构体指针变量。结构体指针变量的值是结构体变量在内存中的起始地址。通过结构体指针变量即可访问该结构体变量，这与前面章节中介绍的指针变量的使用是相同的。

通过结构体指针变量引用结构体成员的一般形式为：

(*结构体指针变量名).结构体成员名

这种方式是一种间接引用方式。例如：(*p).score 是代表指针变量 p 指向的结构体变量中的成员 score。由于运算符"."比运算符"*"的优先级高，所以，*p 必须用圆括号括起来。

例如：

```
struct stu student3,*p=&student3;//定义结构体指针变量 p 指向结构体变量 student3
scanf ("%s", (*p).num);
getchar();
strcpy((*p).name, "ZhouJing");
scanf("%c",&(*p).sex);
(*p).score=94.5;
printf("%s %s %c %f", (*p). num,(*p).name,(*p).sex, (*p).score);
```

3. 使用指向运算符"->"引用结构体变量的成员

为了使通过结构体指针变量引用结构体变量中的成员的方式更加直观，C 语言还提供了另一种引用形式：

结构体指针变量名->结构体成员名

其中，"->"称为指向成员运算符，用于描述结构体指针变量所指向的结构体变量中的成员。指向成员运算符与成员运算符具有相同的优先级。

例如：

```
struct stu student3,*p=&student3;
scanf ("%s", p->num);    //给 p 所指向的结构体变量中的成员 num 赋值
getchar();
strcpy(p->name, "ZhouJing");   //给 p 所指向的结构体变量中的成员 name 赋值
scanf("%c",&p->sex);   //给 p 所指向的结构体变量中的成员 sex 赋值
p->score=94.5;   //给 p 所指向的结构体变量中的成员 score 赋值
printf("%s %s %c %f", p->num,p-> name,p->sex, p->score);
```

【例题 9.1】指向结构体变量的指针的应用。以复杂学生信息结构体为例，编写函数实现一个学生信息的输入和输出。

算法分析：这里介绍用结构体变量和指向结构体变量的指针做函数参数的用法，其实质与前面章节中介绍的普通变量和指针变量做函数参数的用法一致。

建立一个学生结构体类型，用来定义学生结构体变量。由于向学生结构体变量中输入学生信息，会改变学生结构体变量中成员的值，所以必须用指向学生结构体变量的指针变量作为函数参数。而输出学生结构体变量中的学生信息，不会改变学生结构体变量中成员的值，因此用学生结构体变量作为函数参数即可。

程序代码：

```
#include <stdio.h>
struct date
{
    int year;
    int month;
    int day;
};
struct stu
{
    char num[10];
    char name[20];
    char sex;
    struct date birthday;
    float score;
};

void input(struct stu* p)
{
    printf("input num:");
    scanf ("%s", p->num);
    printf("input name:");
    scanf ("%s", p->name);
    getchar();
    printf("input sex:");
    scanf ("%c", &p->sex);
    printf("input birthday(year month day):");
    scanf("%d%d%d",&p->birthday.year,&p->birthday.month,&p->birthday.day);
    printf("input score:");
```

```
            scanf("%f",&p->score);
        }
        void output(struct stu student)
        {
            printf("No:%s\nname:%s\nsex:%c\n",student.num,student.name,student.sex);
            printf("birthday:%4d-%2d-%2d\n",student.birthday.year,student.birthday.month,
                student.birthday.day);
            printf("score:%4.1f\n",student.score);
        }
        int main()
        {
            struct stu student3;
            input(&student3);
            output(student3);
            return 0;
        }
```

程序运行结果如图 9.1 所示。

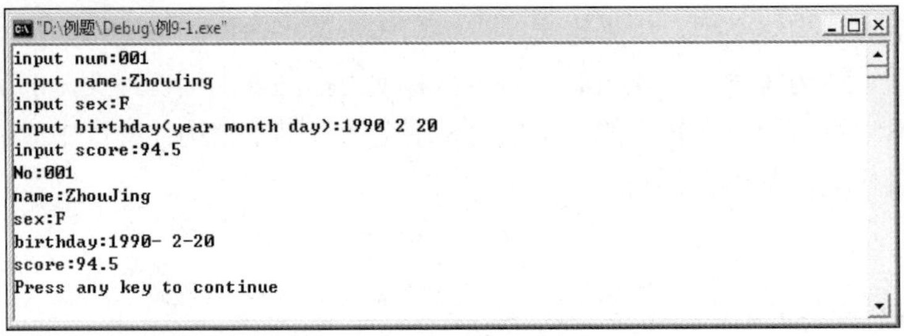

图 9.1 例题 9.1 运行结果

9.1.4 结构体类型变量的初始化

结构体变量的初始化是指在定义结构体变量的同时为其成员变量赋初值。例如：

```
struct stustudent3={"001","ZhouJing",'F',{1990,2,20}, 94.5};
```

注意：

(1) 初始化数据的数据类型及顺序要和结构体类型定义中的结构体成员相匹配。如果初始化数据中包含多个结构体成员的初值，则这些初值之间要用逗号分隔。

(2) C 语言规定，不能跳过前面的结构体成员而直接给后面的成员赋初值，但可以只给前面的成员赋初值。这时，未得到初值的成员由系统根据其数据类型自动赋初值 0(数值型)、'\0'(字符型)或 NULL(指针型)。

9.2 结构体数组与链表

9.2.1 结构体数组的定义与引用

结构体数组是指该数组中的每个数组元素都是一个结构体变量，并且这些元素都具有相同的结构体类型。结构体数组与普通数组一样，也是先定义，后引用。

1. 结构体数组的定义

结构体数组定义的一般形式：

struct 结构体名数组名[常量表达式];

例如：

struct stu stud[3];

程序中定义了一个有 3 个元素的结构体数组，它的每个元素都是 struct stu 类型。

2. 结构体数组的引用

结构体数组的引用操作与一般数组类似，只是除了可以引用数组名和数组元素外，它还能引用数组元素的成员。例如：

```
scanf ("%f",&stud[1].score);
stud[2].score=92.0;
```

前面章节已经介绍过，可以使用指向数组或数组元素的指针变量来访问数组元素。同样，对结构体数组中的元素也可以使用指向数组或数组元素的指针变量来引用。

【例题 9.2】指向结构体数组的指针的应用。定义包含 3 位学生信息的结构体数组，编写函数实现该结构体数组的输入和输出。

算法分析：定义结构体数组 stud[N]，用循环结构来完成数据的输入输出。由于向学生结构体数组中输入学生信息，会改变数组中元素的值，所以必须用指向数组或数组元素的指针变量作为函数参数。而输出学生结构体数组中的学生信息，也可以用指向数组或数组元素的指针变量作为函数参数。

程序代码：

```
#include <stdio.h>
#define N 3
struct date{……}; /* 例 9.1 中定义的日期结构体类型 */
struct stu{……}; /* 例 9.1 中定义的学生结构体类型 */
struct date
{
  int year;
  int month;
  int day;
};
struct stu
{
  char num[10];
  char name[20];
  char sex;
  struct date birthday;
  float score;
};
void input(struct stu* p)
{
  int i;
```

```
        for(i=0;i<N;i++)
        {
            printf("input num:");
            scanf ("%s", p->num);
            printf("input name:");
            scanf ("%s", p->name);
            getchar();
            printf("input sex:");
            scanf ("%c", &p->sex);
            printf("input birthday(year month day):");
            scanf("%d%d%d",&p->birthday.year,&p->birthday.month,&p->birthday.day);
            printf("input score:");
            scanf("%f",&p->score);
            p=p+1;
        }
    }
    void output(struct stu* p)
    {
        int i;
        for(i=0;i<N;i++)
        {
            printf("No:%-10s name:%-20s sex:%c ",p->num,p->name,p->sex);
            printf("birthday:%4d-%2d-%2d ",p->birthday.year,p->birthday.month,
                p->birthday.day);
            printf("score:%-4.1f\n",p->score);
            p=p+1;
        }
    }
    int main()
    {
        struct stu stud[N];
        input(stud);
        output(stud);
        return 0;
    }
```

9.2.2 结构体数组初始化和应用

结构体数组也可以进行初始化，其初始化方式类似于二维数组按行初始化方式，即用花括号将每个元素的初值括起来。

当数组元素全部赋初值时，结构体数组的定义长度也可以省略。例如，下面的初始化形式隐含其数组长度为3。

```
struct stu stud[]={ {"001","ZhouJing",'F', 1992,3,15, 94.5},
    {"002","FuBing",'M', 1991,6,24,85},
    {"003","WangNan ",'F', 1990,2,29, 70}};
```

9.2.3 链表

链表是一种常见的数据结构，是由若干个节点组成的，所谓节点是指由计算机系统分配的一个连续的存储块，每个存储节点由两个部分组成，即数据域与指针域，分别用来存放实际数据和下一个节点的地址，多个节点可以通过指针域中存放的地址串接起来构成链表。一般来说，链表使用"头指针"变量进行描述，如图 9.2 中的 head，它存储着链表第一个节点(首节点)的地址，链表的其余部分由存储节点构成，链表最后一个节点(尾节点)的指针域被设置为空(NULL)，表示链表终止。如果一系列的数据采用链表方式存储，那么给出第一个节点的地址，就可以找到第一个节点，通过该节点指针域的值，又可以找到第二个节点，以此类推，即可找到链表中的其他节点。链表的存储结构如图 9.2 所示。

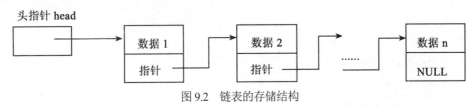

图 9.2 链表的存储结构

链表分为静态链表和动态链表。

1. 静态链表

【例题 9.3】建立一个如图 9.3 所示的 3 个学生电话簿的静态链表。

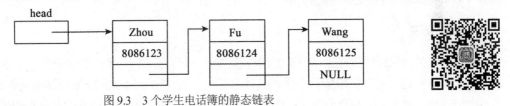

图 9.3 3 个学生电话簿的静态链表

算法分析：声明一个节点结构体类型，其成员包括 name(姓名)、tel(电话号码)、next(指针变量)。将第 1 个节点的起始地址赋给头指针 head，第 2 个节点的地址赋给第 1 个节点的 next 成员，第 3 个节点的起始地址赋给第 2 个节点的 next 成员，第 3 个节点的 next 成员赋值 NULL，就形成了链表。

程序代码：

```
#include <stdio.h>
#include <string.h>
struct node
{
char name[20];
char tel[9];
    struct node *next; //指向结构体数据的指针
};
int main()
{
struct node stud1,stud2,stud3,*head,*p;
    strcpy(stud1.name, "Zhou");   strcpy(stud1.tel,"8086123");
strcpy(stud2.name,"Fu");       strcpy(stud2.tel,"8086124");
strcpy(stud3.name,"Chen");     strcpy(stud3.tel,"8086125");
    head=&stud1;              /*将节点 stud1 的起始地址赋给头指针 head*/
    stud1.next=&stud2;        /*将节点 stud2 的起始地址赋给节点 stud1 的 next 成员*/
```

```
        stud2.next=&stud3;
        stud3.next=NULL;
        p=head;
        do{
    printf("%s  %s\n",p->name,p->tel);      /*输出 p 指向的节点的数据*/
    p=p->next;                              /*p 指向下一个节点*/
        }while(p!=NULL);                    /*数据输完后 p 的值为 NULL*/
  return 0;
}
```

程序运行结果如图 9.4 所示。

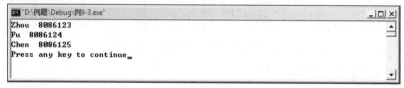

图 9.4　例题 9.3 运行结果

例 9.3 中链表的 3 个节点 stud1、stud2、stud3 都是在程序中定义的，而不是临时开辟的，这种节点串接成的链表称为"静态链表"。

2. 动态链表

动态链表是指在程序执行过程中从无到有建立起一个链表，即一个一个地开辟节点和输入各节点数据，并建立起前后串接的关系。其动态性主要通过节点的动态分配和释放来体现。

C 语言中，动态开辟和释放节点存储空间的过程是通过执行专门的动态内存分配的函数来实现的，最常用的函数是 malloc() 和 free()。

(1) malloc()函数。

函数：void *malloc(unsigned int num_bytes);

功能：分配长度为 num_bytes 字节的内存块；

返回值：如果分配成功则返回指向被分配内存的起始地址，否则，返回空指针 NULL。

(2) free()函数。

函数：void free(void *ptr);

功能：与 malloc()函数配对使用，释放 malloc()函数申请的动态内存。

对于动态链表可以有多种操作，常用的有：建立链表、输出链表中的数据、查找链表中的某个元素、在链表中插入一个元素、从链表中删除一个元素，下面通过几个例子分别介绍这些操作。

(1) 建立链表。建立链表就是根据需要一个一个地开辟新节点，在节点中存放数据并建立节点之间的串接关系。

【例题 9.4】编写函数，完成一个学生电话簿链表的动态创建，并返回链表的头指针。

算法分析：定义 3 个指针变量，即 HEAD、P、Q，分别用来指向头节点、新节点和尾节点。

分析创建第 1 个节点的情况：head 的初值为空，如果输入的姓名不是空串，则用 malloc()

函数开辟第 1 个节点，使 head、p、q 指向它，如图 9.5(a)所示。

分析创建第 2 个节点的情况：如果输入的姓名不是空串，则用 malloc()函数开辟第 2 个节点，p 指向新开辟的节点，q 所指向尾节点的指针域指向新节点，如图 9.5(b)所示。成功后，将 q 指向新的尾节点，如图 9.5(c)所示。

后面操作类似，可以用 while 循环来建立动态链表。

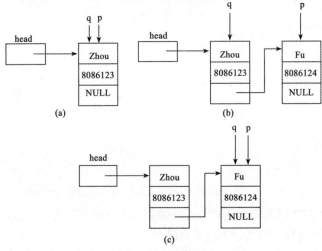

图 9.5　建立动态链表

程序代码：

```c
#include <stdio.h>
#include <stdlib.h>
#include <string.h>
struct node
{
  char name[20];
  char tel[9];
  struct node *next;
};
struct node *create( )
{
  struct node *head=NULL;;
  struct node *p,*q;
  char name[20];
  printf("name: ");
  gets(name);
  while (strlen(name)!=0)            /*  当输入的姓名不是空串循环  */
  {
    p=(struct node *)malloc(sizeof(struct node));      /*  开辟新节点  */
    if (p==NULL)                     /*  如果 p 为 NULL，则新节点分配失败  */
    {
    printf("Allocation failure\n");
      return head;                   /*  结束程序运行  */
    }
    strcpy(p->name,name);            /*  为新节点中的成员赋值  */
```

```
        printf("tel: ");
        gets(p->tel);
      p->next=NULL;
        if (head==NULL)            /* head 为空，表示新节点为第 1 个节点 */
      head=p;                      /* 头指针指向第 1 个节点 */
        else                       /* head 不为空 */
      q->next=p;                   /* 新节点与尾节点相串接 */
        q=p;                       /* 使 q 指向新的尾节点 */
        printf("name: ");
        gets(name);
      }
      return head;
    }
    int main( )
    {
      struct node *head;
      head=create( );
    return 0;
    }
```

(2) 遍历链表。遍历链表就是从首节点开始依次访问链表中的各个节点。

【例题 9.5】 编写函数，遍历学生电话簿链表。

算法分析：定义 2 个指针变量，即 head、p，分别指向首节点和当前节点。
先令 p=head，如果 p 为空就结束，否则就输出首节点中的数据。然后通过
p=p->next;使 p 指向下一个节点，如果下一节点为空就结束，否则输出下一节点
中的数据。后面操作类似，直到输出完最后一个节点中的数据。

程序代码：

```
#include <stdio.h>
#include <stdlib.h>
#include <string.h>
struct node{......}; //例 9.4 中定义的结构体类型
struct node *create( ) {......}    //例 9.4 中的函数
void prlist(struct node *head)
{
  struct node *p=head;
  while (p!=NULL)
  {
    printf("%s\t%s\n",p->name,p->tel);
    p=p->next;
  }
}
int main( )
{
  struct node *head;
  head=create( );
  prlist(head);
return 0;
}
```

程序运行结果如图 9.6 所示。

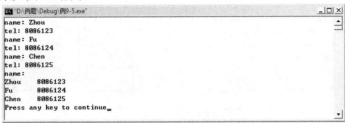

图 9.6 例题 9.5 运行结果

(3) 在链表中添加节点。在链表中添加节点是将一个新节点插入链表中,关键是要寻找插入的位置,然后完成插入操作。

【例题 9.6】编写函数,在学生电话簿链表中插入一个学生的信息。要求将新的信息插入指定的学生信息之前,如果未找到指定学生,则追加在链表尾部。

算法分析:如图 9.7 所示,定义 4 个指针变量,即 HEAD、P、Q、R,分别用来指向首节点、插入位置节点、插入位置的前节点和待插入节点。这里存在两种特殊情况,一种是要插入的位置为首节点位置,另一种是未找到指定位置,直接插入链表尾部。

分析一般情况:q->next=r; r->next=p;在 Fu 同学节点前插入 Zhong 同学节点,如图 9.7(a)和(b)所示。

分析在链表头添加节点情况:head=r; r->next=p;在 Zhou 同学节点前插入 Zhong 同学节点,如图 9.7(c)和(d)所示。

分析在链表尾添加节点情况:q->next=r;在 Chen 同学节点后插入 Zhong 同学节点,如图 9.7(e)和(f)所示。

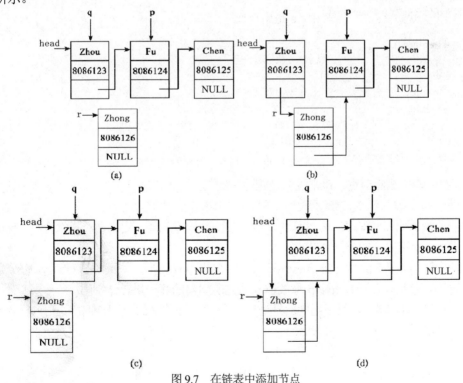

图 9.7 在链表中添加节点

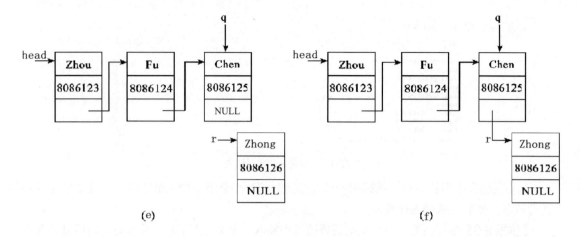

图 9.7　在链表中添加节点(续)

程序代码:

```c
struct node *insert(struct node *head, struct node *r, char *x)
{
struct node *p=head,*q;
while (p!=NULL&&strcmp(x,p->name)!=0)
{
    q=p;
    p=q->next;
}
    if(p==NULL)q->next=r;        //在表尾插入节点
    else if (strcmp(x,p->name)==0)
    {
    if (p==head)
        head=r;                  //在表头插入节点
    else
        q->next=r;               //在表中间插入节点
    r->next=p;
}
    return head;
}
```

(4) 在链表中删除节点。最常见的是删除指定的某中间节点。

【例题 9.7】编写函数，删除学生电话簿链表中指定学生的信息。

算法分析：如图 9.8(a)所示，以删除链表中的 Fu 同学为例，定义两个指针变量，p 指向要删除的节点，q 指向 p 的前一个节点。

删除中间节点情况：执行 q->next=p->next;，如图 9.8(b)所示。由于节点都是动态分配的，所以一旦不再使用，就通过 free(p) 释放掉 p 原先所指向的那一块存储空间。

删除尾节点的情况：如果 p 指向的是最后一个节点，且其 next 域为 NULL，则执行 q->next=p->next;正好把 NULL 赋给了 q->next。

删除头节点的情况：只要执行 head=p->next;就可以实现。

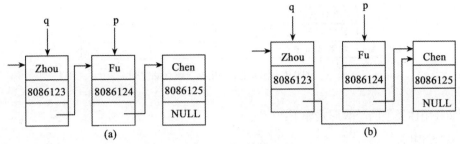

图 9.8　在链表中删除节点

程序代码：

```
struct node *delnode(struct node    *head, char    *x)
{
    struct node *p=head,*q;
    while (p!=NULL &&strcmp(x,p->name)!=0)
{ q=p; p=p->next;}                    //q 指针尾随 p 指针向表尾移动
if (p==NULL)
printf("Not found.");                 //未找到指定的节点
else if (strcmp(x,p->name)==0)
    {
      if (p==head)
       head=p->next;                  //删除头节点
      else
      q->next=p->next;                //删除中间或尾节点
free(p);                              //释放被删除的节点
    }
    return head;
}
```

这里我们只列出了关键程序代码，大家可以参考本节其他例子中给出的代码将程序补充完整并进行测试。

9.3　共用体的概念

9.3.1　共用体类型的定义

共用体是多个成员数据共用同一段内存空间。这些分配在同一段内存空间的不同数据在存储时采用相互覆盖的技术。例如：如果有一个整型变量、一个字符型变量、一个实型变量在程序中不同时使用，则可把这 3 个变量放在同一个地址开始的内存空间中，由于这 3 个变量各自占据的内存空间的字节数都不相同，但又要从同一个内存地址开始存放，所以它们之间只能是互相覆盖，系统将保留最后一次赋值的变量的内容，并且这个内存存储空间的长度以这 3 个变量中所需存储空间最大的为准，即整型和实型变量所需的 4 个字节，如图 9.9 所示。这种使不同变量共用同一段内存空间的结构称为共用体类型结构。

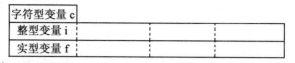

字符型变量 c			
整型变量 i			
实型变量 f			

图9.9 不同变量共用同一段存储空间

定义共用体类型的一般形式如下：

```
union  共用体名
{
    成员名表;
};
```

例如，定义如图9.9所示的共用体类型结构如下：

```
union data
{
    char c ;
    int i ;
    float f ;
};
```

即定义一个共用体类型，包含3个成员，分别为字符型成员 c、普通整型成员 i、单精度实型成员 f。

9.3.2　共用体类型变量的定义

共用体类型变量的定义方式与结构体类型变量的定义方式相同，也有3种形式，具体如下。

1. 先定义共用体类型，再定义共用体变量

一般形式如下：

```
union data
{
    char c ;
    int i ;
    float f ;
};
union data a,b;
```

2. 在定义共用体类型的同时定义共用体变量

一般形式如下：

```
union data
{
    char c ;
    int i ;
    float f ;
} a,b;
```

3. 在定义共用体类型时省略共用体名，直接定义共用体变量

一般形式如下：

```
union
{
    char c ;
    int i ;
    float f ;
} a,b;
```

从以上形式可以看出，"共用体"与"结构体"的定义形式相似，但是它们的含义是完全不相同的。结构体变量所占用的内存空间长度是结构体类型中所有成员占据内存空间的长度之和，结构体变量中的每个成员分别拥有自己的内存空间。而共用体变量所占用的内存空间长度是所有成员中占据内存空间最大的成员的存储空间长度。例如，共用体类型 union data 的两个共用体变量 a 和 b 的长度都是 4 个字节，即取 c、i 和 f3 个成员中占据内存空间最大的成员长度作为该共用体变量的长度，而且共用体变量中的各个成员共用同一个起始地址的内存存储区。

注意：可以对共用体变量初始化，但初始化表中只能有一个常量。例如：

```
union data a={'a',1,1.5}; //错误
union data a={97}; //正确，对第 1 个成员初始化
```

9.3.3　共用体类型变量的引用

共用体变量也要先定义，后引用，定义了共用体变量之后，也可以引用该变量和变量的成员。引用共用体变量成员的方法与引用结构体变量成员一样，有 3 种形式，具体如下。

共用体变量名. 共用体成员名

共用体指针变量名->结构体成员名

(*共用体指针变量名). 结构体成员名

例如：

```
int main()
{
  union data
  {
    int x;
    char c[2];
  } a;
  a.c[0]=2;
  a.c[1]=1;
  printf("%0x",a.x);
return 0;
}
```

其中，a.x 表示引用共用体变量 a 中的整型变量成员 x，程序可以输出 a.x 的值 $(cccc0102)_{16}$。分析结果，并确定内存单元的分配情况。

【例题 9.8】设计一个教师与学生通用的表格，教师数据包括姓名、号码、

性别、职业、职务,学生数据包括姓名、号码、性别、职业、班级,如表 9.4 所示。要求只定义一个结构体来存放这两类人员的数据,然后输出。

表9.4 学生/教师的基本情况

num	name	sex	job	class(班级) / position(职务)	
s0001	ZhaoYi	F	S	2402	
s0002	QianEr	M	S	2101	
s0003	SunSan	M	S	2203	
t0001	LiuDa	F	T	lecturer	
t0002	WangWu	M	T	professor	

算法分析:表 9.4 中的第 5 列学生数据的 class(班级)和教师数据的 position(职务)类型不同,但可以用共用体来处理,即将 class 和 position 放在同一段内存中。

程序代码:

```c
#define N 5
#include<stdio.h>
struct
{
    char num[6];
    char name[10];
    char sex;
    char job;
    union data
    {
        char classno[5];
    char position[10];
    }category;
}person[N];
int main()
{
    int i=0;
    for(i=0;i<N;i++)
    {
    printf("please input num name sex job class or position:\n");
        scanf("%s%s %c %c",person[i].num,person[i].name,&person[i].sex,&person[i].job);
//这里全部用 scanf()函数来完成数据的提取
    if(person[i].job == 'S')
        scanf("%s", person[i].category.classno);
    else if(person[i].job == 'T')
        scanf("%s", person[i].category.position);
    else
        printf("Input error!");
    }
    printf("No name sex job class/position\n");
    for(i=0;i<N;i++)
    {
```

```
    if (person[i].job == 'S')
        printf("%-6s%-10s%-4c%-4c%-10s\n",person[i].num, person[i].name,
               person[i].sex, person[i].job, person[i].category.classno);
    else
        printf("%-6s%-10s%-4c%-4c%-10s\n",person[i].num, person[i].name,
               person[i].sex, person[i].job, person[i].category.position);
    }
    return 0;
}
```

程序运行结果如图 9.10 所示。

```
[CW] "D:\例题\Debug\例9-8.exe"                              _|□|×|
please input num name sex job class or position:
s0001 ZhaoYi F S 2402
please input num name sex job class or position:
s0002 QianEr M S 2101
please input num name sex job class or position:
S0003 SunSan M S 2203
please input num name sex job class or position:
t0001 LiuDa F T lecturer
please input num name sex job class or position:
t0002 WangWu M T professor
No      name        sex job class/position
s0001 ZhaoYi      F    S    2402
s0002 QianEr      M    S    2101
S0003 SunSan      M    S    2203
t0001 LiuDa       F    T    lecturer
t0002 WangWu      M    T    professor
Press any key to continue_
```

图 9.10　例题 9.8 运行结果

9.4　程序设计举例

【例题 9.9】设某组有 4 个人，填写如表 9.5 所示的登记表，要求：输入登记表数据，计算每个学生的三科平均成绩，计算所有学生的单科平均成绩，将登记表中的学生按三科平均成绩由高分到低分进行排序，最后按表格效果输出登记表中信息。

表 9.5　登记表

Number	Name	English	Math	Physics	Average
1	LiPing	78	98	76	
2	WangLin	66	90	86	
3	JiangBo	89	70	76	
4	Yangming	90	100	67	

算法分析：采用模块化编程方式，将问题进行分解如下。

(1) 结构体类型数组元素的输入。

(2) 计算各学生的三科平均成绩。

(3) 按学生的三科平均成绩对数组元素排序。

(4) 按表格效果输出所有数组元素。

(5) 计算数组中所有学生的单科平均成绩并输出。

程序代码：

```c
#include <stdlib.h>
#include <stdio.h>
struct stu
{
    char number[10];
  char name[20];
    float score[4]; /*数组依次存放 English、Math、Physics 及 Average*/
} ;
/*函数功能：完成结构体类型数组元素的输入*/
void input(struct stu arr[],int n)
{
  int i,j;
  char temp[4];
    for (i=0;i<n;i++)
    {
        printf("input number, name,English,math,physic\n");
        gets(arr[i]. number);    //这里全部用 gets()函数来完成数据的提取
    gets(arr[i].name);
        for(j = 0; j < 3; j++)
        {
            gets(temp);
            arr[i].score[j]=atof(temp);   //atof( )函数功能——把字符串转换成浮点型数
        }
    }
}
/*函数功能：求数组中各个学生的三科平均成绩*/
void aver(struct stu arr[],int n)
{
    int i,j;
    for(i=0;i<n;i++)
    {
        arr[i].score[3] = 0;
        for(j=0;j<3;j++)
            arr[i].score[3]=arr[i].score[3]+arr[i].score[j];
        arr[i].score[3]=arr[i].score[3] /3;
    }
}
/*函数功能：按平均成绩排序，排序算法采用冒泡法*/
void order(struct stu arr[],int n)
{
    struct stu temp;
    int i,j;
    for(i = n-1; i >0; i--)
        for( j = 0; j <i; j++)
            if (arr[j].score[3]<arr[j+1].score[3])
            {
```

```
                        temp=arr[j];
                        arr[j]=arr[j+1];
                        arr[j + 1] = temp;
                    }
}
/*函数功能：按表格效果输出*/
void output(struct stu arr[],int n)
{
        int i,j;
printf("***************************TABLE***************************\n");
        printf("------------------------------------------------------------\n");
        printf("|%10s|%20s|%7s|%7s|%7s|%7s\n","Number","Name","English", "Mathema","physics","average");
        printf("------------------------------------------------------------\n");
        for (i=0;i<n;i++)
        {
            printf("|%10s|%20s|", arr[i].number,arr[i].name);
            for(j=0;j<4;j++)
          printf("%7.2f",arr[i].score[j]);
            printf("\n------------------------------------------------------------\n");
        }
}
/*函数功能：在输出表格的最后一行，输出单科平均成绩及总平均成绩*/
void out_row(struct stu arr[],int n)
{
        float row[4]={0,0,0,0};/*定义存放单项平均的一维数组*/
        int i,j;
        for( j = 0; j < 4;j++)
        {
            for(i=0; i<n; i++)
          row[j] = row[j] + arr[i].score[j]; /* 计算单项总和*/
            row[j]=row[j]/n; /* 计算单项平均*/
        }
        printf("|%10c|%20c|",' ',' ');
        for (i=0;i<4;i++)
        printf("%7.2f",row[i]);
        printf("\n------------------------------------------------------------\n");
}
int main( )
{   struct stu stud[4]; /* 定义结构体数组*/
    input(stud, 4);
    aver(stud,4);
    order(stud,4);
    output(stud, 4);
    out_row(stud,4);
return 0;
}
```

程序运行结果如图 9.11 所示。

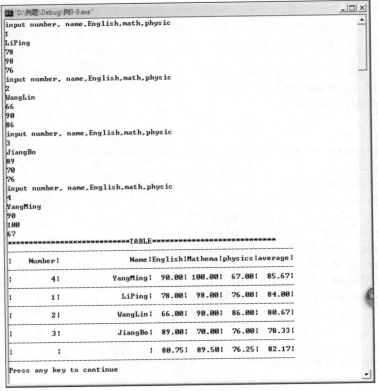

图 9.11　例题 9.9 运行结果

程序说明：

(1) 程序中要谨慎处理以数组名做函数的参数。数组名实际上是数组的首地址，在形参和实参结合时，传递给子程序的就是数组的首地址。形参数组的大小不用定义，系统编译时会将其编译为指针类型。

(2) 在定义的结构体内，成员 score [3]用于表示计算的平均成绩，也是我们用于排序的依据。我们无法用结构体数组元素进行相互比较，而只能用结构体数组元素的成员 score[3]进行比较。在需要交换的时候，用数组元素的整体包括姓名、学号、三科成绩及平均成绩进行交换。在程序 order()函数中，比较采用 arr[j].score[3]<arr[j+1].score[3]，而交换则采用 arr[j]<—> arr[j+1]。

【例题 9.10】已定义结构体 time 和共用体 dig，其结构如下，通过代码输出共用体成员的值，分析其在内存的存储情况。

```
struct time
{                                   union dig
                                    {
    int year; /*年*/                struct time data;
    int month;/*月*/                char byte[6];
    int day; /*日*/                 } ;
};
```

程序代码：

```
#include <stdio.h>
struct time
```

```
    {
        int year; /*年*/
        int month; /*月*/
        int day; /*日*/
    } ;
    union dig
    {
        struct time data; /*嵌套的结构体类型*/
        char byte[6];
    } ;
    int main( )
    {
        union dig unit;
        int i;
        printf("enter year:\n");
        scanf("%d",&unit.data.year); /*输入年*/
        printf("enter month:\n");
        scanf("%d",&unit.data.month); /* 输入月*/
        printf("enter day:\n");
        scanf("%d",&unit.data.day); /*输入日*/
        printf("year=%d month=%d day=%d\n",unit.data.year,unit.data.month,unit.data.day);
        for(i=0;i<6;i++)
            if(i==5)printf("%d",unit.byte[i]); /*以十进制输出 byte 数组元素值*/
            else printf("%d,",unit.byte[i]);
            printf("\n");
            return 0;
    }
```

程序运行结果如图 9.12 所示。

图 9.12　例题 9.10 运行结果

由于共用体成员 data 包含 3 个整型的结构体成员，各占 4 个字节。而数组成员个数为 6，各占 1 个字节，所以整个共用体类型需占存储空间 12 个字节，即共用体 dig 的成员 data 与 byte 共用这 12 个字节的存储空间。

从程序的输出结果来看，2012 占 4 个字节，构成 byte 数组的前 4 个元素，6 同样占 4 个字节，其中两个字节构成 byte 数组的后两个元素。具体的内存存储分配如表 9.6 所示。

表 9.6　具体的内存存储分配

十进制	二进制				数组元素
2012	00000000	00000000	00000111	11011100	byte[3] byte[2] byte[1] byte[0]
6	00000000	00000000	00000000	00000110	byte[5] byte[4]

本章小结

结构体与共用体是 C 语言中两个重要的构造数据类型：前者将不同类型的数据组合成一个整体加以处理，能直观地反映问题域中数据之间的内在关系；后者允许多个变量占用同一段内存，有利于提高内存利用率。通过本章的学习，要理解和掌握这两种数据类型的作用及其用法。要理解链表的概念，更重要的是能熟练使用结构体与指针对链表进行处理。

(1) 结构体能将具有内在联系的不同类型的数据组合成一个整体，它由若干成员组成，成员的类型可以互不相同，具体由用户根据需要定义。

使用结构体必须事先定义好结构体类型，并对结构体变量进行声明；之后可通过结构体变量使用成员运算符或指向运算符对结构体的各个成员进行访问。

结构体数组是指该数组中的每个数据元素都是一个结构体变量，且这些元素都具有相同的结构体类型。

(2) 链表是一种物理存储单元上非连续、非顺序的存储结构，数据元素的逻辑顺序是通过链表中的指针链接次序实现的。链表由一系列节点组成，每个节点包括两个部分：一个是存储数据元素的数据域，另一个是存储下一个节点地址的指针域。链表分静态链表和动态链表。

① 静态链表。利用定义好的结构体变量构成的链表称为静态链表，它通常用于链表长度固定且长度有限的情况。此类链表所占用的存储空间由系统在编译时自动分配，直到程序执行完毕后方能由系统释放，无法在程序的执行过程中进行动态的存储分配。

② 动态链表。在程序执行过程中，通过动态存储分配函数动态开辟节点从而形成的链表称为动态链表。链表由头节点、尾节点及若干中间节点组成。每个节点都是一个结构体类型的数据，其中包括数据域和指针域两部分，本书所涉及的链表中，各节点的指针域只含有一个指向后继节点的指针。

(3) 共用体使用覆盖技术，使得若干类型相同或不同的变量可以占用同一段内存。这有利于提高内存利用率，在内存资源相对紧张的情况下是一种重要的技术。

习题 9

1. 选择题

(1) 设有以下说明语句：

```
struct ex
{   int x;
    float y;
    char z;
}example;
```

则下面的叙述中不正确的是(   )。

A．struct 是结构体类型的关键字　　B．example 是结构体类型名

C．x、y、z 都是结构体成员名　　　　D．struct ex 是结构体类型

316

(2) 当定义一个结构体变量时，系统分配给它的内存是(　　)。

    A．各成员所需内存量的总和　　　　B．变量中第一个成员所需的内存量

    C．成员中占内存量最大者所需的容量　D．变量中最后一个成员所需的内存量

(3) 有如下定义：

```
union data
{
int     i;
  char   c;
      floata;
}test;
```

则 sizeof(test)的值是(　　)。

    A．4　　　　　　　　B．5　　　　　　　C．6　　　　　　　D．7

(4) 有如下的结构体类型定义和结构体变量定义，其中正确的结构体成员形式是(　　)。

```
struct   ss
{
  char x[10];
   float y;
};
struct ss abc={"hi", 123.456};
```

    A．ss.abc.y　　　　　B．abc.x[0]　　　　C．ss.abc.x　　　　D．abc.x[]

(5) 根据下面的定义，能输出字母 M 的语句是(　　)。

```
struct person
{
  char name[9];
   int age;
};
struct person class[10]={{"John",17},{"Paul",19},{"Mary",18},{"Adam",16}};
```

    A．printf("%c\n", class[3].name);　　　　B．printf("%c\n",class[3].name[1]);

    C．printf("%c\n",class[2].name[1]);　　　　D．printf("%c\n",class[2].name[0]);

(6) 已知学生记录描述为：

```
struct student
{
    int    no;
    char   name[20];
    char   sex;
    struct date
    {
      int   year;
      int   month;
      int   day;
}birth;
};
struct student s;
```

设变量 s 中的"生日"是"1991 年 11 月 11 日",则下列对"生日"的正确赋值方式是(　　)。

  A．year = 1991;month = 11;day = 11;

  B．birth.year = 1991;birth.month = 11;birth.day = 11;

  C．s.year = 1991;s.month = 11; s.day = 11;

  D．s.birth.year = 1991;s.birth.month = 11;s.birth.day = 11;

(7) 若有以下定义和语句:

```
struct student
   {
      int age;
      int num;
   }std, *p;
p=&std;
```

则对结构体变量 std 中成员 age 的引用方式不正确的是(　　)。

  A．std.age   B．p->age   C．(*p).age   D．*p.age

(8) 若有以下定义和语句:

```
struct student
{
   int num;
   int age;
};
struct student stu[3]={{1001,20},{1002,19},{1003,21}};
struct student *p = stu;
```

则以下引用形式非法的是(　　)。

  A．(p++)->num B．p++   C．(*p).num   D．p=&stu.age

(9) 若已建立下面的链表,指针变量 p、s 分别指向图 9.13 中所示的节点,则不能将 s 所指节点插入链表尾的语句组是(　　)。

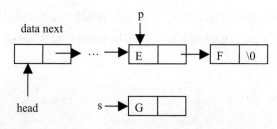

图 9.13　p、s 在链表中的指向

  A．s->next=NULL;p=p->next;p->next=s;

  B．p=p->next;s->next=p->next;p->next=s;

  C．p->next=s; s->next=p->next;p=p->next;

  D．p=(*p).next;(*s).next=(*p).next;(*p).next=s;

(10) 以下是对 C 语言中共用体类型数据的叙述,正确的是(　　)。

  A．可以对共用体变量名直接赋成员值

　B.　一个共用体变量中可以同时存放其所有成员

　C.　一个共用体变量中不能同时存放其所有成员

　D.　共用体类型定义中不能出现结构体类型的成员

2. 填空题

(1) 若有下面的定义：

```
struct
{
  int x;
  int y;
}s[2]={{1,2},{3,4}},*p=s;
```

则表达式++p->x 的值为_____，表达式(++p)->x 的值为_____。

(2) 为了建立如图 9.14 所示的链表，请填写节点的正确描述形式。

图 9.14　链表的节点

```
struct node
  {
     intdata;
     _____;
  };
```

(3)　已知 head 指向一个带头节点的单向链表，链表中每个节点包含数据域(data)和指针域(next)，数据域为整型。下面的 sum()函数是求出链表中所有节点数据域值的和，作为函数值返回。请填空完善程序。

```
struct link
  {
    int data;
    struct link *next;
  }
main()
  {
    struct link *head;
      int s;
    ⋮
    s=sum(head);
    ⋮
  }
int sum(    )
  {
    struct link *p;
    int s=0;
    p=head->next;
    while(p)
      {
```

```
        s+=    ;
        p=    ;
    }
  return(s);
}
```

(4) 设有共用体类型和共用体变量定义如下：

```
union Utype
{
    char ch;   int n;   long m;
    float x;   double y;
};
union Utype un;
```

假定 un 的地址为 ffca，则 un.n 的地址是_____，un.y 的地址是_____。执行赋值语句 un.n=321;后，再执行语句 printf("%c\n",un.ch);，其输出值是_____。(提示：321D=101000001B)

3. 代码设计题

(1) 定义一个包括年、月、日的结构体。输入一个日期，计算该日在当年中是第几天。

(2) 有 10 个学生，每个学生的数据包括学号、姓名、3 门课程的成绩。从键盘输入 10 个学生的数据，要求输出 3 门课程的总平均成绩，以及最高分的学生的学号、姓名、3 门课程成绩、平均分数。

(3) 有两个链表 a 和 b，设链表节点中的数据信息包括学号和姓名，要求编程从 a 链表中删去与 b 链表中有相同学号的节点。

(4) n 个人围成一圈，从第 1 个人开始顺序报号 1、2、3，凡报到 3 者退出圈子。用链表找出最后留在圈子中的人原来的序号。

【实验9】结构体和共用体

1. 实验目的

(1) 掌握结构体类型在实际应用中的使用方法和技巧。

(2) 掌握用结构体建立链表的方法及链表的基本操作。

(3) 强化编程训练，提高逻辑思维能力。

2. 实验预备

(1) 结构体类型变量的定义和使用。

(2) 结构体类型数组的概念和使用。

(3) 链表的概念和基本操作。

3. 实验内容

(1) 编写程序 1：有 10 个学生，每个学生的数据包括学号、姓名、3 门课程的成绩。从键盘输入 10 个学生的数据，要求输出 3 门课程的总平均成绩，以及最高分的学生的学号、姓名、3 门课程成绩、平均分数。

(2) 编写程序 2：有两个链表 a 和 b，设链表节点中的数据信息包括学号和姓名，要求编程从 a 链表中删去与 b 链表中有相同学号的节点。

4. 实验提示

(1) 在 D 盘下建立"学号姓名实验9"的文件夹，启动 Visual C++ 6.0，建立程序源文件，其放置位置为"学号姓名实验 9"文件夹。

(2) 编辑 C 语言源程序。

程序 1 代码：

```
#include <stdio.h>
#include <stdlib.h>
#define N 10
struct student
{
 char stuNum[20]; //学生学号
 char stuName[20]; //学生姓名
 int stuscore[4]; //学生 3 门课成绩及平均分数
};
int main()
{
 int i,j;
 student stu[N];
 int aver=0;
 for(i=0; i<N; i++)
 {
  printf("请输入第%d 个学生学号：", i + 1);
  scanf("%s", stu[i].stuNum);
  printf("请输入第%d 个学生姓名：", i + 1);
  scanf("%s", stu[i].stuName);
  printf("请输入第%d 个学生的 3 门课程成绩：", i + 1);
  for(j=0; j<3; j++)
scanf("%d", &stu[i].stuscore[j]);
stu[i].stuscore[3]=(stu[i].stuscore[0]+stu[i].stuscore[1]+stu[i].stuscore[2])/3;
  aver+=stu[i].stuscore[3];
 }
 printf("3 门课程的总平均成绩： %d\n",aver/3);
 int max=0,maxi;
 for(i=0;i<N;i++)
 {
   if(stu[i].stuscore[3]>max)
   {
    max=stu[i].stuscore[3];
     maxi=i;
   }
 }
 printf("最高分学生\n 学号:%s\n 姓名:%s\n3 门课程成绩:%d %d %d\n 平均分数:%d",
   stu[maxi].stuNum,stu[maxi].stuName,stu[maxi].stuscore[0],stu[maxi].stuscore[1],stu[maxi].stuscore[2],stu[maxi].s
tuscore[3]);
 }
```

程序 2 代码：

```
#include <stdio.h>
#include <string.h>
#include <malloc.h>
struct student
```

```
{
  int num;
  char name[10];
  struct student *next;
};
struct student *creat()
{
  struct student *head,*p,*q;
  p =(struct student *)malloc(sizeof(struct student));
  head = NULL;
  printf("请输入学生学号和姓名(输入学号 0 和姓名 0 停止接收数据):");
  scanf("%d%s",&p->num,&p->name);
  while(!(p->num == 0 && strcmp(p->name,"0")==0))
  {
    if(head == NULL)
      head = p;
    else
      q->next=p;
    q=p;
    p=(struct student *)malloc(sizeof(struct student));
    printf("请输入学生学号和姓名(输入学号 0 和姓名 0 停止接收数据):");
    scanf("%d%s",&p->num,&p->name);
  }
  q->next=NULL;
  return head;
}
struct student *del(struct student *head_a,struct student *head_b)
{
  struct student *p,*q,*t;
  p=q=head_a;
  if(head_b == NULL)
    return head_a;
  while(p!=NULL)
  {
    t=head_b;
    while(t->next!=NULL&&(t->num!=p->num))
      t=t->next;
    if(t->num==p->num)
    {
      if(p==head_a)
      {
        head_a=p->next;
        free(p);
        q=p=head_a;
      }
      else
      {
        q->next=p->next;
        free(p);
        p=q->next;
```

```
            }
         }
        else
         {
           q=p;
           p=p->next;
         }
     }
   return head_a;
}
void print(struct student *head)
{
   struct student *p;
   p = head;
   while(p!=NULL)
    {
      printf("%d %s\n",p->num,p->name);
      p=p->next;
    }
}
int main()
{
   struct student *head,*head_a,*head_b;
   printf("********初始化链表 a********\n");
   head_a=creat();
   printf("********输出链表 a********\n");
   print(head_a);

   printf("********初始化链表 b********\n");
   head_b=creat();
   printf("********输出链表 b********\n");
   print(head_b);

   printf("********从 a 链表中删去与 b 链表中有相同学号的节点********\n");
   head=del(head_a,head_b);
   print(head);
   return 0;
}
```

(3) 当编辑完成源程序后，分别对其进行编译、连接和运行，分析其结果是否符合题目要求，符合后则对 C 语言源程序加上注释。

5．实验报告

(1) 写出算法分析的描述。

(2) 写出实验过程的基本步骤。

(3) 写出实验过程中遇到问题的解决方法。

第 10 章

文　件

【学习目标】

1. 掌握 C 语言文件的基本知识。
2. 熟练使用常用的文件处理函数。

10.1　文件的概述

文件是程序设计中的一个重要概念。大家知道，在程序运行时，程序本身和数据一般都存放在内存中。当程序运行结束后，存放在内存中的数据将被释放。如果需要长期保存程序运行所需的原始数据或程序运行产生的结果，就必须将数据以文件形式存储到外部存储介质上。因此"文件"一般指存储在外部介质上的数据的集合。

操作系统是以文件为单位对数据进行管理的。也就是说，如果想找存储在外部介质上的数据，必须先按文件名找到所指定的文件，然后再从该文件中读取数据到内存。要向外部介质上存储数据也必须先建立一个以文件名为标识的文件，才能将内存中的数据输出到文件。为标识一个文件，每个文件都必须有一个文件名，其一般结构为：

主文件[.扩展名]

文件命名规则必须遵循相关操作系统的约定。在 Microsoft Windows 中，有以下的约定。

(1) 文件名不得超过 255 字符。

(2) 文件名必须以字母或数字开头。它可以包含大小写字符(文件名不分大小写)，但以下的字符除外：英文双引号(")、英文单引号(')、斜杠(/)、反斜杠(\)、冒号(:)、垂直条(|)。

(3) 文件名可以包含空格。

(4) 名称 CON、AUX、COM1、COM2、COM3、COM4、LPT1、LPT2、LPT3、PRN、NUL 保留，并且不能用在文件或目录上，也不能使用以上名称+"."作为文件名的开头部分，如"CON.ABC.TXT"是不允许的。

10.1.1　文件的分类

我们可以从不同的角度对文件进行分类。

(1) 从用户的角度来看,分为普通文件和设备文件。普通文件是指驻留在磁盘或其他外部介质上的一个有序数据集。设备文件是指与主机相连的各种外部设备,如显示器、打印机、键盘等。在操作系统中,外部设备都被看作一个文件来进行管理,它们的输入、输出等同于对磁盘文件的读和写。通常把显示器定义为标准输出文件,相关函数有 printf()、putchar()等。键盘通常被指定为标准输入文件,相关函数有 scanf()、getchar()等。

(2) 根据文件的内容,可分为程序文件和数据文件,程序文件又可分为源文件、目标文件和可执行文件。

(3) 根据文件的组织形式,可分为顺序存取文件和随机存取文件。

(4) 根据文件的存储形式,可分为 ASCII 码文件和二进制文件。

ASCII 码文件又称为文本(text)文件,这种文件将所有的数据当成字符,因此,在外部介质上进行存储时,一个字节存放一个字符的 ASCII 码。ASCII 码文件一般占用存储空间较多,而且要花费转换时间(二进制与 ASCII 码之间的转换)。例如,ASCII 码文件会将整数 13579 当成由'1'、'3'、'5'、'7'和'9' 5 个字符构成的,然后按照 ASCII 码保存到文件中,一共要用 5 个字节,每个字节存放对应字符的 ASCII 码,其存储形式如图 10.1 所示。

| 00110001 | 00110011 | 00110101 | 00110111 | 00111001 |

图 10.1　文本文件中 13579 的存储

二进制文件是把内存中的数据,原样输出到磁盘文件中,这可以节省存储空间和转换时间,但 1 个字节并不对应 1 个字符,不能直接输出字符形式。例如,若一个整数 13579 在内存中的存储形式为 0011010100001011,则在二进制文件中的存储形式如图 10.2 所示。

| 00110101 | 00001011 |

图 10.2　二进制文件中 13579 的存储

大家都知道计算机的存储在物理上是二进制的,所以文本文件与二进制文件的区别并不是物理上的,而是逻辑上的。这两者只是在编码层次上有差异。简单来说,文本文件是基于字符编码的文件,其编码方式属于定长编码。二进制文件是基于值编码的文件,其编码方式属于变长编码。文件的存储与读取基本上是一个逆过程,而二进制文件与文本文件的存取相似,只是编/解码方式不同而已。

无论是文本文件还是二进制文件,C 语言都将其看作一个数据流,即文件是由一串连续的、无间隔的字节数据构成,处理数据时不考虑文件的性质、类型和格式,只是以字节为单位对数据进行存取。

10.1.2　文件的缓冲区

在过去使用的 C 语言版本中,有两种对文件的处理方法:缓冲文件系统和非缓冲文件系统。

1. 缓冲文件系统

在缓冲文件系统中,系统自动在内存中为每个正在使用的文件开辟一个缓冲区,缓冲区相当于一个中转站,缓冲区的大小由各个具体的 C 编译系统确定,其大小一般为 512 字节。文件的存取都是通过缓冲区进行的,从内存向磁盘输出数据必须先送到内存中的缓冲区,装满缓冲区后才一起送到磁盘中。如果从磁盘向计算机读入数据，则从磁盘文件一次将一批数据输入内存缓冲区(充满缓冲区)，然后再从缓冲区逐个地将数据送到程序数据区(给程序变量)，如图10.3所示。设置缓冲区可以减少对磁盘的实际访问(读/写)次数，提高程序执行的速度，但是占用了一块内存空间。

图 10.3　缓冲文件系统对文件的处理方法

2. 非缓冲文件系统

在非缓冲文件系统中，数据存取直接通过磁盘，并不会先将数据放到一个较大的空间。系统不会自动地为所打开的文件开辟缓冲区，缓冲区的开辟是由程序完成的。

在老版本的 C 语言中，缓冲文件系统用于处理文本文件，而非缓冲文件系统用于处理二进制文件。

通过扩充缓冲文件系统，ANSI C 使缓冲文件系统既能处理文本文件，又能处理二进制文件。因此，ANSI C 只采用缓冲文件系统，而不再使用非缓冲文件系统。本章中所指的文件系统都默认为缓冲文件系统。

10.1.3　文件的存取方式

在 C 语言中有两种对文件的存取方式：顺序存取和随机存取。

(1) 顺序存取文件的特点是：对文件进行读写操作时，必须按固定的顺序从头至尾地读或写，不能跳过文件之前的内容而对文件后面的内容进行访问或操作。

(2) 随机存取文件的特点是：只要使用 C 语言的库函数指定开始读或写的位置，那么在该位置上直接读或写即可，这种操作不需要按数据在文件中的物理位置次序进行读或写，而是可以随机访问文件中的任何位置，显然这种方法比顺序存取文件效率高得多。

10.1.4　文件类型的指针

缓冲文件系统中，关键的概念是"文件指针"，缓冲文件系统通过文件指针访问文件。每个被使用的文件都在内存中开辟一个缓冲区，用来存放文件的有关信息，如文件名、文件状态和文件当前位置等信息。FILE 是系统定义的一个结构体类型，VC++ 6.0 中对 FILE 结构的定义放在 stdio.h 文件中，定义如下：

```
struct _iobuf
{
char *_ptr; //文件输入的下一个位置
int _cnt; //当前缓冲区的相对位置
char *_base; //指基础位置(即是文件的起始位置)
int _flag; //文件标志
```

```
int _file; //文件的有效性验证
int _charbuf; //检查缓冲区状况，如果无缓冲区则不读取
int _bufsiz; //文件的大小
char *_tmpfname; //临时文件名
};
typedefstruct _iobufFILE;
```

可以用 FILE 来定义结构体变量，存放文件的信息，如 FILE p，也可以用 FILE 来定义结构体指针变量，如 FILE *fp。通常把 FILE*类型的变量称为指向一个文件的指针变量或称为文件类型的指针变量，简称文件指针。在这里，fp 就是一个文件类型的指针变量，通过 fp 可以找到存放某个文件信息的结构体变量，然后按结构体变量提供的信息找到该文件，实施对文件的操作。

10.2 文件的常用操作

在 C 语言中，文件的基本操作都是由标准输入输出库函数来完成的。下面我们主要对其中的文件操作库函数的使用进行介绍，它们都是在头文件 stdio.h 中定义的。

10.2.1 文件的打开与关闭

对文件进行读写操作之前，需要打开文件；对文件读写操作完毕之后，需要关闭文件。就像一个抽屉，不管是往里面放东西，还是取东西，都需要先把抽屉打开；而放完或取完东西之后，都需要关闭抽屉。

通常在使用文件操作的时候，一般都是在打开文件的同时指定一个指针变量指向该文件，实际上就是建立起指针变量与文件之间的联系，接着就可以通过指针变量对文件进行操作了。操作完毕后关闭文件就是撤销指针变量与文件之间的关联关系，这样就无法通过指针来操作文件了。

1. 文件的打开函数：fopen()

函数格式：FILE * fopen(char * filename, char * mode);

函数功能：字符串 filename 代表需要被打开文件的名称；字符串 mode 用来指定文件类型和操作要求。若文件成功打开，则返回指向该文件流的文件指针，否则，返回 NULL。

其中，文件类型表示打开的文件是文本文件还是二进制文件，操作要求表示文件是以只读方式打开、读写方式打开还是追加方式打开。例如，以只读方式打开文本文件 data1 的语句如下：

```
FILE* fp;
fp=fopen("data1.txt ","rt");
```

其中，rt 代表以只读方式打开文本文件，可以简写为 r。若文件不在默认目录下，则需要在文件名中指定文件路径。例如，data1 不在默认路径下，而是在 C 盘根目录下，则打开文本文件 data1 的语句如下：

```
FILE* fp;
fp=fopen("c:\\ data1.txt ","rt");
```

fopen()函数的返回值是一个文件指针。上例中，fopen()函数返回的指向 data1 文件的指针被赋值给 fp，这样 fp 就和文件 data1 相关联了，通常也称 fp 指向了文件 data1。

使用文件的方式有多种选择，如表 10.1 所示。

表 10.1　使用文件的方式

文件使用方式的种类	文件类型	操作要求
"rt"	打开一个文本文件	对文件进行读操作
"wt"	打开一个文本文件	对文件进行写操作
"at"	打开一个文本文件	在文件末尾追加数据
"rb"	打开一个二进制文件	对文件进行读操作
"wb"	打开一个二进制文件	对文件进行写操作
"ab"	打开一个二进制文件	在文件末尾追加数据
"rt+"	打开一个文本文件	对文件进行读/写操作
"wt+"	打开一个文本文件	对文件进行读/写操作
"at+"	打开一个文本文件	对文件进行读操作和末尾追加数据的操作
"rb+"	打开一个二进制文件	对文件进行读/写操作
"wb+"	打开一个二进制文件	对文件进行读/写操作
"ab+"	打开一个二进制文件	对文件进行读操作和末尾追加数据的操作

对文件的使用方式有一些细节需要说明，具体如下。

(1) 文件使用方式由操作方式和文件类型组成。

(2) 操作方式有 r、w、a 和+ 4 个可供选择，各字符的含义是：r(read)表示读；w(write)表示写；a(append)表示追加；+表示读和写。

(3) 文件类型有 t 和 b 可供选择，t(text)表示文本文件，可省略不写；b(binary)表示二进制文件。

(4) 用 r 打开一个文件时，只能读取文件内容，并且被打开的文件必须已经存在，否则会出错。

(5) 用 w 打开一个文件时，只能向该文件写入；若打开的文件已经存在，则将该文件删除，重建一个新文件；若打开的文件不存在，则以指定的文件名建立该文件。

(6) 若要向一个文件追加新的信息，只能用 a 方式打开文件，此时，若文件存在则打开文件，若文件不存在则新建文件。

(7) 在打开一个文件时，如果出错，fopen()函数将返回一个空指针值 NULL。

程序应该始终检查 fopen()函数的返回值！如果函数失败，则会返回一个 NULL 值。如果程序不检查错误，则 NULL 指针就会传递给后续的操作函数，它们将对这个指针执行间接访问，这样操作将会失败。下面给出 fopen()函数常用的用法。

```
#include <stdio.h>
#include <stdlib.h>
int main()
{
    FILE *fp; /*定义文件指针*/
        if((fp=fopen("data1.txt","wt"))==NULL) /*文件打开不成功，结束程序*/
    {
        printf("Cannot open the file！");
```

```
        exit(0);
    }
    return 0;
}
```

2. 关于 exit()函数

所在头文件：stdlib.h。

用法：void exit(int status)//status 是程序退出的返回值。

功能：关闭所有文件，终止正在执行的程序。status 为 0 时，表示正常退出；为非 0 时，表示程序出错退出。

程序中可以使用 3 个标准的流文件——标准输入流、标准输出流、标准出错输出流。系统已对这 3 个文件指定了与终端的对应关系。标准输入流用于从终端的输入，标准输出流用于向终端的输出，标准出错输出流用于把出错信息发送到终端。

程序开始运行时系统自动打开这 3 个标准流文件。因此程序编写人员不需要在程序中用 fopen()函数打开它们。所以以前我们用到的从终端输入或输出到终端都不需要打开终端文件。系统预定义了 3 个文件指针变量 stdin、stdout 和 stderr，分别指向标准输入流、标准输出流、标准出错输出流，可以通过这 3 个指针变量对以上 3 种流进行操作，它们都以终端为输入输出对象。如果要从 stdin 所指的文件输入数据，就是指从终端键盘输入数据；如果要输出数据到 stdout 所指的文件，就是往显示器上输出数据。

3. 文件的关闭函数：fclose()

在使用完一个文件后，需要关闭该文件，以防它再被误用。"关闭"就是撤销文件缓冲区，使文件指针变量不再指向该文件，也就是文件指针变量与文件"脱钩"，此后不能再通过该指针对原来与其联系的文件进行读写操作，除非再次打开，使该指针变量重新指向该文件。

函数格式：intfclose(FILE *fp);

函数功能：关闭 fp 所指向的文件流。如果文件流成功关闭，则返回 0；否则，返回 EOF(符号常量，其值为 - 1)。

说明：使用 fclose()函数可以把缓冲区内最后剩余的数据输出到磁盘文件中，并释放文件指针和有关的缓冲区。

由于系统一般是在缓冲区装满数据的情况下，一次性将缓冲区的数据写入文件中，因此在程序结束的时候，如果缓冲区未被装满，则里面的数据就不会被写入文件中。若此时缓冲区被释放，则其中要写入文件的数据也随之丢失。文件关闭函数 fclose()会将缓冲区的数据直接写入文件，而不论缓冲区是否装满。因此，应该养成在文件使用完毕后关闭文件的好习惯，以免引起文件数据的丢失。

10.2.2 文件的读写

当文件被打开之后，最常见的操作就是读取和写入。在程序中，当调用输入函数从外部文件中输入数据赋给程序中的变量时，这种操作称为读操作。当调用输出函数把程序中变量的值或程序运行结果输出到外部文件时，这种操作称为写操作。

在 C 语言中提供了 4 种常用的文件读写函数。

1. 字符读写函数：fputc()和 fgetc()

1) fputc()函数

函数格式：intfputc(int n, File *fp);

函数功能：将字符 ch(ASCAII 码 n)写到文件指针 fp 所指向文件的当前位置指针处。若成功，则返回所写字符，若出错，则返回 EOF。

说明：

(1) 在文件内部有一个位置指针，用来指定文件当前的读写位置。

(2) 被写入的文件可以用写、读写或追加的方式打开。用写或读写方式打开一个已存在的文件时，将清除原有的文件内容，此时文件位置指针指向文件首，写入字符从文件首开始；如果需保留原有文件内容，希望写入的字符存放在文件的末尾，则必须以追加方式打开文件，此时文件位置指针指向文件尾；被写入的文件若不存在，则创建该文件，文件位置指针指向文件首。

(3) 每写入一个字符，文件内部位置指针向后移动一个字节。

(4) fputc()函数有一个返回值，如果写入成功，则返回写入的字符，否则，返回一个 EOF。可用函数的返回值来判断写入是否成功。

fputc()函数可以实现 putchar()函数的功能，例如，fputc(ch,stdout);表示将 ch 输出到标准输出流文件，即显示器上。

【例题 10.1】从键盘上输入一行字符，写入文件 data1.txt。

代码如下：

```c
#include <stdio.h>
#include <stdlib.h>
int main()
{
    FILE *fp;    /*定义文件指针*/
if((fp=fopen("data1.txt","a+"))==NULL) /*文件打开不成功，结束程序*/
    {
        printf("Cannot open the file！");
        exit(0);
    }
    charch;
    do
    {
        ch=getchar();
        fputc(ch,fp);
    }while(ch!='\n');
    fclose(fp);
    return 0;
}
```

2) fgetc()函数

函数格式：intfgetc(FILE *fp);

函数功能：从文件指针 fp 所指向文件的当前位置指针处读取一个字符。若成功，则返回所读字符；如果读到文件末尾或者读取出错时，则返回 EOF。

说明：

(1) 指定文件必须是以读或读写方式打开的。

(2) 在文件打开时，文件位置指针总是指向文件的第一个字节。使用 fgetc()函数后，位置指针就会向后移动一个字节。

(3) 读取文件时如何测试文件是否结束呢？文本文件的内部全部是 ASCII 码，其值不可能是 EOF(-1)，所以可以使用 EOF(-1)确定文件的结束；但是对于二进制文件不能这样做，因为可能在文件中间某个字节的值恰好等于-1，如果此时使用-1判断文件结束是不恰当的。为了解决这个问题，ANSI C 提供了函数 feof()判断文件是否真正结束(后面介绍)。

Fgetc()函数可以实现 putchar()函数的功能，大家自己思考一下使用的方法。

【例题 10.2】 输入文件名，在显示器上输出该文件的内容。

代码如下：

```c
#include <stdio.h>
#include <stdlib.h>
int main()
{
  FILE *fp;   /*定义文件指针*/
  charf_name[20],ch;
  scanf("%s",f_name);
  fp=fopen(f_name,"r");
    if(fp==NULL) /*文件打开不成功，结束程序*/
  {
    printf("Cannot open the file！ ");
    exit(0);
  }
  else
  {
    while((ch=fgetc(fp))!=EOF)/*测试文件是否结束*/
putchar(ch);   //或用 fputc(ch,stdout);
  }
  fclose(fp);
  return 0;
}
```

2. 字符串读写函数：fputs()和 fgets()

1) fputs()函数

函数格式：intfputs(const char *str, FILE *fp);

函数功能：向文件指针 fp 所指向文件的当前位置指针处写入起始地址为 str 的字符串(不自动写入字符串结束标记符'\0')。成功写入一个字符串后，文件的位置指针会自动后移，函数返回为一个非负整数，否则，返回 EOF。

例如：

fputs("Hello",fp);

fputs()函数可以实现 puts()函数的功能，大家自己思考一下使用的方法。

2) fgets()函数

函数格式：char *fgets(char *str, intn, FILE *fp);

函数功能：从文件指针 fp 所指向文件的当前位置指针处读取 n-1 个字符，并且在最后加上字符'\0'，一共是 n 个字符，存入起始地址为 str 的内存空间中。如果文件中的该行不足 n-1 个字符，则读完该行就结束；如果在读出 n-1 个字符之前，就遇到了换行符，则该行读取结束。fgets()函数有返回值，若函数读取成功，则其返回值是字符数组的首地址；若函数读取失败或读到文件结尾，则返回 NULL。

fgets()函数可以实现 gets()函数的功能，如 fgets(str,n,stdin);，表示将标准输出输入流文件即键盘上的 n-1 个字符读取到起始地址为 str 的内存单元中。

与gets()函数相比使用 fgets()函数的好处是：读取指定大小的数据，避免gets()函数从 stdin 接收字符串而不检查它所复制的缓存的容积导致的缓存溢出问题。

【例题 10.3】 将文件 data1.txt 中的内容复制到文件 data2.txt 中。

代码如下：

```
#include <stdio.h>
int main()
{
  FILE *fp1,*fp2;
  char str[50];/*数组大小的设定与文件长度相关*/
    fp1=fopen("data1.txt","r"); /*此处省略了文件打开不成功的检查*/
  fp2=fopen("data2.txt","w");
while(!feof(fp1))   /*判断文件结束，用法参考 10.2.4*/
{
if(fgets(str,50,fp1))
fputs(str,fp2);
  }
  fclose(fp1);
  fclose(fp2);
  return 0;
}
```

3. 数据块读写函数：fwrite()和 fread()

在程序中不仅需要输入输出一个数据，而且常常需要一次输入输出一组数据，如一个结构体变量值，这时，以上的读写函数就不再适用了。ANSI C 提供了专门读写数据块的函数。

1) fwrite()函数

函数格式：**intfwrite(void*** *buf*,**int**size**, **int**count**, **FILE*** fp**);**

函数功能：将 buf 指向的内存区中长度为 size 的 count 个数据写入 fp 文件中，返回写到 fp 文件中数据块的数目。

例如：

```
fwrite(buf,4,6,fp);
```

表示从首地址为 buf 的内存单元中，每次取 4 个字节，连续取 6 次，写到文件指针 fp 所指向文件的当前位置指针处。

【例题 10.4】从键盘上输入 10 个学生的相关信息，并将它们存储到文件 student.txt 中。

代码如下：

```c
#include <stdio.h>
#define SIZE 10
struct student
{
char num[10] ;
char name[20] ;
  char sex ;
  int age ;
  float score ;
}stu[SIZE];
int main()
{
  int i;
for(i=0;i<SIZE;i++)
  {
  printf("input num:");
  scanf("%s",stu[i].num);
  printf("input name:");
  scanf("%s",stu[i].name);
  getchar();
  printf("input sex:");
  scanf("%c",&stu[i].sex);
    printf("input age:");
  scanf("%d",&stu[i].age);
    printf("input score:");
  scanf("%f",&stu[i].score);
  }
  FILE *fp;
  fp=fopen("student.txt","wb"); /*此处省略了文件打开不成功的检查*/
  fwrite(stu,sizeof(struct student),SIZE,fp);
  fclose(fp);
  return 0;
}
```

程序中 fwrite(stu,sizeof(struct student),SIZE,fp);也可以使用下面语句来替换：

```c
for(i=0;i<SIZE;i++)
fwrite(stu+i,sizeof(struct student),1,fp);
```

2) fread()函数

函数格式：**intfread(void *_buf_, int_size_, int_count_, FILE *_fp_);**

函数功能：从文件指针 fp 所指向文件的当前位置指针处读取长度为 size 的 count 个数据块，放到 buf 所指向的内存区域。成功时返回所读的数据块的个数，遇到文件结束或出错时返回 EOF。

例如：

```
fread(buf,4,6,fp);
```

表示从 fp 所指向的文件中读取 6 次，每次读取 4 个字节，将读取的内容存放到首地址为 buf 的内存单元中。

【例题 10.5】从 student.txt 中读取 10 个学生的相关信息，并在显示器上显示。

代码如下：

```
#include <stdio.h>
#define SIZE 10
struct student
{
char num[10] ;
char name[20] ;
  char sex ;
  int age ;
  float score ;
}stu[SIZE];
int main()
{
  int i;
  FILE *fp;
  fp=fopen("student.txt","rb"); /*此处省略了文件打开不成功的检查*/
  fread(stu,sizeof(struct student),SIZE,fp);
for(i=0;i<SIZE;i++)
  printf("%10s %20s %c %3d %5.1f\n",
stu[i].num,stu[i].name,stu[i].sex,stu[i].age,stu[i].score);
  fclose(fp);
  return 0;
}
```

程序中的 fread(stu,sizeof(struct student),SIZE,fp);也可以使用下面语句来替换：

```
for(i=0;i<SIZE;i++)
  fread(stu+i,sizeof(struct student),1,fp);
```

4. 格式化读写函数：fprintf()和 fscanf()

fscanf()函数和 fprintf()函数与格式化输入输出函数 scanf()和 printf()的功能相似，都是格式化读写函数。两者的区别在于 fscanf()函数和 fprintf()函数的读写对象不是键盘和显示器，而是磁盘文件。这两个函数的调用格式如下。

1) fprintf()函数

函数格式：intfprintf(FILE *fp, char *format, argument, ...);

函数功能：将格式串 format 中的内容原样输出到指定的文件中，每遇到一个%，就按照规定的格式依次输出一个表达式 argument 的值到 fp 所指定的文件中。如果成功，则返回输出的项数，如果出错，则返回 EOF(－1)。

例如：

```
fprintf(fp,"%d,%6.2f",i,s);
```

表示将整型变量 i 和实型变量 s 分别以%d 和%6.2f 的格式保存到 fp 所指向的文件中，两个数据之间用逗号隔开；若 i 的值为 3，s 的值为 4，则 fp 所指向的文件中保存的是 3、4.00。

例题 10.4 中 fwrite(stu,sizeof(struct student),SIZE,fp);可以用如下 fprintf()函数来完成：

```
for(i=0;i<SIZE;i++)
fprintf(fp,"%10s %20s %c %3d %5.1f\n",
stu[i].num,stu[i].name,stu[i].sex,stu[i].age,stu[i].score);   //格式串中有空格分隔
```

2) fscanf()函数

函数格式：intfscanf(FILE *fp, char *format,address,...);

函数功能：从 fp 所指的文件中按 format 规定的格式提取数据，并把输入的数据依次存入对应的地址 address 中，若成功，则返回提取数据项数，否则，返回 EOF。

fscanf()函数遇到空格和换行时结束，空格时也结束。这与 fgets()函数有区别，fgets()函数遇到空格时不结束。

例如：

```
fscanf(fp,"%d,%c",&j,&ch);
```

表示从 fp 所指向的文件中提取两个数据，分别送给变量 j 和 ch；若文件上有数据 40、a，则将 40 送给变量 j，字符 a 送给变量 ch。

例题 10.5 中 fread(stu,sizeof(struct student),SIZE,fp);可以用以下的 fscanf()函数来完成：

```
for(i=0;i<SIZE;i++)
fscanf(fp,"%s %s %c %d %f\n",
stu[i].num,stu[i].name,&stu[i].sex,&stu[i].age,&stu[i].score);//格式串中有空格分隔
```

10.2.3　文件的定位

文件在使用时，内部有一个位置指针，用来指定文件当前的读写位置。当每次读取或写入数据时，是从位置指针所指向的当前位置开始读取或写入数据的，然后位置指针自动移到读写下一个数据的位置，所以文件内部位置指针的定位非常重要。

在实际问题中，常常需要按要求读写文件中某一指定的部分，这样就需要自由地将文件的位置指针移动到指定的位置，然后再进行读写。这种读写就是前面介绍的随机读写。将文件的位置指针移动到指定位置，就称为文件的定位。可以通过位置指针函数，实现文件的定位读写，文件的位置指针函数主要有 3 种。

1. 重返文件头函数：rewind()

函数格式：void rewind(FILE *fp);

函数功能：将文件内部的位置指针重新指向 fp 所指文件的开头。

2. 位置指针移动函数：fseek()

函数格式：intfseek(FILE *fp, long offset, intfromwhere);

函数功能：函数设置文件指针 fp 的位置。如果执行成功，fp 将指向以 fromwhere(偏移起始位置：文件头 0，当前位置 1，文件尾 2)为基准，偏移 offset(指针偏移量)个字节的位置。若成功，则返回 0，否则，返回 - 1。

说明：指针偏移量 offset 为 long 型数据，以便在文件长度大于 64KB 时不会出错。当用常量表示位移量时，要求加字母后缀 L。偏移起始位置 fromwhere 表示从何处开始计算偏移量，规定的起始位置有文件首、当前位置和文件尾 3 种，如表 10.2 所示。

表 10.2　规定的起始位置

起始点	表示符号	数字表示
文件首	SEEK—SET	0
当前位置	SEEK—CUR	1
文件尾	SEEK—END	2

例如，fseek(fp,50L,0); 语句的作用是把文件的位置指针移到离文件首部 50 个字节处。

【例题 10.6】从 student.txt 中读取第 3 个学生的相关信息，并在显示器上显示。

代码如下：

```c
#include <stdio.h>
#define SIZE 10
struct student
{
char num[10] ;
char name[20] ;
    char sex ;
    int age ;
    float score ;
}stud;
int main()
{
     FILE *fp;
fp=fopen("student.txt","rb");
    int i=2;
fseek(fp,i*sizeof(struct student),SEEK_SET);
if(fread(&stud,sizeof(struct student),1,fp)==1)
    printf("%10s %20s %c %3d %5.1f\n",stud.num,stud.name,stud.sex,stud.age,stud.score);
    else
    printf("record 3 isn't in file!");
fclose(fp);
return 0;
}
```

这段程序适用于用 fwrite()函数写入学生信息的 student.txt 文件，如果是用 fprintf()函数写入学生信息的 student.txt 文件，则程序需做修改，可以自己思考一下该如何做。

3. 获取当前位置指针函数：ftell()

函数格式：longftell(FILE *fp);

函数功能：得到当前位置指针相对于文件头偏移的字节数，出错时返回-1L。

利用函数 ftell()也能方便地知道一个文件的长，如以下语句序列：

```
fseek(fp, 0L,SEEK_END);
len =ftell(fp)+1;
```

首先将文件的当前位置移到文件的末尾,然后调用函数 ftell()获得当前位置相对于文件首的位移，该位移值等于文件所含字节数。

10.2.4　文件的其他操作

1. 测试文件结束函数：feof()

函数格式：intfeof(FILE *stream);

函数功能：在程序中判断被读文件是否已经读完，feof()函数既适用于文本文件，也适用于二进制文件对于文件结束的判断。feof()函数根据最后一次"读操作的内容"来确定文件是否结束。如果最后一次文件读取失败或读取到文件结束符，则返回非 0，否则，返回 0。

2. 重定向文件流函数：freopen()

函数格式：FILE *freopen(char *filename,char * mode, FILE *fp);

函数功能：重定向文件指针。先关闭 fp 指针所指向的文件，并清除文件指针 fp 与该文件之间的关联，然后建立文件指针 fp 与文件 filename 之间的关联。此函数一般用于将一个预定义的指针变量 stdin、stdout 或 stderr 与指定的文件关联。如果成功则返回 fp，否则返回 NULL。

【例题 10.7】从文件 in.txt 中读入两个整数，将两个整数的和写入文件
out.txt 中。

代码如下：

```
#include <stdio.h>
int main()
{
 freopen("in.txt","r",stdin); /*重定向指针 stdin 与文件 in.txt 关联，而不再是键盘*/
 freopen("out.txt","w",stdout); //重定向指针 stdout 与文件 out.txt 关联，不再是显示器
 inta,b;
 while(scanf("%d%d",&a,&b)!=EOF)//scanf 用于从 stdin 所关联的文件中读取数据
     printf("%d\n",a+b); /* printf 用于输出数据到 stdout 所关联的文件中*/
 fclose(stdin);
 fclose(stdout);
 return 0;
}
```

本章小结

C 编译系统把文件当作一个"流",按字节进行处理。文件的分类方式很多,按数据的存储方式一般把文件分为两类:文本文件和二进制文件。在 C 语言中,用文件指针标识文件,当一个文件被打开时,可取得该文件指针,任何文件被打开时都要指明其读写方式。文件打开后可以使用相关读写函数和定位函数来完成文件的读写操作,文件可以以字节、字符串、数据块和指定的格式进行读写,也可使用定位函数来实现随机读写。文件读写操作完成后,必须关闭文件,撤销文件指针与文件的关联。

文件操作都是通过库函数来实现的,大家要熟练掌握文件打开、读写、定位、关闭等相关函数的用法。

习题 10

1. 选择题

(1) 系统的标准输出设备是(　　)。

　　A. 键盘　　　　　　　B. 显示器　　　　　C. 硬盘　　　　　D. 软盘

(2) 函数调用语句"fseek(fp, 10L, 1)"的含义是(　　)。

　　A. 将文件位置指针移到距离文件首 10 个字节处

　　B. 将文件位置指针从当前位置前移 10 个字节处

　　C. 将文件位置指针从文件尾前移 10 个字节处

　　D. 将文件位置指针移到距离文件尾 10 个字节处

2. 填空题

(1) 从数据的存储形式来看,文件分为_____和_____两类。

(2) 若执行 fopen()函数时发生错误,则函数的返回值是_____。若顺利执行了文件关闭操作时,fclose()函数的返回值是_____。

(3) feof(fp)函数用来判断文件是否结束。如果遇到文件结束,则函数值为_____,否则为_____。

3. 代码设计题

(1) 从键盘输入一串字符,逐个把它们送到磁盘文件 test.txt 中,用#标识字符串结束。

(2) 编程用来统计题 1 文件 test.txt 中的字符个数。

(3) 有 5 个学生,每个学生有 3 门课程的成绩,从键盘输入学生数据(包括学号、姓名、3 门课程成绩),计算出平均成绩,将原有数据和计算出的平均分数存放在磁盘文件 student.txt 中。

(4) 将题(3)文件 student.txt 中的学生数据,按平均分进行排序处理,将已排序的学生数据存入一个新文件 sortstudent.txt 中。

【实验 10】文件

1. 实验目的

(1) 了解文件的相关概念。

(2) 熟练使用文件打开和关闭函数。

(3) 熟练使用文件和读写函数。

2. 实验预备

(1) fopen()和 fclose()函数的使用。

(2) fgetc()和 fputc()等读写函数的使用。

3. 实验内容

(1) 编写程序 1：从键盘输入一串字符，逐个把它们送到磁盘文件 test.txt 中，用#标识字符串结束。

(2) 编写程序 2：编程用来统计题 1 文件 test.txt 中的字符个数。

4. 实验提示

(1) 在 D 盘下建立 "学号姓名实验 10" 的文件夹，启动 Visual C++ 6.0 建立程序源文件，其放置位置为 "学号姓名实验 10" 文件夹。

(2) 编辑 C 语言源程序。

程序 1 代码：

```
#include <stdio.h>
#include <stdlib.h>
int main()
{
    FILE *fp;
if((fp=fopen("test.txt","wt"))==NULL)
    {
    printf("Cannot open the file!");
    exit(0);
    }
  charch;
  while((ch=getchar())!='#')
    fputc(ch,fp);
  fclose(fp);
  return 0;
}
```

程序 2 代码：

```
#include<stdio.h>
#include<stdlib.h>
int main()
{
  FILE *fp;
  intnum=0;
  if((fp=fopen("test.txt","rt"))==NULL)
  {
    printf("Cannot open the file!");
    exit(0);
  }
  charch;
  while((ch=fgetc(fp))!=EOF)
```

```
    num++;
    printf("num=%d \n",num);
    fclose(fp);
return 0;
}
```

其中：

```
while((ch=fgetc(fp))!=EOF)
    num++;
```

也可以用下列语句替换：

```
ch=fgetc(fp);
while(!feof(fp)) //文本文件中，最后一次提取到文件结束符时，feof()函数确定文件结束
    {
ch=fgetc(fp);
        num++;
    }
```

(3) 当编辑完成源程序后，分别对其进行编译、连接和运行，分析其结果是否符合题目要求，若符合，则对 C 语言源程序加上注释。

5. 实验报告

(1) 写出算法分析的描述。

(2) 写出实验过程的基本步骤。

(3) 写出实验过程中遇到问题的解决方法。

第 11 章

综 合 实 训

高级语言的综合实训是工科类各专业的重要基础课程，通过综合实训，学生系统掌握 C 语言的基本原理，熟练掌握程序设计的基础知识、基本概念及程序设计的思想和编程技巧；通过综合实训，学生能系统掌握软件的基本架构，熟悉软件开发的基本流程和软件测试的基本过程。因此，综合实训的实践性很强、要求非常高，是对学生对本课程掌握程序的一次检验。

11.1 简单的银行自动取款机系统

11.1.1 问题描述

设计一个银行自动取款机系统。该系统能建立用户插入的银行卡识别功能、对银行卡号和密码的判断功能和登录取款机系统功能。当用户登录成功后，能分别实现以下功能。

(1) 退出系统功能。

(2) 取款功能，并且设置取款的最高限额。

(3) 修改银行卡号的密码功能。

(4) 查询用户存款余额功能。

11.1.2 总体设计

根据需求分析，可以将这个系统的设计分为四大模块：查询余额、取款、修改密码、退出系统，如图 11.1 所示。

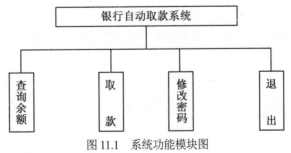

图 11.1 系统功能模块图

11.1.3 详细设计

1. 主函数

主函数一般设计比较简单，只提供输入、处理和输出部分的函数调用。其中各功能模块以菜单方式选择，菜单的功能用函数实现。主函数流程如图 11.2 所示。

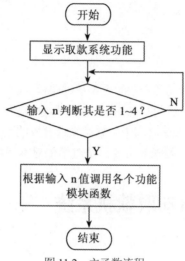

图 11.2 主函数流程

代码设计：

```c
int main()        /******************主函数******************/
{
    CONSUMER bank[MAX];   /* 每个数组元素对应一个客户信息，MAX 为客户个数，程序中采用宏定义的方式，可以随时在源程序宏定义中更改，本程序宏定义#define MAX 5 */
    initconsumer(&bank[0],"1001","wang",1000.0,"111111");   //初始化客户信息 1
    initconsumer(&bank[1],"1002","zhang",2000.0,"222222");  //初始化客户信息 2
    initconsumer(&bank[2],"1003","li",3000.0,"333333");     //初始化客户信息 3
    initconsumer(&bank[3],"1004","sun",4000.0,"444444");    //初始化客户信息 4
    initconsumer(&bank[4],"1005","yuan",5000.0,"555555");   //初始化客户信息 5
    setCurrent(0);                                          //设置当前状态
    welcome(bank);          //登录系统
    return 0;
}
```

将客户的姓名、账号、密码、账户余额等信息定义为结构体成员，如果要存放若干个客户信息用结构体数组。

代码设计：

```c
typedefstructcs
{
    char Password[7];      //密码
    char Name[20];         //用户
    char ID[20];           //账号
    float Money;           //余额
```

```
    intLockstatus;              //锁定状态
  }CONSUMER;
```

根据主函数实现的功能，下面分别进行系统当前状态的设计、客户信息初始化的设计和客户登录系统的设计。

(1) 初始系统状态的设计。主函数通过调用系统当前状态函数 setCurrent( )来实现。当未插卡时，系统的初始状态值 cr 为 0；当插卡时，系统初始化客户卡号的系列信息并进行判断，无误时，获取新的系统状态值 cr。

代码设计：

```
voidsetCurrent(intcr)
  {
   current=cr;
  }
```

(2) 初始化客户信息的设计。主函数通过调用系统客户信息函数 initconsumer()来实现。该函数实现插卡的客户姓名、卡号、密码和余额信息判断。

代码设计：

```
voidinitconsumer(CONSUMER *c,char id[],char name[],float money,char password[])
{
  strcpy(c->Name ,name);
  strcpy(c->ID ,id);
  c->Money=money;
  strcpy(c->Password,password);
  c->Lockstatus =0;              //为 0 表示未锁定
}
```

(3) 系统登录的设计。主函数通过调用登录银行取款系统函数 welcome()来实现。当客户插卡后，显示系统信息提示。系统提示客户输入卡号且小于等于 3 次，若卡号有误，则退出系统。若卡号无误，系统提示输入密码，输入密码无误，则进入系统界面菜单，客户根据需要选择相关系列操作。系统登录流程如图 11.3 所示。

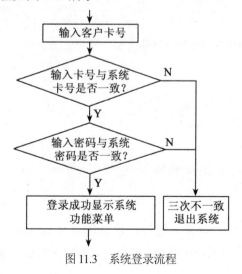

图 11.3　系统登录流程

代码设计：

```
// welcome(): 登录银行取款系统函数
void welcome(CONSUMER cs[])
{
    inttimesCard=1;        //表示输入账号次数
    intcn;
    intissame;
    inttimesPass;          //表示输入密码次数
    char id[20],password[20];
    bankhead();
    printf("请输入账号：");
    gets(id);
    cn=seek(cs,id);        //客户账号与输入账号比较，返回比较次数
    while(cn<0 &&timesCard<3)
    {
        printf("你输入的卡号有误，请重新输入：");
        timesCard++;
        gets(id);
        cn=seek(cs,id);
    }
    if(timesCard>=3)
    {
        printf("你 3 次输入的卡号有误，系统返回\n");
        setCurrent(-1);            //设置账户状态
        return;
    }
    timesPass=1;
    printf("请输入密码：");
    gets(password);
    issame=cheekPassword(&cs[cn],password);
    while(issame= =0 &&timesPass<3)
    {
        printf("你输入的密码不对，请重新输入：");
        timesPass++;
        gets(password);
        issame=cheekPassword(&cs[cn],password);
    }
    if(timesPass>=3)
    {
        printf("你 3 次输入口令有误，系统返回\n");
        setCurrent(-1); /*设置账户状态*/
        return;
    }
    setCurrent(cn); /        // 设置账户状态
    menu(cs);
}
```

① 设计系统提示信息。由登录银行取款系统函数 welcome()调用系统提示信息函数 bankhead()来实现。其主要功能是在屏幕上显示"欢迎使用银行自动取款系统"的相关信息。

代码设计:

```
voidbankhead()
{
  printf("****************************\n");
  printf("欢迎使用银行自动取款系统！\n");
printf("***********************\n");
}
```

② 设计卡号判断并返回判断次数。由登录银行取款系统函数 welcome()调用卡号判断及返回次数函数 seek()来实现。其功能是判断客户输入的卡号与系统的卡号是否一致并允许客户输入次数不得大于 3。

代码设计:

```
intseek(CONSUMER cs[],char id[])
{
  int i;
  for(i=0;i<MAX;i++)
    if(strcmp(getID(&cs[i]),id)= =0)
    return i;
    return -1;
}
```

③ 设计获取客户卡号。由卡号判断及返回次数函数 seek()调用获取卡号函数 getID()来实现。其功能获取系统初始卡号。

代码设计:

```
char *getID(CONSUMER *c)
{
  return c->ID ;
}
```

④ 设计输入密码判断。由登录银行取款系统函数 welcome()调用输入密码判断函数 checkPassword( )来实现。其功能是对用户输入的密码与系统密码进行判断，若一致，则返回值为 1，否则，返回值为 0。

代码设计:

```
intcheckPassword(CONSUMER *c,char password[])
{
  if(strcmp(getPassword(c),password)= =0)/*表示口令相同*/
    return 1;
  else
    return 0;
}
```

⑤ 设计客户操作菜单。由登录银行取款系统函数 welcome()调用客户操作菜单函数 menu()实现显示客户操作的菜单选项。其功能是判断客户输入 n 的值，当 n 的值是 1～4 中的某一数字时，就执行其相应的功能。例如，当 n=1 时，执行查询余额功能。当 n 的值不是 1～4 中某一

数字时，就退出系统。设计实现的客户操作菜单项如图11.4所示。

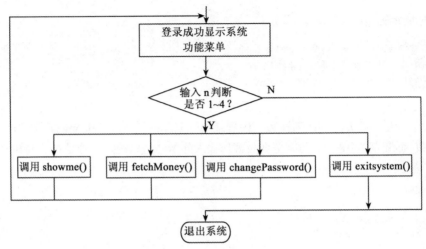

图11.4 客户操作菜单项

代码设计：

```
void menu(CONSUMER cs[])
{
    char c;
    system("cls");
    bankhead();
    do
    {
        printf("1:查询余额\n");
        printf("2:取    款\n");
        printf("3:修改密码\n");
        printf("4:退出系统\n");
        printf("选择 1 2 3 4:\n");
        c=getch();
        switch(c)
        {
        case '1': showme(&cs[getCurrent()]);break;
        case '2': fetchMoney(&cs[getCurrent()]);break;
        case '3': changePassword(&cs[getCurrent()]);break;
        case '4': exitsystem();break;
        }
    }while(1);
}
getCurrent()：获取客户当前状态函数
intgetCurrent( )
{
    return current;
}
```

2. 功能模块设计

(1) 查询余额。在客户操作菜单界面下，输入 1，则调用 showme(CONSUMER *c)模块。该模块功能实现当前客户的信息输出，即显示客户名、卡号、余额。

代码设计：

```
voidshowme(CONSUMER *c)
{
  printf("\n***********************\n");
  printf("当前账号信息\n");
  printf("用户：%s\n",c->Name );
  printf("卡号：%s\n",c->ID );
  printf("余额：%.2f\n",c->Money);
  printf("\n***********************\n");
}
```

(2) 取款。在客户操作菜单界面下，输入 2，则调用取款模块 fetchMoney(CONSUMER *c)。该模块实现取款功能并显示取款后的余额。取款模块流程如图 11.5 所示。

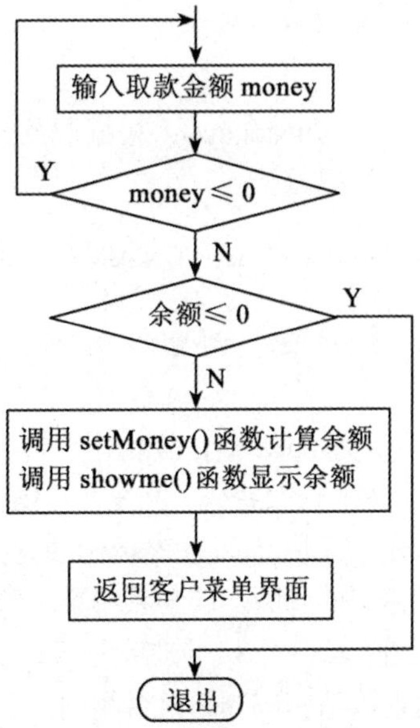

代码设计：

```
voidfetchMoney(CONSUMER *c)
{
  float money;
  printf("请输入取款金额： ");
  scanf("%f",&money);
  while(money<=0)
     {
     printf("请输入正确的金额： \n");
     scanf("%f",&money);
     }
  if(getMoney(c)-money<0)          //判断余额是否小于 0
printf("对不起，你的余额不足！\n");
  else
{
     printf("开始取款......\n");
     setMoney(c,0-money);
     printf("取款完成\n");
     showme(c);
     }
}
```

图 11.5　取款模块流程

在取款模块中分别要进行账户余额的判断、根据取款金额计算账户余额和显示取款后该账户的余额显示的功能设计。

① getMoney()：获取客户账号余额。

代码设计：

```
floatgetMoney(CONSUMER *c)
{
    return c->Money ;
}
```

② setMoney()：根据取款金额计算余额。

代码设计：

```
void setMoney(CONSUMER *c,float money)    //money 为取款金额
{
c->Money=c->Money+money;
}
```

③ showme()：输出当前客户的信息。

(3) 修改密码。若在客户操作菜单界面下输入 3，则调用修改密码模块 changePassword()实现。该模块功能完成对输入原始密码的判断，若与系统不一致且输入次数大于 3 次，则退出系统；若小于 3 次判断不一致，则输入新的密码和确认的密码，对两次新密码判断是否相同，若不相同重新输入，若相同，则保存密码。修改密码模块流程如图 11.6 所示。

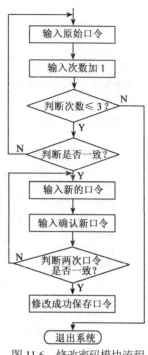

图 11.6　修改密码模块流程

代码设计：

```
voidchangePassword(CONSUMER *c)
{
    char password1[10],password2[10];
    int times=1;
    intissame;
    printf("请输入原始口令:");
    gets(password1);
    issame=strcmp(getPassword(c),password1);
    while(issame!=0 && times<3)
        {
        printf("口令不对，请重新输入原始口令:");
        gets(password1);
issame=strcmp(getPassword(c),password1); //比较原始密码与输入密码
        times++;
            }
    if(times>=3)
    {
        lock(c);
        return ;
    }
do
{
    printf("请输入新的口令:");
    gets(password1);
    printf("请再输入一次新密码:");
gets(password2);
if(strcmp(password1,password2)!=0)
```

```
        printf("你两次输入的密码不一样，请重新输入！\n");
    else
break;
    }while(1);
strcpy(c->Password ,password1);
printf("密码修改成功！\n");
}
```

修改模块还分别调用了获取用户原始密码函数 getPassword( )和锁定状态函数 lock( )。设计代码如下：

```
char *getPassword(CONSUMER *c)    //获取用户原始密码函数
{
    return c->Password ;
}
void lock(CONSUMER *c)              //锁定状态函数
{
    c->Lockstatus=1;
}
```

(4) 退出系统。若在客户操作菜单界面下输入 4，则调用退出系统模块 exitsystem()实现。设计代码如下：

```
voidexitsystem()
{
    printf("欢迎下次光临！\n");
    printf("请取卡……\n");
    exit (0);
}
```

11.1.4 设计代码

代码如下：

```
#include<stdio.h>
#include<string.h>
#include<conio.h>
#include<stdlib.h>
#define MAX 5
typedefstructcs
{
    char Password[7];
    char Name[20];
    char ID[20];
    float Money;
    intLockstatus;
}CONSUMER;
int current;
voidshowme(CONSUMER *c );
int seek(CONSUMER cs[],char id[]);
```

```
void menu(CONSUMER cs[]);
voidexitsystem();
voidbankhead();
voidinitconsumer(CONSUMER *c,char id[],char name[],float money,char password[])
{
   strcpy(c->Name,name);
strcpy(c->ID,id);
   c->Money=money;
   strcpy(c->Password,password);
   c->Lockstatus =0;
}
intgetCurrent( )
 {
  return current;
 }
voidsetCurrent(intcr)
  {
   current=cr;
  }
floatgetMoney(CONSUMER *c)
{
   return c->Money ;
}
char *getName(CONSUMER *c)
{
   return c->Name ;
}
char *getID(CONSUMER *c)
{
   return c->ID ;
}
char *getPassword(CONSUMER *c)
{
   return c->Password ;
}
intcheekPassword(CONSUMER *c,char password[])
{
   if(strcmp(getPassword(c),password)==0)
     return 1;
   else
     return 0;
}
intislock(CONSUMER *c)
{
   return c->Lockstatus ;
}
void lock(CONSUMER *c)
{
   c->Lockstatus=1;
}
```

```
void unlock(CONSUMER *c)
{
    c->Lockstatus=0;
}
voidsetID(CONSUMER *c,char id[])
{
    strcpy(c->ID,id);
}
voidsetName(CONSUMER *c,char name[])
{
    strcpy(c->Name,name);
}
voidsetMoney(CONSUMER *c,float money)
{
c->Money=c->Money+money;
}
voidsetPassword(CONSUMER *c,char password[])
{
    strcpy(c->Password,password);
}
voidchangePassword(CONSUMER *c)
{
    char password1[10],password2[10];
    int times=1;
    intissame;
    printf("\t\t\t 请输入原始口令:");
    gets(password1);
    issame=strcmp(getPassword(c),password1);
    while(issame!=0 && times<3)
    {
        printf("\t\t\t 口令不对，请重新输入原始口令:");
        gets(password1);
issame=strcmp(getPassword(c),password1);
        times++;
    }
    if(times>=3)
    {
        lock(c);
        return ;
    }

do
{
    printf("\t\t\t 请输入新的口令:");
    gets(password1);
    printf("\t\t\t 请再输入一次新密码:");
gets(password2);
    if(strcmp(password1,password2)!=0)
        printf("\t\t\t 你两次输入的密码不一样，请重新输入！\n");
    else
```

```
    break;
      }while(1);
strcpy(c->Password ,password1);
printf("\t\t\t 密码修改成功！\n");
}
voidfetchMoney(CONSUMER *c)
{
    float money;
    printf("\t\t\t 请输入取款金额：");
    scanf("%f",&money);
    while(money<=0)
    {
        printf("\t\t\t 请输入正确的金额：\n");
        scanf("%f",&money);
    }
    if(getMoney(c) -money<0)
printf("\t\t\t 对不起，你的余额不足！\n");
    else
    {
        printf("\t\t\t 开始取款……\n");
        setMoney(c,0-money);
        printf("\t\t\t 取款完成\n");
        showme(c);
    }
}
voidshowme(CONSUMER *c)
{
    printf("\t\t\t*********************\n");
    printf("\t\t\t 当前账号信息\n");
    printf("\t\t\t 用户：%s\n",c->Name );
    printf("\t\t\t 卡号：%s\n",c->ID );
    printf("\t\t\t 余额：%.2f\n",c->Money);
    printf("\t\t\t*********************\n");
}
/*BANK*/
void welcome(CONSUMER cs[])
{
    inttimesCard=1;
    intcn;
    intissame;
    inttimesPass;
    char id[20],password[20];
    bankhead();
    printf("\t\t\t 请输入账号：");
    gets(id);
    cn=seek(cs,id);
    while(cn<0 &&timesCard<3)
    {
        printf("\t\t\t 你输入的卡号有误，请重新输入：");
        timesCard++;
```

```
        gets(id);
        cn=seek(cs,id);
    }
    if(timesCard>=3)
    {
        printf("\t\t\t 你 3 次输入的卡号有误，系统返回\n");
        setCurrent(-1);
        return;
    }
    timesPass=1;
    printf("\t\t\t 请输入密码：");
    gets(password);
    issame=cheekPassword(&cs[cn],password);
    while(issame==0 &&timesPass<3)
    {
        printf("\t\t\t 你输入的密码不对，请重新输入：");
        timesPass++;
        gets(password);
        issame=cheekPassword(&cs[cn],password);
    }
    if(timesPass>=3)
    {
        printf("\t\t\t 你 3 次输入的口令有误，系统返回\n");
        setCurrent(-1);
        return;
    }
    setCurrent(cn);
    menu(cs);
}
void menu(CONSUMER cs[])
{
    char c;
    system("cls");
    bankhead();
    do
    {
        printf("\t\t\t1:查询余额\n");
        printf("\t\t\t2:取款\n");
        printf("\t\t\t3:修改密码\n");
        printf("\t\t\t4:退出系统\n");
        printf("\t\t\t 选择 1 2 3 4:\n");
        c=getch();
        switch(c)
        {
        case '1': showme(&cs[getCurrent()]);break;
        case '2': fetchMoney(&cs[getCurrent()]);break;
        case '3': changePassword(&cs[getCurrent()]);break;
        case '4': exitsystem();break;
        }
    }while(1);
```

```
    }
    int seek(CONSUMER cs[],char id[])
    {
       int i;
       for(i=0;i<MAX;i++)
         if(strcmp(getID(&cs[i]),id)==0)
         return i;
         return -1;
    }
    voidexitsystem()
    {
       printf("\t\t\t 欢迎下次光临！\n");
       printf("\t\t\t 请取卡……\n");
       exit (0);
    }
    int main()
    {
       CONSUMER bank[MAX];
       initconsumer(&bank[0],"1001","wang",10000.0,"123456");
       initconsumer(&bank[1],"1002","zhang",20000.0,"123456");
       initconsumer(&bank[2],"1003","li",30000.0,"123456");
       initconsumer(&bank[3],"1004","sun",40000.0,"123456");
       initconsumer(&bank[4],"1005","yuan",50000.0,"123456");
       setCurrent(0);
       welcome(bank);
       return 0;
    }
    voidbankhead()
    {
       printf("\t\t\t*************************\n");
       printf("\n");
       printf("\t\t\t 欢迎登录 ATM 机自动取款系统!\n");
       printf("\n");
printf("\t\t\t*************************\n");
    }
```

11.1.5 系统运行界面

程序运行显示"欢迎登录 ATM 机自动取款系统！"的界面，并要求客户输入账号，本程序中定义了 5 个客户，他们的账号分别是：1001、1002、1003、1004、1005。当输入账号后，系统要求客户输入相应的密码，本程序的初始密码均是 123456。当客户输入密码后，显示 ATM 自动取款系统的功能菜单。

(1) 欢迎登录 ATM 机自动取款系统的界面，如图 11.7 所示。

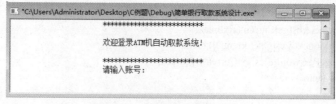

图 11.7 ATM 自动取款系统界面

(2) 输入正确账号后，显示客户输入密码的界面，如图 11.8 所示。

图 11.8 显示客户输入密码界面

(3) 当客户输入正确的密码后，显示 ATM 机自动取款系统的功能菜单界面，如图 11.9 所示。

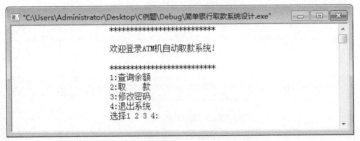

图 11.9 ATM 自动取款系统功能菜单

(4) 当客户通过键盘输入数字 1 后回车，则显示 1003 号客户的相关信息，包括用户名、卡号和余额，如图 11.10 所示。

图 11.10 显示当前客户的相关信息

(5) 当客户通过键盘输入数字 2 后回车，则提示客户输入取款金额，此时客户输入 500 后回车，再一次显示 1003 号客户的相关信息，此时余额由原来的 30000 元变成 29500 元，说明取款成功，如图 11.11 所示。

(6) 当客户通过键盘输入数字 3 后，则提示客户输入原始密码，即输入 123456 回车后，提示客户输入新的密码，当客户输入新的密码后，再一次提示输入新密码，输入后回车，则显示密码修改成功，如图 11.12 所示。

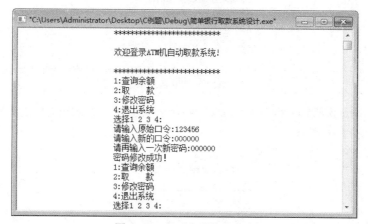

图 11.11　显示取款成功

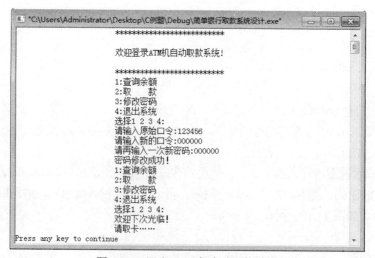

图 11.12　显示密码修改成功

(7) 当客户通过键盘输入数字 4 后回车，则退出 ATM 机自动取款系统，显示的相关信息如图 11.13 所示。

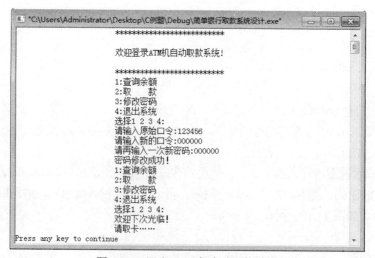

图 11.13　退出 ATM 机自动取款系统

11.1.6　系统测试

测试是程序设计中至关重要的步骤，是保证软件功能的正确实现及满足用户需求的重要环节。测试前要制定好测试方案，测试数据及预期达到的结果和测试时各种因素。测试的方法主要有两种：黑盒测试和白盒测试。

1. 黑盒测试

黑盒测试又称功能测试，是通过测试来检测每个功能是否能正常使用。在测试中，把程序视为一个不能打开的盒子，在完全不考虑程序内部结构和内部特性的情况下，检查程序功能是否按照需求规格说明书的规定正常使用，程序是否能适当地接收输入数据而产生正确的输出信息。黑盒测试着眼于程序外部结构，不考虑内部逻辑结构，主要针对软件界面和软件功能进行测试。

2. 白盒测试

白盒测试又称结构测试或逻辑测试，它是按照程序内部的结构测试程序，通过测试来检测产品内部动作是否按照设计规格说明书的规定正常进行，检查程序中的每条通路是否都能按预定要求正确工作。白盒测试是把测试对象视为一个打开的盒子，测试人员依据程序内部逻辑结构相关信息，设计或选择测试用例，对程序所有逻辑路径进行测试，通过在不同点检查程序的状态，确定实际的状态是否与预期的状态一致。

11.2　学生成绩管理系统

11.2.1　设计要求

在 21 世纪，计算机已经应用到经济社会生活的各个领域。如何运用计算机来管理高校学生的成绩，这就需要一个管理软件——学生成绩管理系统。学生成绩管理系统应该具有输入、查询、修改、删除、插入、排序、统计、保存、打印及退出功能。开发这一软件的目的是实现学生管理工作系统化，为教师和学生的工作和学习提供更便捷的服务。

11.2.2　设计架构

学生成绩管理系统主要采用结构体和文件知识实现，程序由密码验证、学生成绩增加、学生成绩浏览、学生成绩查询、学生成绩排序、学生成绩删除、学生成绩修改、学生成绩统计和退出系统九大功能模块构成。学生成绩管理框架图如图 11.14 所示。

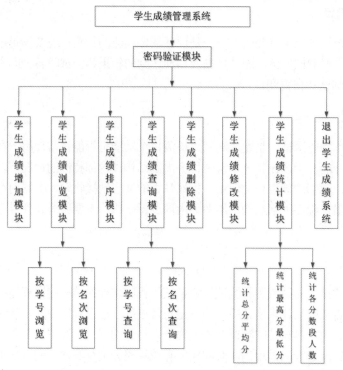

图 11.14　学生成绩管理框架图

1. 密码验证模块

密码验证模块要求完成系统登录密码验证，设系统初始密码为 12345678。

2. 学生成绩增加模块

学生成绩增加模块要求完成学生学号、姓名、性别、4 门课程(计算机、英语、高等数学和 C 语言)成绩等信息的输入和添加。

3. 学生成绩浏览模块

学生成绩浏览模块要求完成按学生学号或总分名次进行学生信息的浏览。

4. 学生成绩排序模块

学生成绩排序模块要求完成按学生的学号升序或降序排列学生的信息。

5. 学生成绩查询模块

学生成绩查询模块要求完成按学生学号或姓名进行学生信息的查询，并按查询的结果在屏幕上显示出来。

6. 学生成绩删除模块

学生成绩删除模块要求完成可按照学号删除某一学生的信息。

7. 学生成绩修改模块

学生成绩修改模块要求完成可按学生基本信息(如学号、姓名)和学生成绩信息(计算机、英语、高等数学和 C 语言)进行学生记录的修改。

8. 学生成绩统计模块

学生成绩统计模块要求完成可统计每门课程的总分和平均分、最低分和最高分、各分数段的人数，并能显示统计的结果。

9. 退出系统模块

退出系统模块要求能实现系统的正常退出。

11.2.3　设计方法

1. 程序流程图

学生成绩管理系统的主流程图如图 11.15 所示。

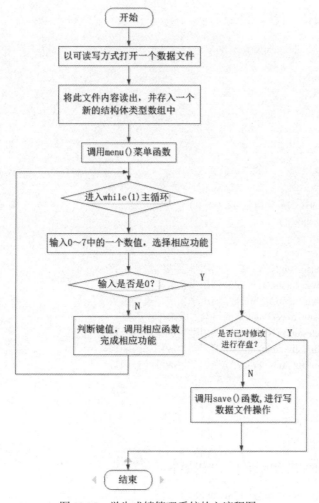

图 11.15　学生成绩管理系统的主流程图

2. 数据结构设计

结构体类型定义，本程序定义结构体 student，用于存放学生的基本信息。定义代码如下：

```
#define N 20          //学生总人数 20 人
struct student
{
    int no;         //学号
    char name[20]; //姓名
    char sex;      //性别
    int score[4]; //计算机、英语、高等数学和 C 语言成绩
    int sum;      //总分
    float average;//平均分
};
```

3. 函数功能描述

(1) 主函数的设计。代码如下：

```
int main()
{
    struct student stu[N];
    int choose,flag=1;
    int stunumber=0;
    password();
    while(flag)
    {
        system("cls");                      //清屏
        menu();                             //显示系统主菜单
        printf("\t 请选择主菜单功能号：0～7");
        scanf("%d",&choose);
        switch(choose)
        {
            case 1:inputstu(stu,N);break;  //调用学生成绩增加函数
            case 2:browsestu(stu,N);break;//调用学生成绩浏览函数
            case 3:searchstu(stu,N);break; //调用学生成绩查询函数
            case 4:sortstu(stu,N);break; //调用学生成绩排序函数
            case 5:deletestu(stu,N);break; //调用学生成绩删除函数
            case 6:modifystu(stu,N);break;//调用学生成绩修改函数
            case 7:countstu(stu,N);break; //调用学生成绩统计函数
            case 0:flag=0;              //结束系统运行
        }
    }
    return 0;
}
```

(2) 学生成绩增加函数的设计。代码如下：

```
void inputstu(struct student stu[],int *stunumber)
{
    char ch='y';
    int count=0;
```

```
        system("cls");
        while((ch=='y')||(ch=='Y'))
        {
            printf("\n\t\t-----增加学生信息记录---------\n");
            printf("\n\n\t\t 请输入学生信息\n");
            printf("\n\t\t 学号：");
            scanf("%d",&stu[count].no);
            printf("\n\t\t 姓名：");
            scanf("%s",&stu[count].name);
            printf("\n\t\t 性别：");
            scanf("%c",&stu[count].sex);
            printf("\n 计算机：");
            scanf("%d",&stu[count].score[0]);
            printf("\n\t\t 英语：");
            scanf("%d",&stu[count].score[1]);
            printf("\n\t\t 高等数学：");
            scanf("%d",&stu[count].score[2]);
            printf("\n\t\t C 语言：");
        scanf("%d",&stu[count].score[3]);
stu[count].sum=stu[count].score[0]+stu[count].score[1]+stu[count].score[2]+stu[count].score[3];
        stu[count].average=(float)stu[count].sum/4.0;
        printf("\n\n\t\t 是否输入下一个学生信息？(y/n)");
        count++;
        }
        *stunumber=*stunumber+count;
        savestu(stu,count,1);      //参数 1 表示以追加方式写入文件
        return;
    }
```

(3) 学生成绩浏览函数原型。

```
voidbrowsestu(struct student stu[],int*stunumber)
```

(4) 学生成绩修改函数原型。

```
voidmodifystu(struct student stu[],int*stunumber)
```

(5) 学生成绩排序函数原型。

```
voidsortstu(struct student stu[],int*stunumber)
```

(6) 学生成绩查询函数原型。

```
voidsearchstu(struct student stu[],int*stunumber)
```

(7) 学生成绩删除函数原型。

```
voiddeletestu(struct student stu[],int*stunumber)
```

(8) 学生成绩统计函数原型。

```
voidcountstu(struct student stu[],int*stunumber)
```

(9) 密码验证函数原型。

```
void password()
```

(10) 保存数据写入文件函数原型。

```
voidsavestu(struct student stu[],intcount,int flag)
```

(11) 读取文件数据函数原型。

Void loadstu(struct student stu[],int *stunumber)

11.2.4 代码设计

请同学们自己完成。

11.3 电话簿管理系统

11.3.1 设计要求

电话簿管理系统在现代人们的生活中越来越发挥重要的作用，其要求实现输入、显示、查找、删除、插入、保存、读入、排序及退出功能，能实现电话号码管理系统化，为人们的工作和生活提供便捷服务。

11.3.2 设计架构

电话簿管理系统主要利用数组来实现，其数组元素是结构体类型，整个系统由四大功能模块组成。电话簿架构框图如图 11.16 所示。

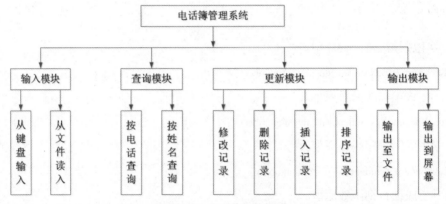

图 11.16 电话簿架构框图

1. 输入模块

输入模块主要完成将数据存入数组中。记录可以从以文本形式存储的数据文件中读入，也可以从键盘逐个输入。记录由与联系人有关的基本信息字段构成。

2. 查询模块

查询模块主要完成在数组中查找满足相关条件的记录。用户可以按联系人姓名或联系人电话号码在数组中进行查找。

3. 更新模块

更新模块主要完成对记录人的修改、删除、插入和排序，在进行更新操作后，需要将修改的数据存入源数据文件。

4. 输出模块

输出模块主要完成对记录的存盘，并以表格形式将记录信息显示在屏幕上。

11.3.3 设计方法

1. 程序流程图

电话簿管理系统的流程图如图 11.17 所示。先以可读写的方式打开文本类型数据文件，此时该文件由用户确定保存的位置(D:\file)。当打开文件操作成功后，从文件中一次读出一条记录，添加到新建的数组中，然后执行显示主菜单和进入主循环操作，进行按键判断。文本类型文件可使用 Windows 自带的记事本打开和查看文件内容。

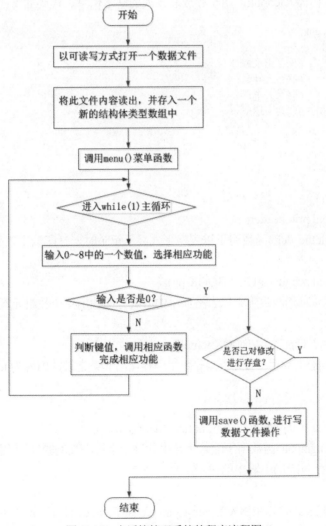

图 11.17 电话簿管理系统的程序流程图

在判断键值时，有效输入为 0～8 之间的任意数值，其他输入都被视为错误按键。若输入 0，则会判断在对记录进行了更新操作之后是否进行了存盘操作，若未存盘，则系统提示用户是否需要进行数据存盘操作，用户选择 Y 或 y 后，系统进行存盘操作。最后系统执行退出电话簿管理系统的操作。

在输入键值时，若选择 1，则调用 add()函数，执行增加记录操作；若选择 2，则调用 disp()函数，执行以表格形式打印输出记录至屏幕操作；若选择 3，则调用 del()函数，执行删除操作；若选择 4，则调用 qur()函数，执行查询记录操作；若选择 5，则调用 modify()函数，执行修改操作；若选择 6，则调用 insert()函数，执行插入记录操作；若选择 7，则调用 sort()函数，执行排序操作；若选择 8，则调用 save()函数，执行存储操作；若输入 0～8 之外的值，则调用 wrong()函数，给出按键错误的提示。

2. 数据结构设计

程序中定义结构体 telebook，用于存放联系人的基本信息。代码如下：

```
typedefstructtelebook
{
    char num[4];        //保存记录编号
    char name[20];      //联系人姓名
    char tel[11];       //联系人电话
    char address[30];   //联系人地址
}TELEBOOK;
```

3. 函数功能设计

1) printheader()

函数原型：void printheader();

函数功能：printheader()函数用于以表格形式显示记录时，打印输出表头信息。

2) printdata()

函数原型：void printdata(TELEBOOK pp);

函数功能：printdata()函数用于以表格显示的方式打印输出单个数组元素 pp 中的记录信息。

3) disp()

函数原型：void disp(TELEBOOK temp[],int n);

函数功能：disp()函数用于显示 temp 数组中存储的 n 条记录，内容为 telebook 结构体中定义的内容。

4) stringinput()

函数原型：float stringinput(char *t,int lens,char *notice);

函数功能：stringinput()函数用于输入字符串并进行字符串长度验证，t 用于保存输入的字符串，notice 用于保存 printf()中输出的提示信息。

5) locate()

函数原型：int locate(TELEBOOK temp[],int n,char findmess[],char nametel[]);

函数功能：locate()函数用于定位数组中符合要求的元素，并返回该数组元素的下标值。参数 findmess[]保存要查找的具体内容，nametel[]表示按姓名或电话号码字段在数组 temp 中查找。

6) add()

函数原型：int add(TELEBOOK temp[],int n);

函数功能：add()函数用于在数组 temp 中增加记录元素，并返回数组中的当前记录数。

7) qur()

函数原型：void qur(TELEBOOK temp[],int n);

函数功能：qur()函数用于在数组 temp 中按姓名或电话号码查找满足条件的记录，并显示出来。

8) del()

函数原型：int del(TELEBOOK temp[],int n);

函数功能：del()函数用于先在数组 temp 中查找满足条件的记录，然后删除该记录。

9) maodify()

函数原型：void maodify(TELEBOOK temp[],int n);

函数功能：maodify()函数用于在数组 temp 中修改记录元素。

10) insert()

函数原型：int insert(TELEBOOK temp[],int n);

函数功能：insert()函数用于在数组 temp 中插入记录，并返回数组中的当前记录数。

11) sort()

函数原型：void sort(TELEBOOK temp[],int n);

函数功能：sort()函数用于在数组 temp 中完成利用选择排序算法实现数组中的升序排序。

12) save()

函数原型：void save(TELEBOOK temp,int n);

函数功能：save()函数用于将保存联系人电话簿的数组 temp 中的 n 个元素写入磁盘数据文件中。

13) 主函数 main()

11.3.4 代码设计

请同学们自己完成。

11.4 综合实训题目

1. 运用 C 语言开发一个"小学生算术四则运算测试系统"。该系统是让计算机充当一位给小学生布置作业的算术老师，为学生出题并阅卷。该系统要求实现下列功能。

(1) 为小学生出题(分别进行+、−、*、/等不同运算)。

(2) 学生做题后，进行评阅。学生每做一题后，评阅给出"答题正确，很好"或"答题错误，重做"等信息。

(3) 加、减、乘、除运算功能可以自由选择实现。

(4) 运算数值可控制在两位数的四则运算范围内。

2. 运用 C 语言开发一个"比赛评分系统"。评委打分原则：满分 10 分，评委打分后，去掉一个最高分和一个最低分，最后的平均分为参赛选手的最后得分(精确到小数点后两位)。要求该系统实现以下功能。

(1) 假设参赛人数为 20 人，评委为 10 人(有兴趣的同学可拓展为参赛人数为 n 人，评委为 m 人)，并对参赛选手和评委分别编号，序号从 1 开始，顺序编号。

(2) 选手按编号顺序依次参加比赛，统计最后得分。

(3) 比赛结束，按从高分到低分每行 5 人依次打印选手的得分情况。

(4) 公布选手获奖。取一等奖 1 名、二等奖 2 名、三等奖 3 名。

3. 用 C 语言开发一个"库存管理系统"。该系统要求实现以下基本功能。

(1) 商品入库。

(2) 商品删除。

(3) 商品编辑修改。

(4) 商品浏览。

(5) 商品查询。

4. 用 C 语言开发飞机订票系统设计。

问题描述：某民航机场共有 n 个航班，每个航班有一个航班号、确定的航线(起始站、目的站)、确定的飞行时间(星期几)和一定的成员定额。试设计民航订票系统，要求实现下列功能。

(1) 航班信息录入功能(航班信息用文件保存)。

(2) 航班信息浏览功能。

① 按航班号查询。

② 按起点站查询。

③ 按目的站查询。

④ 按飞行时间查询。

设计提示：航班信息用文件保存；航班信息浏览功能需要提供显示操作；要查询航线需要提供查找功能，可提供按照航班号、起点站、目的站和飞行时间查询；要提供键盘选择菜单以实现功能选择。建立航班结构体，结构体成员包括航班号、起始站、目的站、飞行时间(星期几)、预售票总数、已售票数。

常用字符与ASCII码对照表

ASCII 值	字符	ASCII 值	字符	ASCII 值	字符	ASCII 值	字符
0	NUL(空)	32	space	64	@	96	`
1	SOH(头标开始)	33	!	65	A	97	a
2	STX(正文开始)	34	"	66	B	98	b
3	ETX(正文结束)	35	#	67	C	99	c
4	EOT(传输结束)	36	$	68	D	100	d
5	ENQ(查询)	37	%	69	E	101	e
6	ACK(确认)	38	&	70	F	102	f
7	BEL(响铃)	39	'	71	G	103	g
8	BS(退格)	40	(	72	H	104	h
9	HT(水平制表符)	41	)	73	I	105	i
10	LF(换行/新行)	42	*	74	J	106	j
11	VT(垂直制表符)	43	+	75	K	107	k
12	FF(换页/新页)	44	,	76	L	108	l
13	CR(回车)	45	-	77	M	109	m
14	SO(移出)	46	.	78	N	110	n
15	SI(移入)	47	/	79	O	111	o
16	DLE(数据链路转义)	48	0	80	P	112	p
17	DC1(设备控制 1)	49	1	81	Q	113	q
18	DC2(设备控制 2)	50	2	82	R	114	r
19	DC3(设备控制 3)	51	3	83	S	115	s
20	DC4(设备控制 4)	52	4	84	T	116	t
21	NAK(否定)	53	5	85	U	117	u
22	SYN(同步空闲)	54	6	86	V	118	v
23	ETB(传输块结束)	55	7	87	W	119	w
24	CAN(取消)	56	8	88	X	120	x
25	EM(媒体结束)	57	9	89	Y	121	y
26	SUB(减)	58	:	90	Z	122	z
27	ESC(退出)	59	;	91	[	123	{
28	FS(域分隔符)	60	<	92	\	124		
29	GS(组分隔符)	61	=	93	]	125	}
30	RS(记录分隔符)	62	>	94	^	126	~
31	US(单元分隔符)	63	?	95	_	127	DEL

C语言运算符的优先级和结合方向

ASCII 值	字符	ASCII 值	字符	ASCII 值	字符	ASCII 值	字符
0	NUL(空)	32	space	64	@	96	`
1	SOH(头标开始)	33	!	65	A	97	a
2	STX(正文开始)	34	"	66	B	98	b
3	ETX(正文结束)	35	#	67	C	99	c
4	EOT(传输结束)	36	$	68	D	100	d
5	ENQ(查询)	37	%	69	E	101	e
6	ACK(确认)	38	&	70	F	102	f
7	BEL(响铃)	39	'	71	G	103	g
8	BS(退格)	40	(	72	H	104	h
9	HT(水平制表符)	41	)	73	I	105	i
10	LF(换行/新行)	42	*	74	J	106	j
11	VT(垂直制表符)	43	+	75	K	107	k
12	FF(换页/新页)	44	,	76	L	108	l
13	CR(回车)	45	—	77	M	109	m
14	SO(移出)	46	.	78	N	110	n
15	SI(移入)	47	/	79	O	111	o
16	DLE(数据链路转义)	48	0	80	P	112	p
17	DC1(设备控制 1)	49	1	81	Q	113	q
18	DC2(设备控制 2)	50	2	82	R	114	r
19	DC3(设备控制 3)	51	3	83	S	115	s
20	DC4(设备控制 4)	52	4	84	T	116	t
21	NAK(否定)	53	5	85	U	117	u
22	SYN(同步空闲)	54	6	86	V	118	v
23	ETB(传输块结束)	55	7	87	W	119	w
24	CAN(取消)	56	8	88	X	120	x
25	EM(媒体结束)	57	9	89	Y	121	y
26	SUB(减)	58	:	90	Z	122	z
27	ESC(退出)	59	;	91	[	123	{
28	FS(域分隔符)	60	<	92	\	124	|
29	GS(组分隔符)	61	=	93	]	125	}
30	RS(记录分隔符)	62	>	94	^	126	~
31	US(单元分隔符)	63	?	95	_	127	DEL

附录 III

常用C语言库函数

库函数并不是 C 语言的一部分，它是由人们根据需要编制、供程序设计者参考和使用的函数，每一种 C 编译系统都提供了自己的库函数。不同的编译系统所提供的库函数数目、函数名及功能都不尽相同。ANSI C 建议提供一批标准的库函数。本书仅列出 ANSI C 建议提供的部分库函数，以供编程者查阅。在编写 C 程序时，若用到其他库函数，可以查阅所使用系统的参考手册。

1. 数学函数

使用标准数学库函数需要在源程序文件中使用包含命令，包含头文件 math.h。数学函数如附表 III.1 所示。

附表 III.1　数学函数

函数名	函数原型	函数功能
abs	int abs(int x);	计算并返回整数 x 的绝对值
acos	double acos(double x);	计算并返回 arccos(x)的值，条件：$-1 \leqslant x \leqslant 1$
asin	double asin(double x);	计算并返回 arcsin(x)的值，条件：$-1 \leqslant x \leqslant 1$
atan	double atan(double x);	计算并返回 arctan(x)的值
atan2	double atan2(double x,double y);	计算并返回 arctan2(x/y)的值
atof	double atof(const char *string);	将字符串转换成实型数据
ceil	double ceil(double x);	计算并返回不小于 x 的最大整数(双精度型表示)
cos	double cos(double x);	计算并返回 cos(x)的值，x 的值为弧度
cosh	double cosh(double x);	计算并返回双曲线余弦 cosh(x)的值
exp	double exp(double x);	计算并返回 e^x 的值
fabs	double fabs(double x);	计算并返回实数 x 的绝对值
floor	double floor(double x);	计算并返回不大于 x 的最大整数(双精度型表示)
fmod	double fmod(double x,double y);	求 x/y 的余数，并以双精度型返回该余数
log	double log(double x);	计算并返回自然对数 ln(x)的值
log10	double log10(double x);	计算并返回常用对数 lg(x)的值
pow	double pow(double x,double y);	计算并返回 x^y 的值
sqrt	double sqrt(double x);	计算并返回 x 的平方根

2. 字符函数与字符串函数

ANSI C 要求使用字符串函数时，应在源文件中包含头文件 string.h；使用字符函数时，应在源文件中包含头文件 ctype.h。但有些 C 语言的编译系统并不遵循这一规定。使用与字符或字符串相关的库函数时，需要查询有关手册。字符函数与字符串函数如附表 III.2 所示。

附表 III.2　字符函数与字符串函数

函数名	函数原型	函数功能	包含文件
isalnum	int isalnum(int ch);	检查 ch 是否为字母或数字。若是，则返回非 0 值，否则，返回 0	ctype.h
isalpha	int isalpha(int ch);	检查 ch 是否为字母。若是，则返回非 0 值，否则，返回 0	ctype.h
iscntrl	int iscntrl(int ch);	检查 ch 是否为可控字符。若是，则返回非 0 值，否则，返回 0	ctype.h
isdigit	int isdigit(int ch);	检查 ch 是否为数字。若是，则返回非 0 值，否则，返回 0	ctype.h
isgraph	int isgraph(int ch);	检查 ch 是否为可打印字符(不包含空格)。若是，则返回非 0 值，否则，返回 0	ctype.h
islower	int islower(int ch);	检查 ch 是否为小写字母。若是，则返回非 0 值，否则，返回 0	ctype.h
isprint	int isprint(int ch);	检查 ch 是否为可打印字符(包含空格，其 ASCII 码值在 32～126 之间)。若是，则返回非 0 值，否则，返回 0	ctype.h
ispunct	int ispunct(int ch);	检查 ch 是否为标点符号(不含空格)。若是，则返回非 0，否则，返回 0	ctype.h
isspacc	int isspace(int ch);	检查 ch 是否为空格、制表符或换行符。若是，则返回非 0，否则，返回 0	ctype.h
isupper	int isupper(int ch);	检查 ch 是否为大写字母。若是，则返回非 0，否则，返回 0	ctype.h
isxdigit	int isxdigit(int ch);	检查 ch 是否为十六进制字符。若是，则返回非 0，否则，返回 0	ctype.h
toupper	int toupper(int ch);	将 ch 转为大写字母，返回 ch 对应的大写字母	ctype.h
tolower	int tolower(int ch);	将 ch 转为小写字母，返回 ch 对应的小写字母	ctype.h
strcat	char *strcat(char *str1,char *str2);	将字符串 str2 接到 str1 的后面，原 str1 最后的\0 被取消，返回指向 str1 的指针	string.h
strchr	char *strchr(char *str,int ch);	寻找字符串 str 中第一次出现字符 ch 的位置。若找到，则返回指向该位置的指针；若找不到，则返回空指针	string.h
strcmp	char *strcmp(char *str1,char *str2);	比较两个字符串。若 str1<str2，则返回 -1；若 str1=str2，则返回 0；若 str1>str2，则返回 1	string.h
strlen	unsigned int strlen (char *str);	统计字符串 str 中字符的个数(不包括\0)，返回字符的个数	string.h
strstr	char *strstr(char *str1,char *str2);	找出 str2 字符串在 str1 字符串中第一次出现的位置(不包括 str2 中\0)。若找到，则返回该位置的指针；若找不到，则返回空指针	string.h
strcopy	char *strstr(char *str1,char *str2);	将 str2 指向的字符串复制到 str1 中，返回 str1 的指针	string.h

3. 输入/输出函数

使用输入/输出函数时，应在源文件中包含头文件 stdio.h。输入/输出函数如附表 III.3 所示。

附表 III.3　输入/输出函数

函数名	函数原型	函数功能
clearer	void clearer(FILE *fp);	置 fp 所指向的文件的错误标志及结束标志为 0
fclose	int fclose(FILE *fp);	关闭 fp 所指向的文件，释放缓冲区。若有错，则返回非 0 的值，否则，返回 0
feof	int feof(FILE *fp);	检查文件是否结束。若结束，则返回非 0 值，否则，返回 0
fgetc	int fgetc(FILE *fp);	从 fp 所指向的文件中读取一个字符。若正确读入，则返回所读取的字符，否则，返回 EOF
fgets	char *fgets(char *buf, int n,FILE *fp);	从 fp 所指向的文件中读取 n-1 个字符，存入起始地址为 buf 的空间，返回地址 buf。若结束或出错，则返回 NULL
fopen	FILE *fopen(char *filename,char *mode);	以 mode 方式打开名为 filename 的文件。若成功，则返回一个文件指针，否则，返回 NULL
fprintf	int fprintf(FILE *fp, char *format,args,…);	将 args 等值按 format 指定的格式写入 fp 所指向的文件中。返回实际输入的字符数
fputc	Int fputc(int ch, FILE *fp);	将字符 ch 写入 fp 所指向的文件中。若成功，则返回该字符，否则，返回非 0 的值
fputs	int fputs(char *str, FILE *fp);	将 str 指向的字符串写入 fp 所指向的文件中。若成功，则返回 0，否则，返回非 0
fread	int fread(void *pt,int size,int n,FILE *pf);	从 pf 所指向的文件中读取长度为 size 的 n 个数据项，存到 pt 所指向的内存区。返回所读数据项的个数，若文件结束或错误，则返回 0
fscanf	int fscanf(FILE *fp,char *format,args,…);	从 fp 所指向的文件中按 format 给定的格式将数据分别输入 args 等所指向的内存单元。返回所输入数据项的个数
fseek	int fseek(FILE *fp,long offset,int base);	以 base 所指出的位置为基准，以 offset 为位移量，移动 fp 所指文件的位置指针。若移动成功，则返回移动后的位置；若移动错误，则返回 -1
ftell	long ftell(FLIE *fp);	返回 fp 所指向文件的读写位置
fwrite	int fwrite(char *ptr, int size,int n,FILE *fp);	将 ptr 所指向的 n*size 个字节写入 fp 所指向的文件中，返回写入 fp 文件中的数据项的个数
getc	int getc(FILE *fp);	从 fp 所指向的文件中读取一个字符。返回所读的字符；若文件结束或出错，则返回 EOF
getchar	int getchar(void);	从标准输入设备读取一个字符。返回所读的字符；若文件结束或出错，则返回 -1
printf	int printf(char *format, args,…);	按 format 指定的格式将 args 等的值输出到标准输出设备。返回实际输出的项数；若出错，则返回负数
putc	int putc(int ch,FILE *fp);	将字符 ch 输出到 fp 所指向的文件中。返回输出的字符 ch；若出错，则返回 EOF

(续表)

函数名	函数原型	函数功能
putchar	int putchar(int ch);	将字符 ch 输出到标准输出设备。返回输出的字符 ch；若出错，则返回 EOF
puts	int puts(char *str);	将 str 所指向的字符串输出到标准输出设备。将\0 转换为回车符，返回\n；若失败，则返回 EOF
rename	Int rename(char *oldname, Char *newname);	将 oldname 所指向的文件改名为由 newname 所指向的文件名。若成功，则返回 0；若出错，则返回 – 1
rewind	void rewind(FILE *fp);	将 fp 指向的文件中的位置指针置于文件开头的位置,并清除文件结束标志和错误标志
scanf	int scanf(char *format, args,…);	从标准输入设备中按 format 指定的格式输入数据，分别给 args 所指向的存储单元。返回输入的数据项数；若出错，则返回 0

4. 动态存储函数

ANSI C 设定 4 个有关动态存储分配的函数，在 stdlib.h 头文件中说明有关的信息。ANSI C 要求动态分配系统返回 void 指针，void 指针具有一般性，可以指向任何类型的数据。动态存储函数如附表 III.4 所示。

附表 III.4　动态存储函数

函数名	函数原型	函数功能
calloc	void calloc(unsigned n, unsigned size);	为 n 个数据项分配连续的存储单元，每个数据项的大小为 size。返回分配的存储单元的首地址；若失败，则返回 NULL
free	void free(void *p);	释放 p 所指的存储单元
malloc	void *malloc(unsigned size);	分配 size 字节的存储单元。返回所分配的存储单元的首地址；若内存不够，则返回 NULL
realloc	void *realloc(void *p, Unsigned size);	将 p 所指向的已分配的存储单元的大小改为 size，size 可以比原来分配的空间大或小。返回新存储单元的指针

参 考 文 献

[1] 谭浩强. C 程序设计[M]. 3 版. 北京：清华大学出版社，2005.

[2] 谭浩强. C 程序设计题解与上机指导[M]. 2 版. 北京：清华大学出版社，2001.

[3] 周察金. C 语言程序设计[M]. 北京：高等教育出版社，2000.

[4] 杨路明. C 语言程序设计[M]. 2 版. 北京：北京邮电大学出版社，2006.

[5] 杨路明. C 语言程序设计上机指导与习题选解[M]. 2 版. 北京：北京邮电大学出版社，
2006.

[6] 何兴恒. C 程序设计实践指导书[M]. 武汉：中国地质大学出版社，2003.

[7] 陈英. C 语言程序设计习题集[M]. 北京：人民邮电出版社，2000.

[8] 张冬梅. C 语言课程设计与学习指导[M]. 北京：中国铁道出版社，2008.

[9] 白羽. C 语言实用教程[M]. 北京：电子工业出版社，2010.

[10] 王先水. C 语言程序设计实用教程[M]. 天津：天津大学出版社，2010.

[11] 丁亚涛. C 语言程序设计上机实训与考试指导[M]. 3 版. 北京：中国水利水电出版社，
2011.

[12] 黄维通. C 语言设计教程[M]. 2 版. 北京：清华大学出版社，2011.

[13] 文东. C 语言程序设计[M]. 修订版. 北京：科学出版社，2013.

[14] 郭远宏. C 语言程序设计项目教程[M]. 北京：清华大学出版社，2012.

[15] 王先水. C 语言程序设计[M]. 修订版. 武汉：武汉大学出版社，2012.

[16] 吉顺如. C 程序设计习题集与课程设计指导[M]. 北京：电子工业出版社，2012.

[17] 李东明. C 语言程序设计[M]. 北京：北京邮电大学出版社，2009.

[18] 吴文虎. 世界大学生程序设计竞赛(ACM/ICPC)高级教程[M]. 北京：中国铁道出版社，
2011.

[19] 刘艳，王先水. C 语言程序设计[M]. 天津：南开大学出版社，2014.